电气二次回路识图

DIANQI ERCIHUILU SHITU

第二版

王越明　王　朋　等编著

化学工业出版社

·北京·

图书在版编目（CIP）数据

电气二次回路识图/王越明等编著. —2 版. —北京：化学工业出版社，2015.3（2024.6 重印）

ISBN 978-7-122-23123-9

Ⅰ.①电… Ⅱ.①王… Ⅲ.①二次系统-电路图-识别 Ⅳ.①TM645.2

中国版本图书馆 CIP 数据核字（2015）第 039166 号

责任编辑：高墨荣　　　　装帧设计：刘丽华

责任校对：王素芹

出版发行：化学工业出版社（北京市东城区青年湖南街 13 号　邮政编码 100011）

印　　装：北京盛通数码印刷有限公司

710mm×1000mm　1/16　印张 15¼　字数 278 千字　　2024 年 6 月北京第 2 版第 15 次印刷

购书咨询：010-64518888　　　　售后服务：010-64518899

网　　址：http://www.cip.com.cn

凡购买本书，如有缺损质量问题，本社销售中心负责调换。

定　　价：**48.00 元**

前言

在发电厂和变电站中，一次设备和二次设备构成一个整体，只有两者都处在良好的状态，才能保证电力生产的安全，尤其是在大型的、现代化的电网中，二次设备的重要性更显突出。二次回路的故障常会破坏或影响电力生产的正常运行。二次回路虽非主体，但它在保证电力生产安全、向用户提供合格的电能方面起着极其重要的作用。

电气二次回路图是用电气元器件及设备的图形符号、文字符号和连线来表示系统或设备中各组成部分之间相互电气关系及其连接关系的一种图。二次回路图是电力系统安装、运行的重要图纸资料。在日常维护运行和检修试验中经常使用这些图纸。二次回路图的逻辑性很强，在绘制过程中遵循着一定的规律，因此看图时一定要抓住这个规律。为满足广大电气人员学习电气二次回路的需要，我们组织编写了本书。

本书第一版出版后受到读者的好评，本次修订，广泛听取了读者和同仁的建议，不仅修改了第一版中不足的地方，而且增加了完整的变电站二次回路识图实例，包括主变高低压侧交流回路、控制回路、保护回路以及35kV分路的二次回路分析，修订后的内容更加实用。

本书共分9章，较全面系统地介绍了发电厂及变电站二次回路识图相关基础知识及典型二次回路的识图方法。内容主要包括二次回路概述、电气二次回路图的识图知识、控制回路识图、中央信号回路识图、互感器及其二次回路识图、继电保护及自动装置二次回路识图、测量回路识图、操作电源识图及二次回路识图实例等内容。本书适合广大从事电气二次回路设计、安装、运行和调试的工程技术人员使用，亦可作为电力工程技术人员的培训教材和大专院校电气工程等专业教学用书。

本书由王越明、王朋等编著，其中，第1章、第8章由苏勋文编写，第2章、第6章、第9章由王越明编写，第3章由王朋编写，第4章、第5章由王振龙编写，第7章由刘睿编写。全书由黑龙江电力科学研究院马柏杨审阅。

由于编者水平有限，书中不足之处在所难免，恳请读者批评指正。

编者

目录

第1章 二次回路概述

第2章 电气二次回路图的识图知识

第 6 章 继电保护及自动装置二次回路识图

第 7 章 测量回路识图

附录

参考文献

第1章

二次回路概述

1.1 二次回路的基本概念

电能是现代工业生产的主要能源和动力。现代社会的信息技术和其他高新技术无一不是建立在电能应用的基础上。电力系统是由发电、变电、输电、配电和用电等环节组成的电能生产、传输、变换、分配和消费的系统。它将自然界的一次能源通过发电动力装置转化成电能，再经输电、变电和配电将电能供应到各用户。电力系统在各个环节和不同层次还具有相应的信息与控制系统，对电能的生产过程进行测量、调节、控制、保护、通信和调度，以保证用户获得安全、经济、优质的电能。

1.1.1 电气设备及一次和二次回路

为了满足电力生产和保证电力系统运行的安全稳定性和经济性，发电厂和变电站中安装有各种电气设备，根据电气设备的作用不同，可将电气设备分为一次设备和二次设备。

通常把生产、变换、输送、分配和使用电能的设备，如发电机、变压器、电力电缆、母线、输电线路、断路器、隔离开关、电抗器、互感器、高压熔断器等称为一次设备，它们是构成电力系统的主体。

而把对一次设备进行监察、控制、测量、调节和保护的低压设备，如测量仪表、控制和信号器具、继电保护装置、自动远动装置、操作电源、控制电缆和熔断器等称为二次设备。二次设备与一次设备之间取得电的联系要通过电压互感器和电流互感器。

在发电厂和变电站中，根据各种电气设备的作用及要求，按一定的方式用导体连接起来所形成的电路称为电气接线。其中，由一次设备，如发电机、变压器、断路器等，按预期生产流程所连成的电路，称为一次回路，或称电气主接线；由二次设备所连成的电路称为二次回路，或称二次接线。

电气主接线（即一次回路）表明电能汇集和分配的关系以及各种运行方式。电气主接线通常用按规定的图形符号和文字符号画成电气主接线图来表示。电气主接线图可画成三线图，也可画成单线图。三线图给出各相的所有设备的全图，比较复杂，故电气主接线图常用单线图表示，只有需要时才绘制三线图。但是要注意的是，单线图虽然绘出的是单相电路的连接情况，实际上却表示三相电路。在图中所有元件应表示正常状态，例如高压断路器、隔离开关均在断开位置画出。

1.1.2 二次回路的任务及内容

(1) 二次回路的任务

二次回路的任务是反映一次设备的工作状态、控制和调节一次设备，并且当一次设备发生故障时，能使故障部分迅速退出工作，以保证电力系统正常运行。因此二次回路是电力系统安全生产、经济运行、可靠供电的重要保障，是发电厂和变电所中不可缺少的重要组成部分。

(2) 二次回路的内容

二次回路根据完成的功能不同分为测量回路、继电保护和自动装置回路、控制回路、信号回路、调节回路、操作电源回路。

各回路组成及作用如下。

① 测量回路

a. 组成：由各种测量仪表及其相关回路组成。

b. 作用：指示或记录一次设备的运行参数，方便运行人员掌握一次设备的运行状况。

② 继电保护和自动装置回路

a. 组成：由测量部分、逻辑部分和执行部分组成。

b. 作用：自动判别一次设备的运行状态，在系统发生异常运行或故障时，发出异常运行信号或自动跳开断路器（切除故障）。当故障或异常运行状态消失后，快速投入断路器，恢复系统正常运行。

③ 控制回路

a. 组成：由控制开关、控制对象（断路器、隔离开关）的传递机构、操作（或执行）机构组成。

b. 作用：对控制对象进行“跳闸”或“合闸”操作。

④ 信号回路

a. 组成：由信号发送机构、传送机构及信号器具组成。

b. 作用：反映一、二次设备的工作状态。

⑤ 调节回路

a. 组成：由测量机构、传送机构、调节器和执行机构组成。

b. 作用：根据一次设备运行参数的变化，实时在线调节一次设备的工作状态，以满足运行要求。

⑥ 操作电源回路

a. 组成：由电源设备和供电网络组成。

b. 作用：供给上述回路工作电源。

如图 1-1 所示为各种二次回路的关系图。图中左侧部分为某一输电线路的一次回路，粗横线 WB 表示一次母线；QS 代表隔离开关；QF 代表断路器；TA 代表电流互感器；TV 代表电压互感器；T 代表所用变压器。图中右侧为对输电线路进行保护、监视和测量的二次回路。二次回路之间的相互联系以及二次回路与一次回路的关系分析如下。

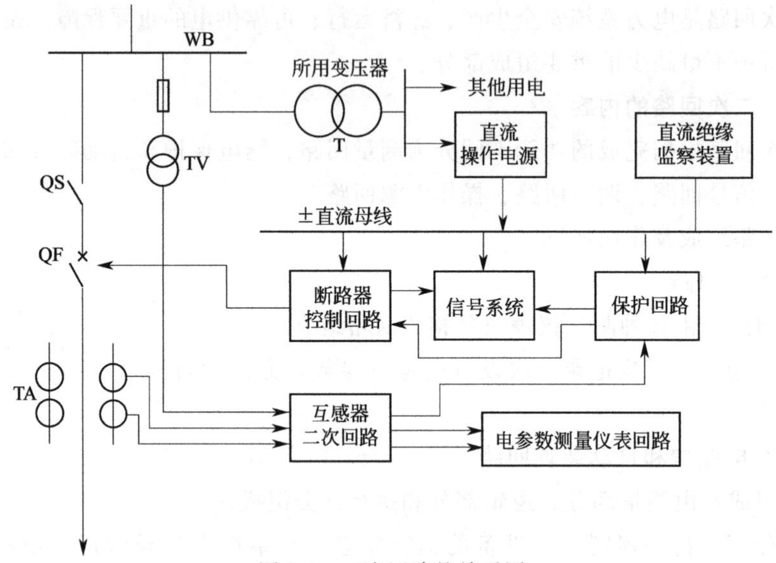

图 1-1 二次回路的关系图

从图中可以看出，所用变压器 T 的输出电压经整流装置提供直流操作电源，直流操作电源与二次直流±小母线连接。断路器的控制回路、信号系统及保护回路直流部分的电源取自直流±小母线。电流互感器和电压互感器将一次电流和电压变换为二次电流和电压送到测量回路和保护回路的交流部分中。断路器的控制回路一方面控制断路器 QF 的跳闸与合闸，同时与信号系统相连以使其在断路器跳、合闸后发信号。保护回路动作后既可以要求断路器控制回路去跳断路器，也可以要求信号系统发信号；测量回路可根据互感器送来的电流、电压反映一次设备的运行状况。

1.2 二次回路图

1.2.1 二次回路图的特点

二次回路图是电气工程图的重要组成部分。它与其他电气图相比，显得更复杂一些。其复杂性主要因为二次回路自身具有以下特点。

① 二次设备数量多。随着一次设备的电压等级的升高、容量的增大，要求的自动化操作与保护系统也越来越复杂，二次设备的数量与种类也越多。

② 二次连线复杂。由于二次设备数量多，连接二次设备之间的连线也很多，而且二次设备之间的连线不像一次设备之间的连线那么简单。通常情况下，一次设备只在相邻设备之间连接，且导线的根数仅限于单相两根、三相三根或四根(带零线)、直流两根。而二次设备之间的连线可以跨越很远的距离和空间，且往往互相交错连接，另外，某些二次设备的引接线很多，例如，一个中间继电器的引入引出线多达20余根。

③ 二次设备的动作程序多，工作原理复杂。大多数一次设备动作过程是通或断，带电或不带电。而大多数二次设备的动作过程程序多，工作原理复杂。以一般保护电路为例，通常应有传感元件感受被测参量，再将被测量送到执行元件，或立即执行或延时执行，或同时作用于几个元件动作，或按一定次序作用于几个元件分别动作，动作之后还要发出动作信号，如音响、灯光显示。这样，二次回路图必然要复杂得多。

④ 二次设备工作电源种类多。在某一确定的系统中，一次设备的电压等级是很少的。如10kV配电变电所，一次设备的电压等级只有10kV和380/220V。但二次设备的工作电压等级和电源种类却可能有多种，有直流，有交流。有220V及以下的各种电压等级，如220V、36V、24V、12V等。

1.2.2 常用的二次接线图

在电力生产中经常采用三种形式的二次接线图，即原理接线图、展开接线图和安装接线图。

(1) 原理接线图

原理接线图是用来表示二次回路中各元件的电气联系和工作原理的电气回路图。原理接线图能够清晰、明显地表示出仪表、继电器、控制开关以及辅助触点等二次设备和电源装置之间的电气连接及其相互动作的顺序和工作原理。见图2-4。

① 原理接线图的特点

a. 二次设备（仪表、继电器、控制开关等）以整体的形式画出，即电气元件的触点和线圈集中表示出来。

b. 二次回路的交流电流回路、交流电压回路、直流回路与一次回路的有关部分画在一起。

② 原理接线图的优缺点

优点：能够直观地表明设备的构成、数量及交流电压、交流电流回路和直流回路之间的联系；作为二次接线设计的原始依据。

缺点：a. 没有给出元件的内部接线及元件引出端子编号和回路编号，直流部分只是标出电源的极性，没有具体表示出从哪一组熔断器下面引出的，图中信号部分也只标出了“至信号”，而没有画出具体的接线；b. 元件和连线较多时，线条相互交叉，显得凌乱。不能作为二次回路的施工图。

(2) 展开接线图

展开接线图是设计、施工和运行中被广泛应用的二次接线图。展开接线图和原理接线图是一种接线的两种形式，见图 2-5。它是用来说明二次接线的动作原理，使阅读者便于了解整个装置的动作程序和工作原理。展开接线图的绘制有一定的规律和特点，掌握了这些规则和特点，才能很好地掌握展开接线图。其规律和特点如下。

① 二次设备按统一规定的图形符号和文字符号画出。常用设备的图形符号和文字符号见附录 1 和附录 2。

② 回路按供给二次设备的各个独立电源划分，各回路在图中分开表示。交流回路以电流互感器或电压互感器的一个二次绕组作为独立电源；直流回路以每组熔断器后引出作为独立电源。

交流回路分为交流电流回路和交流电压回路。交流电流回路的电源为电流互感器的二次绕组，包括保护、测量、自动装置回路等；交流电压回路的电源为电压互感器的二次绕组，包括保护、测量、自动装置、同期回路等。

③ 继电器和接触器的线圈和触点、仪表的电流和电压线圈、控制开关的各对触点、断路器和隔离开关的各个辅助触点，都分开画在所属的回路中，同一设备的文字符号必须相同。

④ 二次设备的连接次序从左到右，动作顺序从上到下，接线图的右侧有相应的文字说明。

⑤ 开关电器的触点采用开关断开时的状态，继电器的触点采用线圈不通电时的状态。应注意的是，继电器的线圈通电以后，并不一定就会改变线圈不通电时触点的状态，只有通过继电器线圈的电流（或所加的电压）超过其整定值而使继电器动作时，触点的状态才会转换。

⑥ 二次设备间的连接按等电位原则和规定的数字进行标号。所谓等电位原则就是连接于同一等电位点的导线只编一个号。

⑦ 继电器的线圈和触点不在同一张图上时，要注明引来或引出处。

(3) 安装接线图

安装接线图是根据展开接线图绘制的，是制造厂生产加工控制屏（台）、继电保护屏和现场安装施工用的图，也是检修、运行试验等的主要参考图。安装接线图包括屏面布置图、屏背面接线图和端子排图。

① 屏面布置图　屏面布置图是表示屏上各个二次设备的位置、设备的排列关系及相互间距离尺寸的施工图。不论是设备外形尺寸、设备相互间距离尺寸，还是屏台外形尺寸，均按同一比例绘制。见图 2-6。

② 屏背面接线图　屏背面接线图是人站在屏后面看到的二次设备位置及排列顺序，其二次设备左右方向的排列顺序与屏正面布置图中设备排列顺序正相反。它是表示屏上各个二次设备在屏背面的引出端子之间的连接关系，以及屏上二次电气设备与端子排之间连接关系的施工图。

③ 端子排图　端子排图（从屏背后看）是表明屏内设备与屏外设备连接情况以及屏上需要装设的端子类型、数目以及排列顺序的图。见图 2-7。

安装接线图中各种仪表、继电器、开关、指示灯等元件以及连接导线，都是按照它们的实际位置和连接关系绘制的，为了施工和运行中检查的方便，所有设备的端子和导线都注有走向标志和编号。

第2章

电气二次回路图的识图知识

电气二次回路图是用电气元器件和设备的图形符号、文字符号和连线来表示系统或设备中各组成部分之间相互电气关系及其连接关系的一种图。要想读懂二次回路图，必须掌握各个电气设备对应的图形符号和文字符号，并且由于二次回路图的逻辑性很强，在绘制过程中遵循着一定的规律，因此看图时一定要抓住这个规律。本章主要介绍电气元器件和设备的图形符号、文字符号和回路标号等基本知识以及二次回路图的识图方法，在此基础上介绍原理接线图、展开接线图及安装接线图的分析方法。

2.1 图形符号、文字符号及回路标号

2.1.1 图形符号

图形符号是用图样或其他文件表示一个设备或概念的图形、标记。图形符号既可以用来代表电气工程中的实物，也可以用来表示电气工程中与实物对应的概念。图形符号可分为符号要素、一般符号、限定符号、方框符号等。各种符号的定义如下。

① 符号要素：是一种具有确定意义的简单图形，必须同其他图形组合以构成一个设备或概念的完整符号。

② 一般符号：是用以表示一类产品和此类产品特征的一种通常很简单的符号。

③ 限定符号：是用以提供附加信息的一种加在其他符号上的符号。应注意的是限定符号通常不能单独使用。一般符号有时也可用作限定符号，如电容器的一般符号加到传声器符号上即构成电容式传声器的符号。

④ 方框符号：用以表示元件、设备等的组合及其功能，即不给出元件、设备的细节也不考虑所有连接的一种简单的图形符号，也可以理解为用来表示设备或部件的外壳。

如图 2-1 所示为发电机的图形符号。图(a) 中的圆圈为符号要素，表示外

(a) 发电机的符号要素　(b) 发电机的限定符号　(c) 发电机的一般符号

图 2-1　发电机的图形符号

壳；图(b) 中的文字 G 是发电机的限定符号；由图(a) 和图(b) 组成了发电机的一般符号，如图(c) 所示。

国家标准的图形符号存在图形相似、一形多义、一义多图的现象，因此在读图时应根据不同的使用场合加以区别。

图形符号一般都是表示在无电压无外力作用的状态，这种状态称为正常状态，简称常态，常态又称为复位状态。与复位状态相反的状态称为动作状态，由常态向动作状态变化的过程称为“动作”，由动作状态向常态变化的过程称为“复位”。例如，带零位的手动开关处于零位状态，用手操作后，手动开关就不处于零位状态而处于动作状态。再如，继电器线圈未通电时，继电器动合触点处于断开位置的状态，继电器动断触点处于闭合状态。这里的“动合触点”意思是“动作后就闭合的触点”，也就是说在常态下处于断开的触点，在动作后才处于闭合状态，因此“动合触点”又称为“常开触点”。同理，“动断触点”意思是“动作后就断开的触点”，也就是说在常态下处于闭合的触点，在动作后才处于断开状态。因此“动断触点”又称为“常闭触点”。

工程设计绘制电气图所采用的电气图形符号，必须遵循国标 GB/T 4728《电气简图用图形符号》。国家颁布的国标 GB/T 4728《电气简图用图形符号》均按照垂直方位（即从上到下，触点动作方向从左到右）示出。如图 2-2 所示。

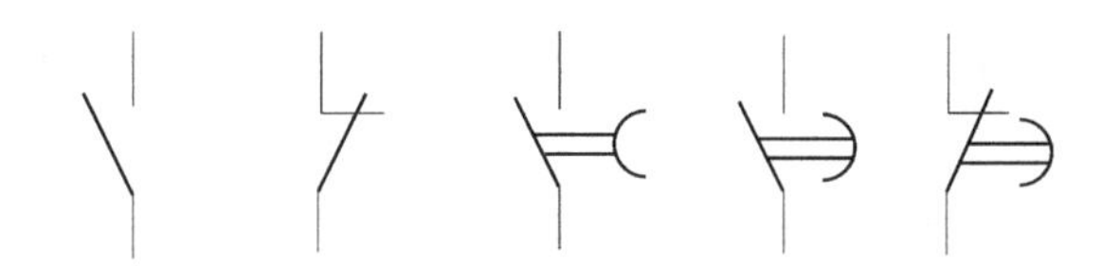

(a) 动合触点　(b) 动断触点　(c) 延时闭合的动合触点　(d) 延时断开的动合触点　(e) 延时闭合的动断触点

图 2-2　动合触点及动断触点的图形符号垂直布置示意图

电气设计图中的图形符号如果要求垂直布置，直接按国标绘制。如果设计图中的图形符号要求水平布置，应遵循如下原则：“从左到右，触点上闭下开”，也就是将国标中垂直布置的图形符号按照逆时针方向旋转 90°即可从垂直方位转到水平方位。如图 2-3 所示为动合及动断触点的图形符号垂直和水平布置对照图。左侧的图形符号为垂直布置，右侧的图形符号为水平布置。

在选用图形符号时，应遵循以下原则。

① 当图形符号存在优选型和其他形式，应尽量采用优选型。在国际标准中，给出的图形符号有形状不同或详细程度不同的几种形式。不同的图形符号适用于不同图样的使用，但是，在同一张图纸中应该采用一种形式的图形符号。在满足需要的前提下，尽量采用最简单形式的图形符号。

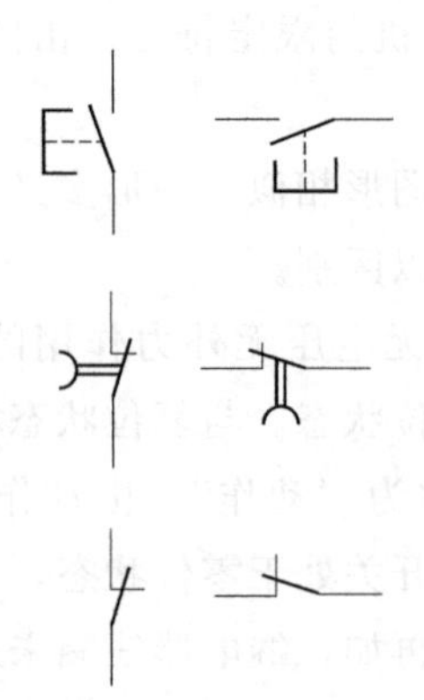

图 2-3　动合及动断触点的图形符号垂直和水平布置对照图

② 符号方位不是强制的。在不改变符号含义的前提下，符号可根据图面布置的需要旋转或成镜像放置，但文字和指示方向不得倒置。

③ 导线符号可以用不同宽度的线条表示，以突出或区分某些电路、连接线等。

④ 图形符号中一般没有端子符号。如果端子符号是符号的一部分，则端子符号必须画出。

⑤ 图形符号一般都画有引线。在不改变其符号含义的原则下，引线可取不同方向。在某些情况下，引线符号的位置不加限制；当引线符号的位置影响符号的含义时，必须按规定绘制。

发电厂和变电站常用的图形符号见附录 1。

2.1.2　文字符号

电气图中的文字符号是电气设备、装置、元器件的种类字母代码和功能字母代码，分基本文字符号和辅助文字符号。采用大写拉丁字母。基本文字符号分单字母符号和双字母符号。

① 单字母符号　用拉丁字母将各种电气设备、装置和元器件划分为 23 大类，每大类用一个专用单字母符号表示。如 R 为电阻器，Q 为电力电路的开关器件类等。

② 双字母符号　表示种类的单字母与另一字母组成，其组合形式以单字母符号在前，另一个字母在后的次序列出。双字母符号中的另一个字母通常选用该类设备、装置和元器件的英文名词的首位字母，或常用缩略语，或约定俗成的习惯用字母。

③ 辅助文字符号　表示电气设备、装置和元器件以及线路的功能、状态和

特征的，通常也是由英文单词的前一两个字母构成。它一般放在基本文字符号后边，构成组合文字符号。

④ 补充文字符号的原则

a. 在不违背前面所述原则的基础上，可采用国际标准中规定的电气技术文字符号。

b. 在优先采取规定的单字母符号、双字母符号和辅助文字符号的前提下，可补充有关双字母符号和辅助文字符号。

c. 文字符号应按有关电气名词术语国家标准或专业标准中规定的英文术语缩写而成。同一设备若有几种名称时，应选用其中一个名称。当设备名称、功能、状态或特征为一个英文单词时，一般采用该单词的第一位字母构成文字符号，需要时也可用前两位字母，或前两个音节的首位字母，或采用常用缩略语或约定俗成的习惯用法构成；当设备名称、功能、状态或特征为两个或三个英文单词时，一般采用该两个或三个英文的第一位字母，或采用常用缩略语或约定俗成的习惯用法构成文字符号。

d. 因 I、O 易同于 1 和 0 混淆，因此，不允许单独作为文字符号使用。

在一般情况下，应优先选用基本文字符号、辅助符号以及它们的组合。而在基本文字符号中，应优先选取单字母符号。只有在单字母符号不能满足要求时，才选用双字母符号。基本文字符号不能超过 2 位字母，辅助文字符号不能超过 3 位字母。辅助文字符号不能单独使用，也可将首位字母放在项目种类的单字母符号后面组成双字母符号。当基本文字符号和辅助文字符号不够用时，可按相关电气名词术语国家标准或专业标准规定的英文术语缩写补充。文字符号不适用于电器产品型号编制与命名。文字符号一般标注在电气设备、装置和电器元件的图形符号上或近旁。

2.1.3 回路标号

为便于安装、运行和维护，在二次回路中的所有设备间的连线要进行标号，这就是二次回路标号。标号一般采用数字或数字和文字的组合，它表明了回路的性质和用途。

回路标号的基本原则是：凡是各设备间要用控制电缆经端子排进行联系的，都要按回路原则进行标号。此外，某些装在屏顶上的设备与屏内设备的连接，也需要经过端子排，此时屏顶设备就可看作是屏外设备，而在其连接线上同样按回路标号原则给以相应的标号。

为了明确起见，对直流回路和交流回路采用不同的标号方法，而在交、直流回路中，对各种不同的回路又赋予不同的数字符号，因此在二次回路接线图中，看到标号后，就能知道这一回路的性质而便于维护和检修。

(1) 二次回路标号的基本方法

① 回路标号一般是按功能分组，并分配每组一定范围的数字，然后对其进行标号。标号数字一般由三位或三位以下的数字组成，当需要标明回路的相别和其他特征时，可在数字前增注必要的文字符号。

② 回路标号按等电位原则进行标注，即在电气回路中连于一点的所有导线，不论其根数多少均标注同一数字。当回路经过开关或继电器触点时，虽然在接通时为等电位，但断开时开关或触点两侧的电位不等，所以应给予不同的标号。

(2) 直流回路的标号细则

① 对于不同用途的直流回路，使用不同的数字范围，如控制回路和保护回路用 001～099 及 1～599，励磁回路用 601～699。

② 控制和保护回路使用的数字标号，按熔断器所属的回路进行分组，每一百个数分为一组，如 101～199、201～299、301～399、…，其中每段里面先按正极性回路（编为奇数）由小到大，再编负极性回路（偶数）由大到小，如 101、103、133、…、142、140、…。

③ 信号回路的数字标号，按事故、位置、预告、指挥信号进行分组，按数字大小进行排列。

④ 开关设备、控制回路的数字标号组，应按开关设备的数字序号进行选取。例如有 3 个控制开关 1SA、2SA、3SA，则 1SA 对应的控制回路数字标号选 101～199，2SA 对应的控制回路数字标号选 201～299，3SA 对应的控制回路数字标号选 301～399。

⑤ 正极回路的线段按奇数标号，负极回路的线段按偶数标号；每经过回路的主要压降元（部）件（如线圈、绕组、电阻等）后，即改变其极性，其奇偶数顺序随之改变。对不能标明极性或其极性在工作中改变的线段，可任选奇数或偶数。

⑥ 对于某些特定的主要回路通常给予专用的标号组。例如，正电源为 101、201，负电源为 102、202；合闸回路中的绿灯回路编号为 05、105、205；跳闸回路中的红灯回路编号为 35、135、235、…。

(3) 交流回路的标号细则

① 交流回路按相别顺序标号，它除用三位数字编号外，还加有文字标号以示区别。例如 U411、V411、W411。

② 对于不同用途的交流回路，使用不同的数字组。

③ 电流回路的数字标号，一般以十位数字为一组。如 U401～U409、V401～V409、W401～W409、…、U591～U599、V591～V599。若不够亦可以 20 位数

为一组，供一套电流互感器之用。几组相互并联的电流互感器的并联回路，应先取数字组中最小的一组数字标号。不同相的电流互感器并联时，并联回路应选任何一相电流互感器的数字组进行标号。电压互感器的数字标号，应以十位数字为一组。如 U601～U609、V601～V609、W601～W609、U791～U799、…、以供一个单独互感器回路标号之用。

④ 电流互感器和电压互感器的回路，均需在分配给它们的数字标号范围内，自互感器引出端开始，按顺序编号，例如“1TA”的回路标号用 411～419，“2TA”的回路标号用 421～429 等。

⑤ 某些特定的交流回路（如母线电流差动保护公共回路、绝缘监察电压表的公共回路等）给予专用的标号组。

2.2 识图要求和方法

由于二次回路比较复杂，因此阅读二次回路接线图时往往感觉比较困难。但是由于二次回路接线图的逻辑性很强，并且在绘制二次回路接线图时都是遵循一定的规律。所以在看图时，如果掌握一定的方法，对阅读二次回路接线图会有很大的帮助。

2.2.1 二次回路识图的基本要求

① 应掌握一定的电子、电工技术基本知识。任何电路都是建立在电工学理论的基础上。具备电工基础知识是二次回路识图的前提条件。

② 对各类电气设备的性能、工作原理有一定的了解。对于常用的二次设备，如自动装置及监控装置，它们的二次回路接线是依照其工作原理绘制的。因此正确地识图就必须了解这些二次设备的工作原理。

③ 应对电气工程的相关标准熟悉掌握。二次回路识图的主要目的是指导施工、安装、运行、维修和管理。而在施工、安装、运行、维修和管理过程中的一些技术要求是在有关的国家标准和技术规程、规范中作出明确规定，而不是在图中反映出来的。因此在识图时要对相关标准、规程、规范有所了解。

④ 掌握国家统一规定的电力设备的图形符号、文字符号及回路标号。对这些符号掌握得越好，读图就越方便并节省时间。

⑤ 了解绘制二次回路图的基本方法。电气图中一次回路用粗实线，二次回路用细实线画出。一次回路画在图纸左侧，二次回路画在图纸右侧。同一电器中不同部分（如线圈、触点）不画在一起时用同一文字符号标注。对接在不同回路

中的相同电器，在相同文字符号后面标注数字来区别。知道电路中开关、触点位置均指开关、继电器线圈在无电压无外力作用的状态。

2.2.2 二次回路识图的方法

阅读二次回路图时，如果掌握一定的方法对理解电路图的工作原理有很大的帮助，阅读二次回路图的方法如下。

① 仔细阅读设备说明书、操作手册，了解设备动作方式、顺序，有关设备元件在电路中的作用。

② 对照图纸和图纸说明大体了解电气系统的结构，并结合主标题的内容对整个图纸所表述的电路类型、性质、作用有较明确认识。

③ 识读系统原理图要先看图纸说明。结合说明内容看图纸，进而了解整个电路系统的大概状况，组成元件动作顺序及控制方式，为识读详细电路原理图做好必要准备。

④ 阅读原理接线图、展开式接线图应遵循一定的原则。

a. 先看一次回路，再看二次回路。如果图中既有一次回路又有二次回路时，首先要看一次部分，清楚一次的设备及工作性质，然后再看二次部分所起的作用。

b. 先看交流回路，后看直流回路。看图时，应先看交流回路，要掌握交流回路中的电气量以及在系统发生故障时这些电气量的变化特点，并根据电气量的变化特点向直流逻辑回路推断，然后再看直流回路。相比之下，交流回路相对简单，容易读懂，而直流回路相对复杂些。

c. 先看电源，后看线圈。由于二次回路中所有元件的动作都要有电源供电，因此，看图时首先要找到电源。对于交流电流回路或交流电压回路，先找出电源来自哪组电流互感器或电压互感器的二次绕组，在两种互感器中传输的电流量或电压量起什么作用，并且与直流回路有何关系，这些电气量是由哪些继电器反映出来的，找出它们的符号和相应的触点回路，看它们用在什么回路，与什么回路有关；直流从正电源沿接线找到负电源，并分析各元件的动作。

d. 先看线圈，后看触点。回路中各元件的动作情况，首先要找到线圈，然后再找到相应的触点，因为只有元件的线圈通电后，元件的相应触点才会动作，根据触点的闭合或断开引起回路变化的情况，分析整个回路的动作过程。

e. 先上后下，先左后右。主要是针对端子排图和屏后安装图而言的。

⑤ 识读安装接线图要对照电气原理图，先一次回路，再二次回路顺序识读。并且要结合电路原理图详细了解其端子标志意义、回路符号。对一次电路要从电源端顺次识读，了解线路连接和走向，直至用电设备端。对二次回路要从电源一

端识读直至电源另一端。接线图中所有相同线号的导线，原则上都可以连接在一起。

2.3 二次回路识图的步骤及注意事项

2.3.1 基本步骤

电气识图的基本步骤总体上有如下几个方面。

(1) 详细阅读电气图的各种说明

二次回路接线图的说明主要包括图纸目录、技术说明、元件明细表、施工说明书等。从这些说明中虽然得不到电气设备或系统的工作原理，但这些说明反映了电气设备或系统的总体技术水平和性能，详细阅读这些说明有助于从整体上理解图纸的概况和其所要表述的重点。

(2) 看电气系统或设备的概略图

从概略图中可以看出系统各个部分之间存在的相互关系，在详细看电路图之前，能够弄清楚系统中各部分之间的联系是非常必要的，这对后面的读图以及理解系统各个部分的工作原理有着很重要的作用。

(3) 阅读电路图

反映电气设备工作原理的电气图样主要是电路图。电路图是电气图的核心，也是内容最丰富、最难读的电气图纸。不论是从事电气安装调试，还是从事电气设备维修管理的人员，都必须了解电气设备的工作原理。

看电路图时，首先应分清主电路和辅助电路、交流回路和直流回路，其次按照先看主电路再看辅助电路的顺序进行识图。看主电路时，通常要从下往上看，即从用电设备开始，顺着控制元件，一个一个往电源端看；看辅助电路时，则自上而下、从左向右看，即先看电源再看各个回路，分析各条回路中元件的工作情况及其对主电路的控制关系。通过看主电路，要搞清楚电气负载是怎样取得电源的，电源线都经过哪些元件到达负载和为什么要通过这些元件。通过看辅助电路，则应搞清楚辅助电路的回路构成、各元件之间的相互联系和控制关系及其动作情况等。同时还要了解辅助电路和主电路之间的相互关系，进而了解和掌握整个电路的工作原理和来龙去脉。

(4) 电路图与屏背面接线图和屏面布置图对照看

屏背面接线图和屏面布置图与电路图相互对照识读，可以帮助弄清楚项目的具体位置和对接线图的阅读。屏背面接线图和屏面布置图是电气工程安装的主要依据和指导性文件，与电路图对照阅读，不仅有助于接线图的阅读，还能帮助理解接线图和安装图中所表达的含义。看接线图时，一般是根据端子标志、回路标号从电源端逐一查下去，有了电路图的对照，就能丝毫不漏地将各回路查找出来，就能弄清线缆的走向和电路的连接方法，搞清每个回路在哪里，是怎样通过各个元件构成闭合回路的。

阅读二次回路图的基本原则是由大到小、由浅变深。对于比较简单的系统，读图步骤有四个：首先是读说明，然后读概略图，接着读展开接线图，最后读屏面布置图和屏背面接线图。

2.3.2 注意事项

电气读图就是要看懂电气图，因此读电气图应该注意的是应该一张一张地阅读电气图纸，每张图全部读完后再读下一张图。如读该图中间遇到与另外图有关或标准说明时，应找出另一张图，但只读关联部位了解连接方式即可，然后返回来再继续读完原图。读每张图纸时则应一个回路一个回路地读。一个回路分析清楚后再分析下个回路。对于负责电气维修的人员，应该在平时设备无故障时就心平气和地读懂设备的原理，分析其可能出现的故障原因和现象，做到心中有数。否则，一旦出现故障，心情烦躁，急于求成，一会儿查这条线路，一会儿查那个回路，没有明确的目标。这样不但不能快速查找出故障的原因，也很难真正解决问题。电气读图时，应该是仔细阅读图样中表示的各个细节，只有掌握细节上的不同才能真正掌握设备的性能和原理，才能避免一时的疏忽造成的不良后果甚至是事故。电气读图时，遇到不懂的地方应该查找有关资料或请教有经验的人，以免造成不良的影响和后果。此外，电气读图时最好能够做一定的记录。尤其是比较大或复杂的系统，常常很难同时分析各个回路的动作情况和工作状态，适当进行记录，有助于避免读图时的疏漏。

2.4 接线图识图

2.4.1 原理接线图的识图

以图 2-4 所示的 35kV 线路过电流保护原理接线图为例来介绍原理接线图的识图方法。

(1) 原理接线图的构成

图中左侧部分虚线框Ⅰ为 35kV 线路的一次回路，U、W 两相接电流互感

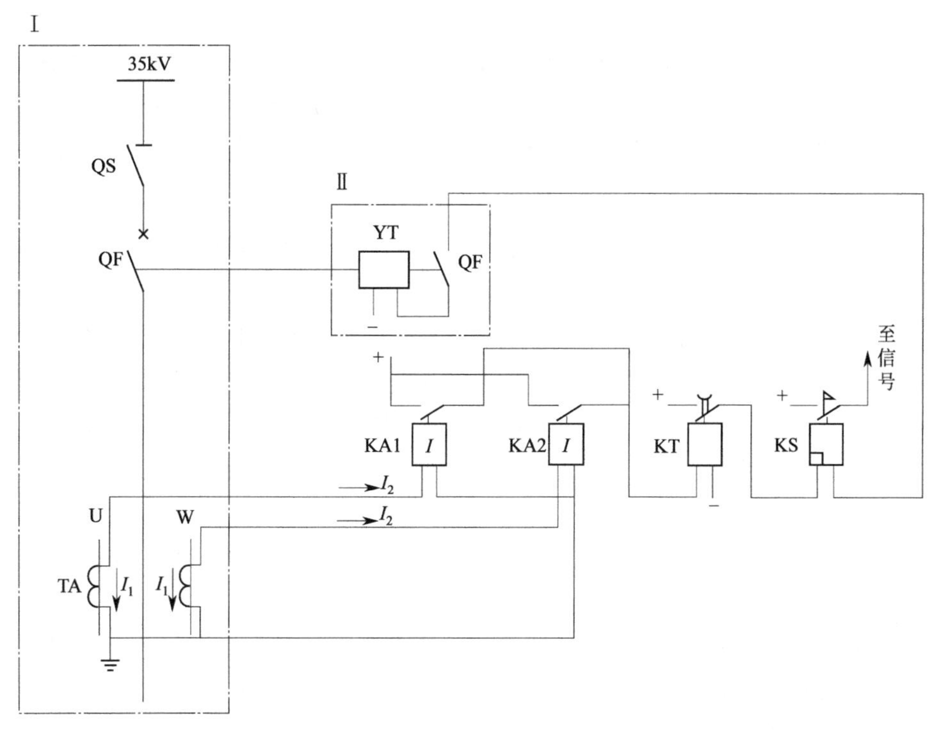

图 2-4　35kV 线路过电流保护原理接线图

器。图中右侧部分是与一次回路对应的二次回路。虚线框Ⅱ为断路器操作机构中的跳闸线圈和断路器的辅助动合触点；KA1、KA2 为电流继电器；KT 为时间继电器；KS 为信号继电器。

(2) 原理接线图中各元件的结构和功能

① 电流互感器（TA）：其一次绕组流过一次系统大电流 I_1，二次绕组中流过变换了的小电流 I_2，I_2 的额定值为 5A。

② 电流继电器：其图形符号为 I ，I 为线圈的图形符号，为其动合触点的图形符号；其文字符号为 KA。继电器的线圈与 U、W 相电流互感器的二次线圈相连，线圈流过电流互感器的二次电流 I_2。当 I_2 达到电流继电器的动作值时，其动合触点闭合，接通外电路。

③ 时间继电器：其图形符号为，为线圈的图形符号，为其延时闭合的动合触点的图形符号；其文字符号为 KT。当时间继电器的线圈通电，其延时闭合的动合触点按整定时间闭合，接通外电路。

④ 信号继电器：其图形符号为 ，代表其线圈，代表动合触点，其文字符号为 KS。信号继电器线圈通电后，其动合触点闭合，接通信号回路，且掉牌，以便值班人员辨识其动作与否。信号继电器动作后，需手动复归掉牌，以便准备下一次动作。

⑤ 断路器跳闸线圈：其线圈的图形符号为，文字符号为 YT。跳闸线圈通电，断路器跳闸。

⑥ 断路器的辅助动合触点：触点的图形符号与继电器的触点图形符号相同，文字符号采用断路器的文字符号 QF。合闸线圈通电，断路器主触点接通大电流，其辅助触点相应切换。动合触点闭合，接通外电路，同时动断触点断开，切断外电路。

(3) 动作过程

看图可知，二次回路是针对于 35kV 线路的过电流保护。电流互感器采用两相不完全星形接线。保护回路想要实现的功能是当出现相间短路时，保护装置动作启动跳闸线圈，从而使断路器跳闸。

保护的动作过程是当出现相间短路时，只要电流互感器一次侧 U 相或 W 相绕组有短路电流流过，其二次绕组感应出的 I_2 流经电流继电器 KA1 或 KA2 线圈时，电流继电器即动作，其动合触点闭合，将由直流操作电源正母线引来的电源加在时间继电器 KT 的线圈上，时间继电器 KT 启动，经一定时限后其延时闭合的动合触点闭合，正电源经过其触点和信号继电器 KS 的线圈以及断路器的动合辅助触点 QF 接至断路器跳闸线圈 YT 的一端，YT 的另一端接至负电源。信号继电器的 KS 的线圈和跳闸线圈 YT 中有电流流过。两者同时动作，跳闸线圈 YT 动作使断路器 QF 跳闸，信号继电器 KS 动作发出信号。

2.4.2 展开接线图的识图

如图 2-5 所示是根据图 2-4 所示的原理接线图绘制的展开接线图。

根据展开图阅读原则，首先看一次部分即图 2-5(a) 可知，一次回路为一 35kV 输电线路，线路上有两组电流继电器 TA1 和 TA2，都采用两相不完全星形接线。TA1 用作测量，TA2 用作保护，所以保护交流电流回路的电源引自 TA2 的二次绕组。

了解了一次回路后，看二次部分，从图纸右侧对应的文字说明可知：图 2-5(b) 为交流电流回路，这个回路是整套保护的测量部分，作为保护用的电流互感器 TA2 的二次绕组为该电流回路的电源，U、W 相分别接入一只电流继电器线圈，由公共线连成回路，构成不完全星形接线，U421、W421、N421 为回路编号；图

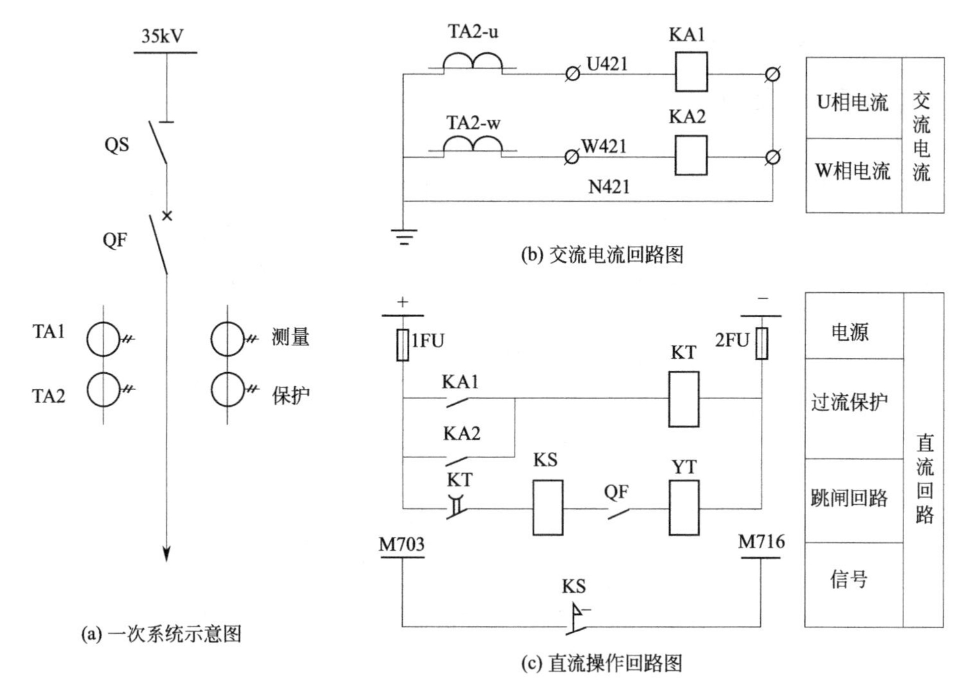

(a) 一次系统示意图

(b) 交流电流回路图

(c) 直流操作回路图

图 2-5 35kV 线路保护展开接线图

2-5(c) 为直流操作回路，左、右两侧的竖线表示正、负电源，正、负电源是由变电所直流屏引出的，构成操作电源的正电源小母线（+）、负电源小母线（−），经熔断器 1FU、2FU 引下，所有回路分别列于正、负电源之间，其动作顺序从左到右，从上到下。M703、M716 为掉牌未复归小母线。

整套保护动作过程：当被保护线路上发生相间短路时，只要电流互感器一次侧 U 相或 W 相绕组有短路电流流过，交流电流回路中的电流继电器 KA1 或 KA2 的线圈即启动，其在直流操作回路中的动合触点闭合，接通时间继电器 KT 的线圈回路。时间继电器动作后经过整定时限其延时触点闭合，接通跳闸回路。断路器在合闸状态时，其与主轴联动的动合辅助触点 QF 是闭合的，因而此时在跳闸线圈 YT 中有电流流过，使断路器跳闸。同时串联于跳闸回路中的信号继电器 KS 动作并掉牌，其在信号回路中的触点 KS 闭合，接通小母线 M703 和 M716，M703 接信号正电源，M716 经光字牌的信号灯接负电源，光字牌点亮，给出正面标有“掉牌未复归”的灯光信号。

比较图 2-4 和图 2-5 可见，展开接线图接线清晰，动作程序层次分明，容易跟踪回路的动作顺序。由于原理接线图不能作为施工图，所以展开接线图得到了广泛的应用。展开接线图为制造、安装、运行的重要技术图纸，也是绘制安装接线图的主要依据。

2.4.3 安装接线图的识图

(1) 屏面布置图

如图 2-6 所示为一主变压器控制屏屏面布置图。屏面布置图给出屏的尺寸，同时给出各元件在屏面布置的位置，各元件相互间的间距都按比例准确绘出并给以标注，便于屏面开孔安装元件。屏上布置两个安装单位的设备，设备从上至下排列为仪表、光字牌、控制开关和信号灯等，屏后有熔断器、电阻器等，屏顶有小母线。

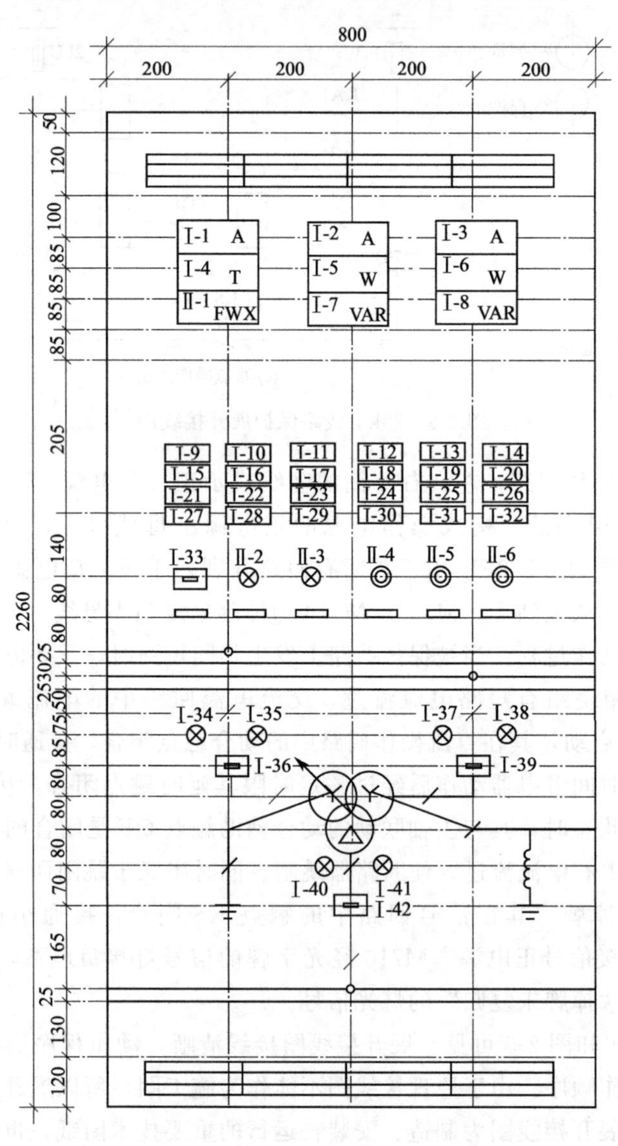

图 2-6 主变压器控制屏屏面布置图

对于屏面布置图还会给出相应的设备表，便于看图者对于屏上各元件有准确的掌握。表 2-1 为图 2-6 对应的设备表。表中给出屏面布置图上设备的名称、型号、符号、数量及所在的安装单位。如图中最上端一排为电流表，分别标出Ⅰ-1、Ⅰ-2、Ⅰ-3，其中Ⅰ为安装单位的编号，与表中的安装单位Ⅰ对应，而 1、2、3 为同一安装单位中元件序号，分别与表中编号 1、2、3 对应，图中其他元件的标注与电流表相同。

表 2-1　图 2-6 对应的设备表

编号	符号	名称	型号及规范	单位	数量	备注
安装单位Ⅰ主变压器						
1	1A	电流表	16L1-A　100(200)/5A	只	1	
2	2A	电流表	16L1-A　200(400,600)/5A	只	1	
3	3A	电流表	16L1-A　1500/5A	只	1	
4	T	温度表	XCT-102　0～100℃	只	1	
5	2W	有功功率表	16L1-W　200(400,600)/5A　100V	只	1	
6	3W	有功功率表	16L1-W 1500/5A　100V	只	1	
7	2VAR	无功功率表	16L1-VAR　200(400,600)/5A　100V	只	1	
8	3VAR	无功功率表	16L1-VAR　1500/5A　100V	只	1	
9～32	H1～H24	光字牌	XD10　220V	只	24	
33	CK	转换开关	LW2-1a,2,2,2,2,2/F4-8X	只	1	
36,39,42	1SA～3SA	控制开关	LW2-1a,4,6a,40,20/F8	只	3	
34,37,40	1GN～3GN	绿灯	XD5　220V	只	3	
35,38,41	1RD～3RD	红灯	XD5　220V	只	3	
安装单位Ⅱ　有载调压装置						
1	FWX	分接位置指示器		只	1	
2,3	RD，GN	红、绿灯	XD5　220V	只	2	
4～6	SA,JA,TA	按钮	LA19-11	只	3	

所以在看屏面布置图时要图和表对照看，这样对屏面布置的元件有全面的了解。

(2) 端子排图

如图 2-7 所示为端子排图，端子排自上而下回路的排列顺序为交流电流回路、交流电压回路、信号回路、控制回路、其他回路和转接回路。这样排列，既节省导线，又利于查线和安装。

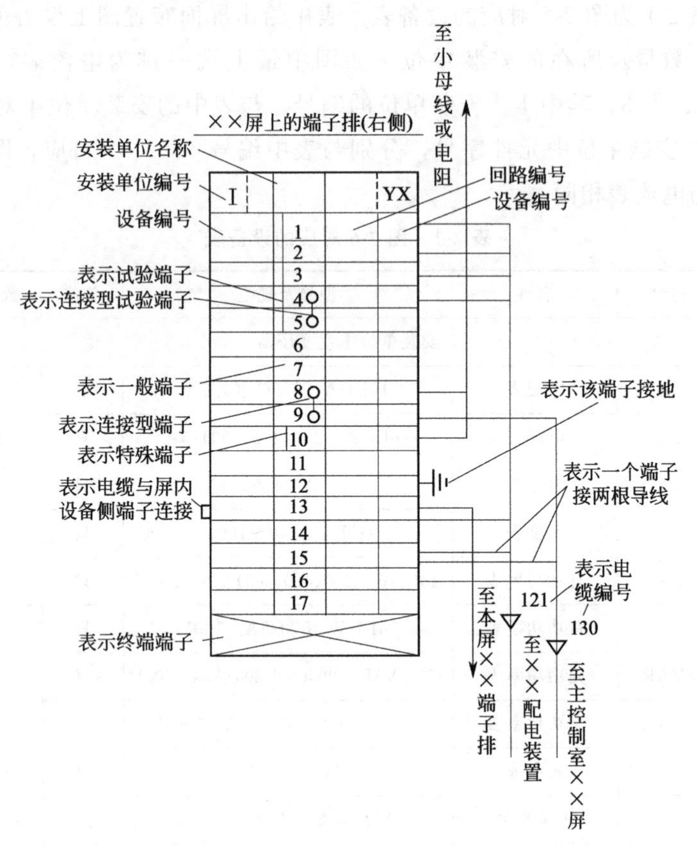

图 2-7　端子排图

端子排是由各种类型端子组合在一起。各端子的类型及功能见表 2-2。端子的外形如图 2-8 所示。

表 2-2　端子的类型及功能

序号	类型	功　能
1	标准端子	用于很方便地断开的回路中
2	一般端子	连接电气装置不同部分的导线
3	试验端子	用于电流互感器二次绕组出线与负载的连接
4	连接型试验端子	用于在端子上需要彼此连接的电流试验回路中
5	连接端子	端子之间连通,用于回路分支或合并
6	终端端子	用于端子排的终端或中间,固定端子或分隔安装单位
7	特殊端子	可在不松动或不断开已接好的导线情况下断开回路
8	隔板	用于作为绝缘隔板,增加绝缘强度和爬行距离

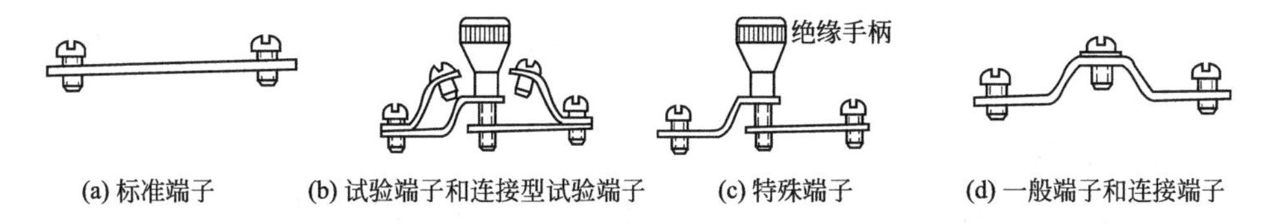

(a) 标准端子 (b) 试验端子和连接型试验端子 (c) 特殊端子 (d) 一般端子和连接端子

图 2-8 端子外形

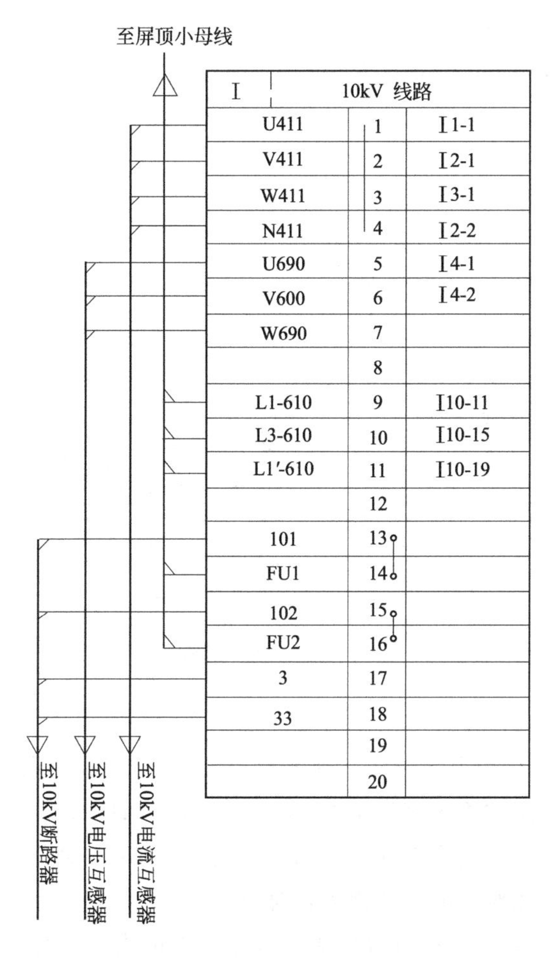

图 2-9 10kV 三列式线路端子排图

下面以图 2-9 三列式端子排图为例介绍怎样读端子排图。图中左列的标号是指连接电缆的去向和电缆所连接设备接线柱的标号。如 U411、V411、W411 是由 10kV 电流互感器来的。端子排中间列的编号 1～20 是端子排的顺序号。端子排右列的标号是到屏内各设备的编号，如 I1-1 表示连接到屏内安装单位为Ⅰ，设备序号为1的第1号接线端子。按照“对面原则”，屏内设备Ⅰ1的第1号接线端子侧应标端子排Ⅰ的第1号端子的标号，即Ⅰ-1。

(3) 屏后接线图

二次回路中的设备大多装在屏的正面，而设备的接线柱在屏后，接线是在屏后进行的，因此屏后接线图是屏的背视图。图上设备的相对位置应与屏面布置图对应。

① 二次设备的表示方法　如图2-10所示为二次设备在屏后接线图上的表示方法。在屏后接线图上，要把二次设备的图形画出，在图形上应表示出设备的内部接线和接线柱号，图形左上方有设备的各种标号，它应和展开图、屏面图的标号一致。

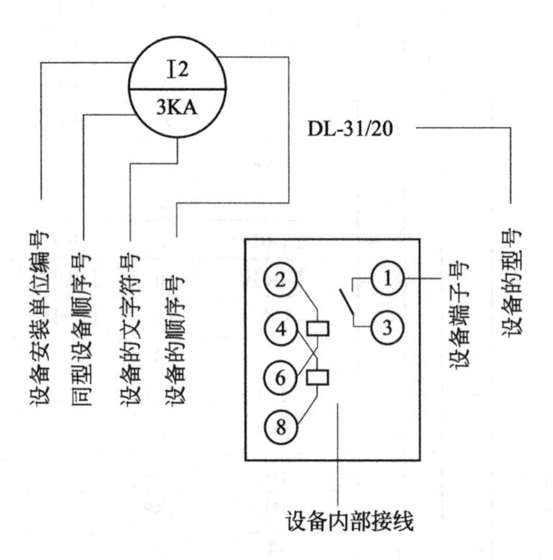

图2-10　二次设备在屏后接线图上的表示方法

② 二次设备连接的表示方法　在安装接线图上，设备间的连接不画直接连线图，而是广泛采用“相对编号法”。这一方法是：如甲、乙两个接线端子要用导线连接起来，就在甲端子上标上乙端子的编号，而在乙端子上标上甲端子的编号，因为编号是互相对应的，故称为相对编号法。

如图2-11所示表示了相对编号法的应用。在屏内安装配线时，相对编号的数字写于（或打印）套在导线端部的套箍上，以便运行检修时查找。

③ 安装接线图的识图实例　现以图2-12(a)的10kV线路定时限过电流保护展开接线图为例，说明端子接线图和屏后接线图的表示方法。图2-12(b)和(c)为端子接线图和屏后接线图。引至端子排的控制电缆应该进行编号。

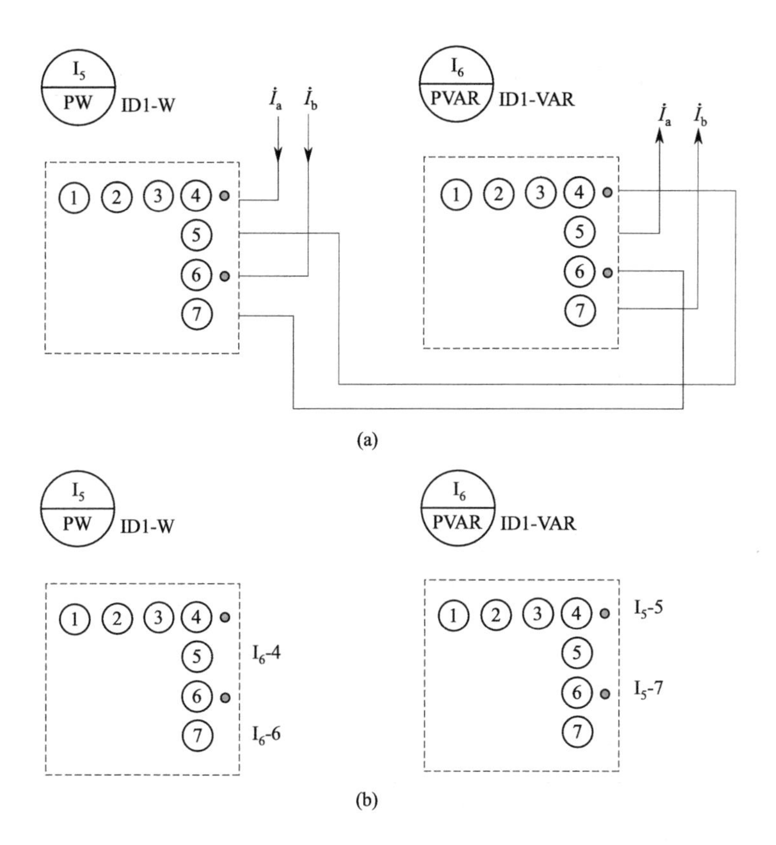

图 2-11 用相对编号法表示设备的连接

看图 2-12(b) 可知，从 10kV 配电装置的电流互感器 1TA 处经 111＃电缆引来三根芯线（回路编号为 U411、W411、N411），通过 1～3 号试验端子，分别与屏上的 1KA、2KA 的接线柱号②、⑧连接。例如，端子排 1 号端子与 1KA 的②号接线柱相连，用相对编号法在 1 号端子上标 I_1-2（或 1KA-2），表示接到 1KA 的②号接线柱上；而在图 2-12(c) 中 1KA 的②号接线柱上标上 Ⅰ-1，表示接到安装单位Ⅰ的端子排 1 号端子。正、负控制电源，从屏上±小母线的熔断器 1FU 和 2FU 引到 5、7 号端子（回路编号 101、102），这两个端子分别与屏上 1KA 的接线柱①、KT 的接线柱⑧连接。信号回路从屏顶小母线＋M703 和 M716 引至 11、12 号端子（回路编号是 703、716），这两个端子分别与屏上 KS 的接线柱②、④连接。断路器的辅助触点 1QF 的正电源和跳闸线圈 YT 的负电源，由 10 号和 8 号端子经 111＃电缆引至 10kV 配电装置。屏上各设备之间的连接也应用相对编号法表示，例如，1KA 和 2KA 的③号接线柱要连接，就在 1KA 的接线柱③标上 I_2-3，而在 2KA 的接线柱③标上 I_1-3。

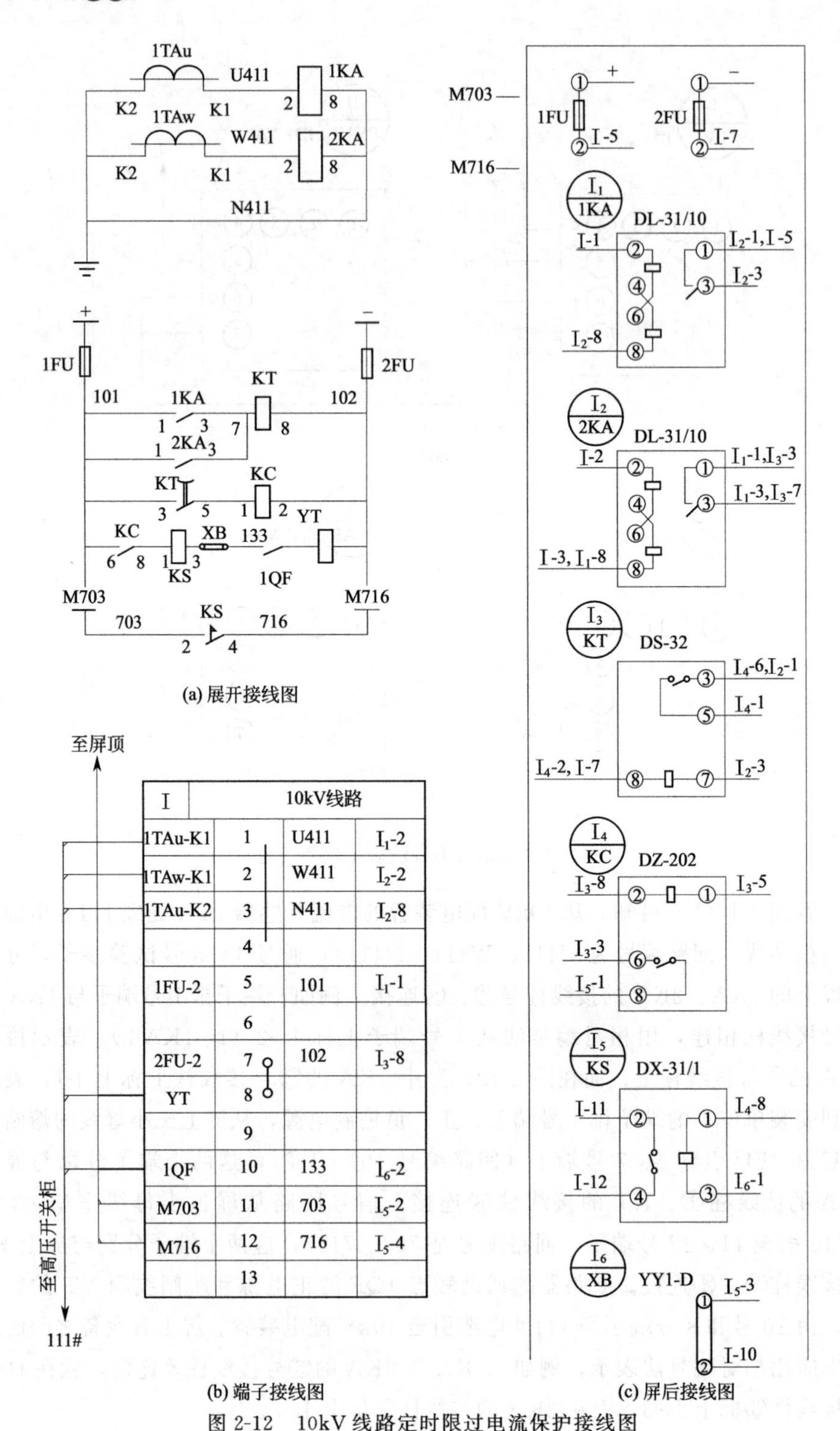

(a) 展开接线图

I	10kV线路		
1TAu-K1	1	U411	I_1-2
1TAw-K1	2	W411	I_2-2
1TAu-K2	3	N411	I_2-8
	4		
1FU-2	5	101	I_1-1
	6		
2FU-2	7	102	I_3-8
YT	8		
	9		
1QF	10	133	I_6-2
M703	11	703	I_5-2
M716	12	716	I_5-4
	13		

(b) 端子接线图

(c) 屏后接线图

图 2-12　10kV 线路定时限过电流保护接线图

第3章

控制回路识图

控制回路由控制开关、控制对象（断路器、隔离开关）的传递机构、操作（或执行）机构组成。作用是对控制对象进行“跳闸”或“合闸”操作。本章分别介绍断路器及隔离开关控制回路。

3.1 断路器的控制信号回路

3.1.1 概述

(1) 断路器及其操作机构

断路器是指能够关合、承载和开断正常回路条件下的电流，并能关合、在规定的时间内承载和开断异常回路条件（包括短路条件）下的电流的开关装置，其主要作用有两点，其一是在正常情况下接通和断开电路中的空载及负荷电流；其二是在系统发生故障时能与保护装置和自动装置相配合，迅速切断故障电流，防止事故扩大，从而保证系统安全运行。断路器一般由动触点、静触点、灭弧装置、操作机构及绝缘支架构成。为实现断路器的自动控制，在操动机构中还有与断路器的传动轴联动的辅助触点。

断路器按其使用范围分为高压断路器和低压断路器。本章的控制回路主要针对高压断路器。

断路器的合、跳闸即为断路器主触点的通断，断路器触点的通断控制与接触器通断控制不同。接触器触点的通断控制只要控制一个线圈即可，线圈通电，衔铁动作，常开触点闭合；线圈断电，衔铁释放，常开触点断开。而断路器通断控制一般采用两个线圈分开控制，两个线圈分别为合闸线圈和分闸线圈，给合闸线圈短时通电，断路器合闸，主触点闭合接通；给跳闸线圈短时通电，断路器跳闸，主触点断开。

断路器的合、跳闸线圈在其操作机构当中，因此在分析断路器的控制回路之前要对操作机构有所了解。

操作机构是独立于断路器本体以外的对断路器进行操作的机械操作装置。其主要任务是将其他形式的能量转换成机械能，使断路器准确地进行分、合闸操作。操作机构主要由操作能源系统、分闸与合闸控制系统、传动系统及辅助装置系统四部分构成。

断路器的操作机构按合闸的动力来源不同分为以下几种类型：电磁操作机构（CD）、弹簧操作机构（CT）、液压操作机构（CY）、气动操作机构（CQ）。

① 电磁操作机构（CD） 电磁操作机构完全依靠合闸电流流过合闸线圈产

生的电磁吸力来合闸，同时压紧跳闸弹簧，跳闸时主要依靠跳闸弹簧来提供能量。电磁操作机构跳闸电流较小，但合闸电流非常大，可达几十安至数百安。因此变电站直流系统要分别设置合闸母线和控制母线。合闸母线提供合闸电源，控制母线给控制回路供电。合闸母线电压即电池组电压（一般 240V 左右），合闸时利用电池放电效应瞬间提供大电流，同时合闸时电压瞬间下降很大。而控制母线是通过降压硅链和合闸母线连在一起（一般控制在 220V），合闸时不会影响到控制母线电压的稳定。

由于电磁操作机构合闸电流非常大，所以不能利用控制开关直接接通合闸线圈，而是先接通合闸接触器，利用合闸接触器的触点去接通合闸线圈。跳闸回路可利用控制开关直接接通跳闸线圈。

② 弹簧操作机构（CT） 合闸或分闸都依靠弹簧来提供能量，跳、合闸线圈只是提供能量来拔出弹簧的定位卡销，所以跳、合闸电流一般都不大。弹簧通过储能电机压紧而储能。对弹簧操作机构，合闸母线主要给储能电机供电，电流也不大，所以合闸母线和控制母线区别不太大。因合闸电流小，合闸回路可以用控制开关触点接通。

③ 液压操作机构（CY） 以压缩气体作为能源，使绝缘的液压油推动液压缸内活塞做功，实现高压断路器分、合闸的操作机构。由于合闸电流小，合闸回路可直接用控制开关触点接通。

④ 气动操作机构（CQ） 是以压缩空气为能源推动活塞实现分、合闸操作的机构。合闸电流小，合闸回路可直接用控制开关触点接通。

(2) 断路器控制回路的分类及基本要求

断路器的控制回路由发出命令的控制开关、传送命令的传送机构（如继电器、接触器等）以及执行命令的操作机构组成。

1） 断路器控制回路的分类

① 控制回路按控制距离可分为：就地控制和远方控制。

② 按自动化程度可分为：手动控制和自动控制。

③ 按控制方式可分为：集中控制和分散（就地）控制。

a. 集中控制 就是在主控制室的控制台上，用控制开关或按钮通过控制电缆来接通或断开断路器的跳、合闸线圈，对断路器进行控制，一般对于发电机、主变压器、母线、断路器、厂用变压器、35kV 以上线路等主要设备都采用集中控制。

b. 分散（就地）控制 在断路器安装地点（配电现场）就地对断路器进行跳、合闸操作（可电动或手动）。一般对 10kV 线路以及厂用电动机等采用就地控制，可大大减少主控制室的占地面积和控制电缆数。对于集中控制又分为“一对一”控制和“一对 N”的选线控制，而对于分散控制只有“一对一”控制。

④ 按控制电源的性质可分为：交流操作和直流操作两种，直流操作一般采用蓄电池组供电，交流操作一般由电流互感器、电压互感器或所用变压器提供电源。

⑤ 按控制电源电压的大小可分为：强电控制（从断路器的控制开关到断路器操作机构的工作电压均为直流电压 110V 或 220V）和弱电控制（控制开关的工作电压是弱电即直流 48V，而断路器的操作机构的电压是 220V）。目前在 500kV 变电所二次设备分散布置时，在主控制室采用弱点一对一控制。

2）断路器控制回路的基本要求

在了解操作机构的基础上还要掌握断路器控制回路应满足的基本要求，这样可以围绕着基本要求来分析控制回路。基本要求如下。

① 应保证跳闸或合闸线圈在跳闸或合闸操作完成后迅速失电。因为断路器的跳、合闸线圈是按照短时通电设计的，所以跳、合闸回路必须在跳、合闸完成后断开。否则，跳闸或合闸线圈会烧坏。通常由断路器的辅助触点来断开跳、合闸回路，又可为下一步操作做好准备。

② 应能监视跳、合闸回路的完好性。

③ 对于断路器的合、跳闸状态，应有明显的位置信号。自动跳闸、合闸时，应有明显地区别于位置信号的动作信号。

④ 无论断路器是否带有机械闭锁，都应有防止断路器“跳跃”的电气闭锁装置，发生“跳跃”对断路器是非常危险的，容易引起机构损伤，甚至引起断路器的爆炸，故必须采取闭锁措施。

⑤ 应有对控制电源的监视回路。一旦控制电源失电，断路器将无法操作，因此，当控制电源失电时，应发出声、光信号，提醒运行人员及时处理。对无人值班变电站，控制电源的失电应发出遥信信号。

⑥ 断路器的操作动力消失或不足时，例如弹簧操作机构的弹簧未拉紧，液压或气压机构的压力降低等，应闭锁断路器的动作并发出信号。

⑦ 断路器既要能够完成手动跳、合闸操作，同时也能够完成自动跳、合闸操作。

⑧ 在满足上述要求的前提下，力求接线简单可靠，使用电缆芯数应尽量少。

3.1.2 控制开关

在断路器控制回路的基本要求中提到了断路器要能够完成手动跳、合闸操作，控制开关既是运行人员对断路器进行手动跳、合闸操作的控制装置，又称为转换开关，用“SA”表示。对于控制开关要从这几方面入手，了解控制开关的型号中字母和数字的含义及控制开关的结构，会看控制开关的开关触点图表，了解开关触点的通断情况，还要能看懂控制开关的图形符号。控制开关的种类很多，这里主要介绍LW2系列自动复位开关。

(1) 控制开关的型号、形式及符号说明

① 型号说明

LW2-1-2/3 4-5 6-7

1—开关形式，共有6种。

2—触点盒形式，对于LW2-Z和LW2-YZ型控制开关有14种形式的触点盒，分别为1、1a、2、4、5、6、6a、7、8、10、20、30、40、50。

3—面板形式，有两种，“F”为方形，“O”为圆形。

4—手柄形式，有9种。

5—定位器形式，有两种，45°定位用“8”表示，90°定位不表示。

6—限位装置，如果有用“×”表示，没有就不用表示。

7—触点特殊排列时用A表示。

② 开关形式及其表示符号（见表3-1）

表3-1 开关形式、符号含义及用途

型号	特点	用途
LW2-YZ	带定位及自动复位，手柄内有信号灯	用于断路器及接触器的控制回路中
LW2-Y	带定位，手柄内有信号灯	用于直流系统中监视熔断器
LW2-Z	带自动复位及定位	用于断路器及接触器的控制回路中
LW2-W	带自动复位	用于断路器及接触器的控制回路中
LW2	带定位	用于一般的切换电路中
LW2-H	带定位及可取出手柄	用于同步回路中相互闭锁

(2) 控制开关的结构

如图3-1所示为LW2型控制开关的外形及结构。开关的正面是面板和操作手柄，安装于屏前，图3-1(a)中的面板为方形。与手柄固定连接的转轴上装有数节触点盒，用螺杆相连安装于屏后。在每节方形触点盒的四角均匀固定着四个静触点，其外端（接线端子）与外电路相连，内端与固定于转轴上的动触点簧片相配合。根据动触点的凸轮与簧片的形状及安装位置的不同，构成不同形式的触点盒。LW2型控制开关的触点盒是封闭的，每个控制开关上所装的触点盒的节数及形式可根据控制回路的需要进行组合，所以LW2型控制开关又叫万能转换开关。

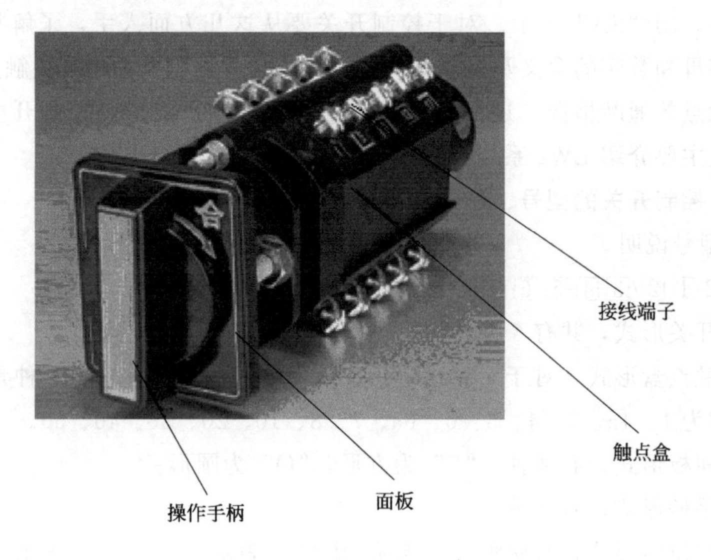

(a) 外形图

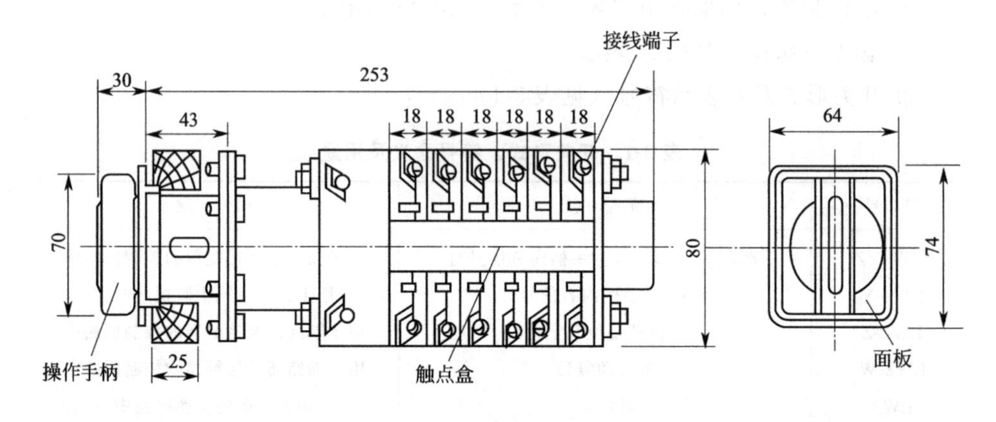

(b) 结构图

图 3-1　LW2 型控制开关的外形及结构

(3) 触点盒形式

LW2-Z 和 LW2-YZ 型控制开关有 14 种形式的触点盒，代号分别为 1、1a、2、4、5、6、6a、7、8、10、20、30、40、50。如表 3-2 所示，触点盒内的动触点有两种形式：一种是触点片紧固在轴上，随轴一起转动，触点盒 1、1a、2、4、5、6、6a、7、8 中的动触点属于此种类型；另一种是触点片与轴有一定角度的相对运动（自由行程），这种类型的触点当手柄转动角度在其自由行程以内时，可以保持在原来位置不动，10、40、50 型触点盒中的动触点在轴上有 45°的自由行程，20 型触点盒中的动触点有 90°自由行程，30 型触点盒中的动触点有 135°的自由行程。有自由行程的触点其断流能力较小，仅适用于信号回路。

表 3-2 LW2-Z 型和 LW2-YZ 型开关中各型触点盒的触点随手柄转动的位置

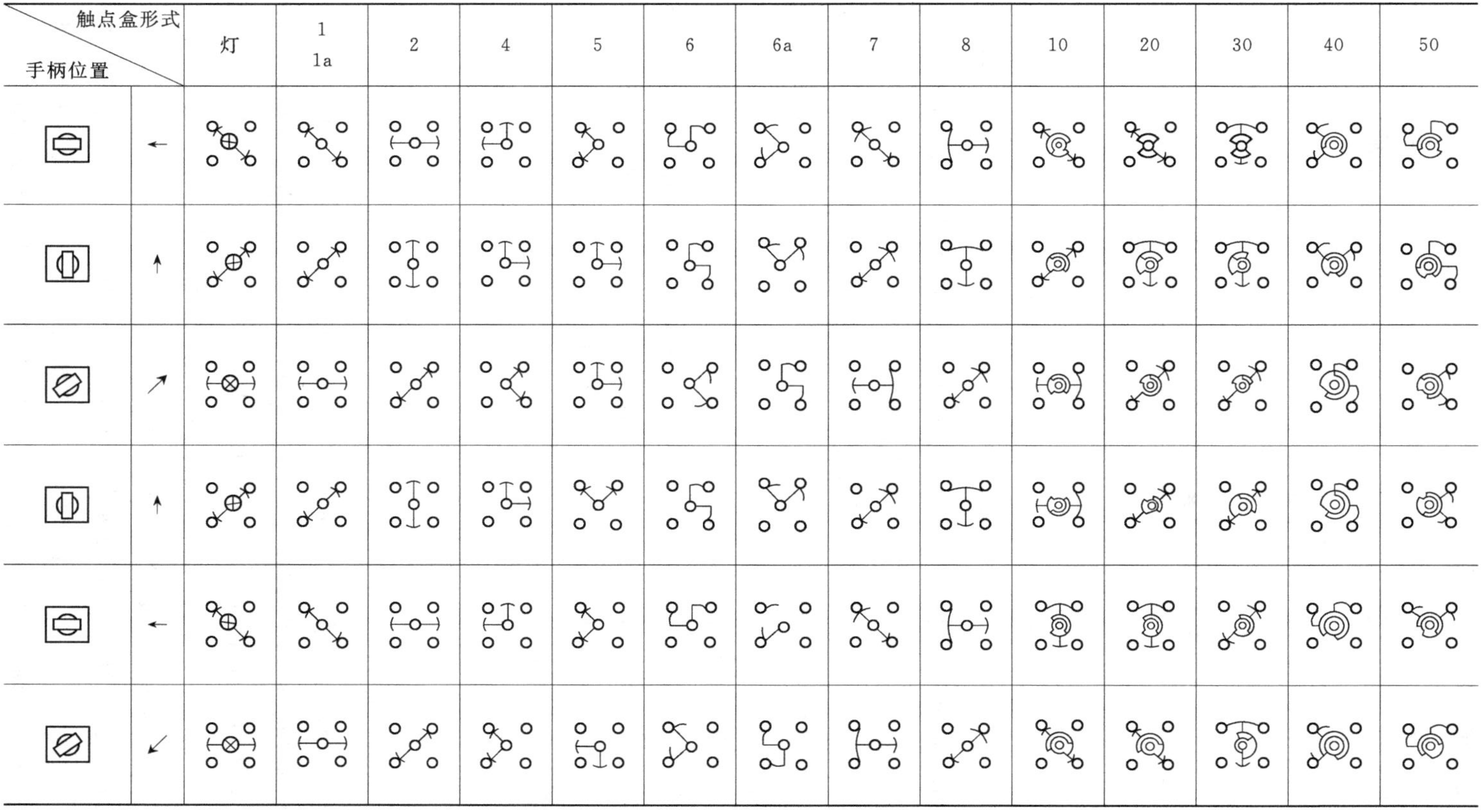

触点盒形式 / 手柄位置		灯	1 1a	2	4	5	6	6a	7	8	10	20	30	40	50
	←														
	↑														
	↗														
	↑														
	←														
	↙														

注：自动开关前视触点号顺序为 ○2 ○1 ○ ○3 ○4 。

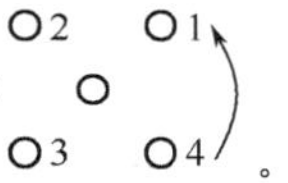

(4) 额定电压和触点容量

LW2 系列控制开关的额定电压为交流 220V、50Hz 及直流 220V。经常闭合的触点允许长期通过电流为 10A。1、2、4、5、6、6a、7、8 型触点盒内触点允许断开电流不超过表 3-3 中所示的值。1a、10、20、30、40、50 型触点盒内触点，允许断开电流不超过表 3-3 中所示值的 10%。当电流不超过 0.1A 时，允许使用在交流 380V 的电路上。

表 3-3　LW2 系列控制开关触点的容量表　　单位：A

电流性质 / 负荷性质	交　流		直　流	
	220V	127V	220V	110V
电阻性	40	45	4	10
电感性	15	23	2	7

从表中数值可知，对于电感性负荷，触点最大的容量为 23A，并且是在交流 127V 电源情况下，如果是直流 220V 电源情况下触点容量只有 2A。所以就能理解为什么对于电磁操作机构的断路器的合闸线圈不能直接由控制开关的触点接通，因为电磁操作机构合闸回路电流非常大，可达几十安至数百安，远远超过控制开关的触点容量。

(5) 控制开关的开关触点图表

表明控制开关的操作手柄在不同位置时触点盒内各触点通断情况的图表称为触点图表。通过看开关触点图表可以使设计者能够选择出与控制回路相适应的开关，对于读图的人可以掌握图中的各触点在不同工作状态时的通断情况，从而可以了解回路的工作原理。

如表 3-4 所示为 LW2-Z-1a，4，6a，40，20，20/F8 型控制开关的触点图表。LW2-Z 为开关型号，表示开关为 LW2 型，Z 表示带自动复位及定位；1a，4，6a，40，20，20 为 6 个触点盒，由开关手柄向后依次排列；F 表示面板为方形；8 为 1～9 种手柄的一种。

在表 3-4 中，左列手柄的六种位置为屏前视图，而向右的触点位置状态则为从屏后视的情况，即当手柄顺时针方向转动时，从屏后看触点盒中的可动触点为逆时针方向转动，例如触点盒 1a 中的触点为 1、2、3、4，如果在开关的正面看为逆时针 1—2—3—4 排列，而在屏后面即开关的后面看为顺时针 1—2—3—4 排列。“•”号表示触点接通，“—”号表示触点断开。

从表 3-4 可以看出，LW2-Z 型控制开关的手柄有六个位置：分别为“预备合闸”、“合闸”“合闸后”、“预备跳闸”、“跳闸”、“跳闸后”。六个位置分属于两个固定位置和四个操作（过渡）位置。其固定位置：垂直位置是合闸后位置；水平位置是跳闸后位置。其操作位置：合闸位置，由预备合闸（垂直位）顺时针旋转45°；跳闸位置，由预备跳闸（水平位）逆时针旋转45°，表3-4中预备合闸位置和预备跳闸位置尽管分别与合闸后位置和跳闸后位置相同，但是它们是合闸和跳闸操作过程经过的位置，因此也把它们列为操作位置。

表3-4　LW2-Z-1a,4,6a,40,20,20/F8型控制开关的触点图表

在“跳闸后位置的”手柄(正面)的样式和触点盒(背面)的动触头位置图	 合 跳	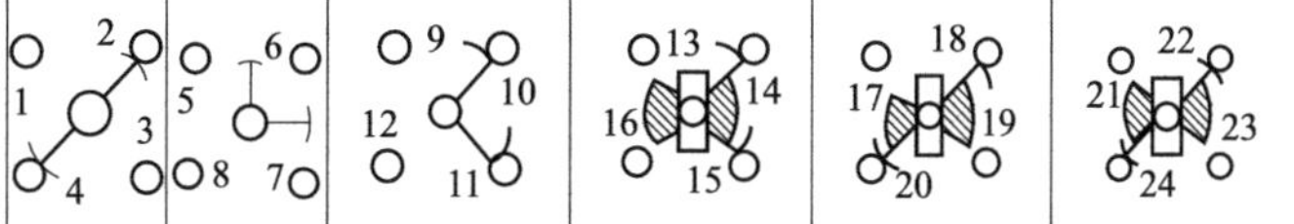 1 2 3 4		5 6 7 8		9 10 11 12			13 14 15 16			17 18 19 20			21 22 23 24		
手柄和触点盒形式	F8	1a		4		6a			40			20			20		
触点号 / 位置	—	1-3	2-4	5-8	6-7	9-10	9-12	11-10	14-13	14-15	16-13	19-17	17-18	18-20	21-23	21-22	22-24
跳闸后		—	·	—	—	—	—	·	—	·	—	—	—	·	—	—	·
预备合闸		·	—	—	—	·	—	—	·	—	—	—	·	—	—	·	—
合闸		—	—	·	—	—	·	—	—	—	·	·	—	—	·	—	—
合闸后		·	—	—	—	·	—	—	—	—	·	·	—	—	·	—	—
预备跳闸		—	·	—	—	—	—	·	·	—	—	—	·	—	—	·	—
跳闸		—	—	—	·	—	—	·	—	·	—	—	—	·	—	—	—

(6) 图形符号

控制开关的图形符号是在回路图中表示控制开关的图形。有些图中的图形符号也给出了开关在不同状态下的通断情况，这样看起来很方便，而有些图未给出通断情况，就要依据开关触点图表来配合读。

如图3-2所示为LW2-Z-1a,4,6a,40,20/F8型控制开关的图形符号，此开关比表3-4所示开关少一个20型触点盒。图中6条垂直虚线表示控制开关手柄的六个不同的位置：C—合闸、PC—预备合闸、CD—合闸后；T—跳闸、PT—预备跳闸、TD—跳闸后。水平线表示端子引线，中间1-3、2-4等表示端子号，靠近水平线下方垂直虚线上的黑点表示该对触点在此位置时是接通的。

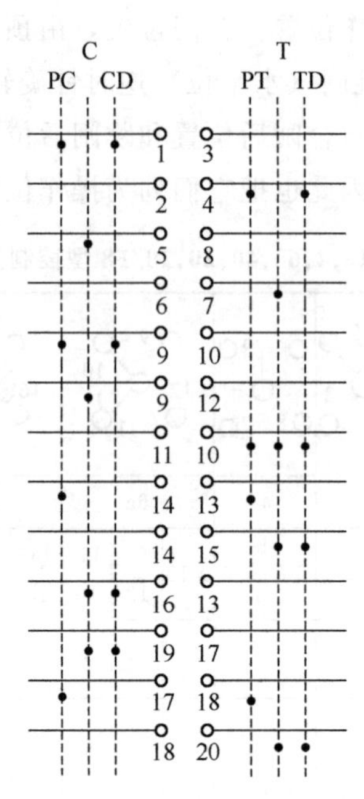

图 3-2 LW2-Z-1a,4,6a,40,20/F8 型控制开关的图形符号

(7) 控制开关触点通断情况分析

① 利用开关触点图表分析触点的通断情况　利用开关图表判断触点的通断情况主要是看每对触点与六个不同位置相对应的表格中是“•”还是“—”，即可知道这对触点在该位置是断开还是接通。以表 3-4 为例来分析，这里只对开关各触点盒内触点在“跳闸后”、“预备合闸”的通断情况做分析，其他位置触点的通断情况可参考这两种情况来分析。

a. 跳闸后：当手柄位于水平“跳闸后”位置，开关触点的通断情况为：触点盒 1a 中的触点为 1-3 断开而 2-4 接通；触点盒 4 中的触点 5-8 和 6-7 均为断开；触点盒 6a 中的触点 9-10、9-12 为断开，而 11-10 接通；触点盒 40 中的触点 14-13、16-13 断开，14-15 接通；触点盒 20 中的触点 19-17 和 17-18 断开，18-20 接通；触点盒 20 中的触点 21-23 和 21-22 断开，22-24 接通。

b. 预备合闸：当手柄位于垂直“预备合闸”位置，开关触点的通断情况为：触点盒 1a 中的触点为 1-3 接通而 2-4 断开；触点盒 4 中的触点 5-8 和 6-7 均为断开；触点盒 6a 中的触点 11-10、9-12 为断开，而 9-10 接通；触点盒 40 中的触点 14-15、16-13 断开，14-13 接通；触点盒 20 中的触点 19-17 和 18-20 断开，17-18 接通；触点盒 20 中触点 21-23 和 22-24 断开，21-22 接通。

② 利用图形符号分析触点的通断情况　从图 3-2 可以看出，每一对触点左、右两侧分别有三条垂直虚线，分别代表开关的六个位置，对应开关触点 1-3，在

其左侧的水平横线下面有“•”标注在PC和CD对应的垂直虚线上，这就表示触点1-3在预备合闸和合闸后位置是接通的，而在其他位置处于断开状态。同理对于触点2-4，在其右侧的水平横线下面有“•”标注在PT和TD垂直虚线上，表示触点2-4在预备跳闸和跳闸后位置是接通的。其他触点的通断情况分析可以参考上面两对触点。

3.1.3 断路器控制信号回路识图

(1) 简单的断路器控制回路

以适用于电磁操作机构的简单控制回路为例来说明如何阅读控制回路图。在分析电路之前首先了解一下高压断路器电磁操作机构的工作原理。

如图3-3所示为高压断路器电磁操作机构工作原理示意图。操作机构的合闸线圈YC和跳闸线圈YT分别套在两个铁芯上，当合闸线圈YC通过电流时，产生的电磁力使铁芯拉动连杆，通过传动装置使断路器主触点闭合，辅助触点也随之动作。断路器合闸后，合闸线圈YC就不再继续通电，而由机械闭锁装置（图中的搭钩）维持断路器处于合闸状态。

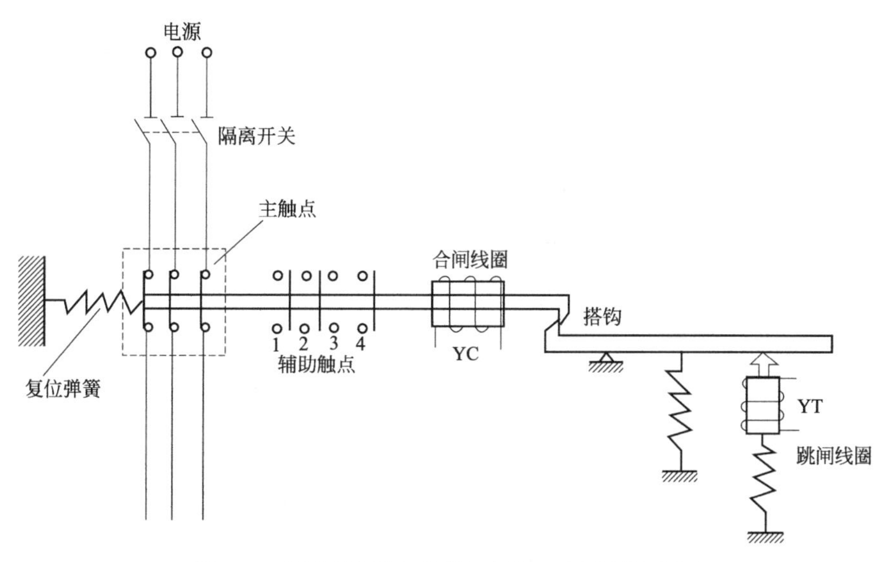

图3-3 高压断路器电磁操作机构工作原理示意图

跳闸时，接通跳闸线圈YT，其铁芯在电磁力作用下撞击搭钩，相互钩紧的搭钩立即脱离，连杆上的主触点在强大的复位弹簧的作用下恢复断开状态。

从工作原理介绍中可以得到对阅读控制回路有帮助的几点信息：一是合闸时，合闸线圈所产生的电磁力要克服复位弹簧的强大拉力，所以合闸线圈的电流必须很大，一般为几十至几百安培，而跳闸时铁芯冲撞搭钩所需力量不大，跳闸线圈 YT 的电流一般几安就可以了。因此合闸线圈要通过合闸接触器由单独的电源供电。前面电磁操作机构介绍中也提到这点。二是合闸线圈 YC 在断路器合闸后就不再继续通电，跳闸线圈 YT 虽然没提到，但也是要在断路器跳闸后就不再通电。这与控制回路基本要求中的第一条相吻合。断路器的控制信号回路是由一些简单的控制回路和信号回路经过相互组合而构成的，因此在对整个回路进行分析之前，先了解一些简单回路的构成及工作原理是有必要的。

下面来阅读简单的控制回路图。如图 3-4 所示为简单的断路器控制回路图。YC 表示断路器的合闸线圈；YT 表示跳闸线圈；KM 表示合闸接触器；SA 为控制开关，型号为 LW2-Z-1a,4,6a,40,20,20/F8；K2、K1 表示继电器和自动装置的接点；FU 表示熔断器，+、－表示电源的正负极。说明：图(a) 和图(b) 中的电源小母线都用文字符号+、－表示，但是意义却有不同。图 (a) 中是控制电源小母线，而图 (b) 为合闸电源小母线，两个电源容量不同。

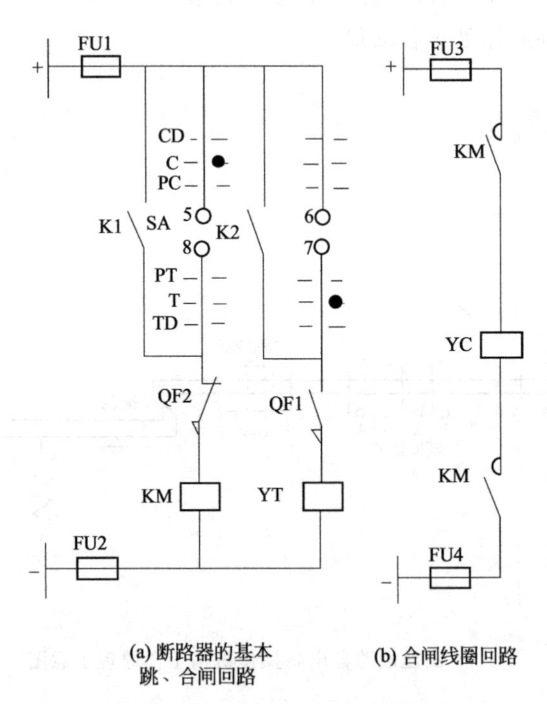

图 3-4 简单的断路器控制回路图

回路实现的功能就是使断路器合闸或跳闸，而实现方式是要合闸线圈和跳闸线圈通电。以下就从如何使合闸线圈或跳闸线圈通电来着手分析。

① 合闸线圈通电　要使图 3-4(b) 中合闸线圈通电，就需要接触器 KM 触点

闭合，这样 FU3、FU4 左侧的正、负电源就加到合闸线圈 YC 的两端。而 KM 触点的闭合则需要图 3-4(a) 中的 KM 线圈通电。图 3-4(a) 中合闸回路由手动和自动两部分完成，手动部分利用控制开关 SA 实现，从 SA 的图形符号可以看出触点 5-8 在合闸的位置接通。自动部分依靠接入自动装置的触点 K1 来实现，自动装置启动，其触点 K1 随即闭合。合闸回路还引入了断路器辅助常闭触点 QF2，QF2 在断路器合闸以后会断开，而在断路器处于跳闸状态时闭合。合闸线圈通电过程如下：当断路器处于跳闸状态时，QF2 闭合，如果手动合闸，只需把控制开关打到合闸位置，此时 5-8 触点接通，这样+→FU1→$SA_{5\text{-}8}$→QF2→KM（线圈)→FU2→－构成回路，KM 线圈通电，KM 常开触点闭合，YC 线圈通电，断路器合闸。自动合闸的路径为：+→FU1→K1→QF2→KM（线圈)→FU2→－构成回路。KM 线圈通电，KM 常开触点闭合，YC 线圈通电，断路器合闸。

② 跳闸线圈通电　跳闸回路同样由手动和自动两部分完成。从 SA 的图形符号可以看出触点 6-7 在跳闸的位置接通。自动部分依靠接入继电器的触点 K2 来实现，当继电器启动，其触点 K2 随即闭合。跳闸回路引入断路器辅助常开触点 QF1，QF1 在断路器跳闸以后会断开，而在断路器处于合闸状态时闭合。当断路器处于合闸状态时，QF1 闭合，如果手动跳闸，只需把控制开关打到跳闸位置，此时 6-7 触点接通，这样+→FU1→$SA_{6\text{-}7}$→QF1→YT→FU2→－构成回路，YT 线圈通电，断路器跳闸。自动跳闸的路径为：+→FU1→K2→QF1→YT→FU2→－构成回路，YT 线圈通电，断路器跳闸。

图 3-4 控制回路中接入断路器的辅助常开和常闭触点 QF1 和 QF2 的作用主要是为了保证当断路器在完成合闸或跳闸操作后，可以使合闸线圈或跳闸线圈断电，从而满足基本要求的第一条，即应保证跳闸或合闸线圈在跳闸或合闸操作完成后迅速失电。在分析回路的时候也可以看到如果不采用断路器的辅助接点也好像能够满足要求，以合闸回路为例：如果取消断路器辅助触点 QF_2，在手动合闸操作时，控制开关的触点 5-8 只在合闸位置时接通，而在断路器合闸后控制开关会停留在合闸后位置上，此时 5-8 触点断开，使合闸回路断开，在自动合闸操作时，自动装置的常开触点 K1 闭合使合闸回路接通，从而使断路器合闸，断路器合闸后自动装置返回 K1 接点断开，也会使合闸回路断开，这样都能满足合闸线圈一旦动作使断路器合闸后就断电，即短时通电。但是由于合闸回路的电流较大，而控制开关和自动装置的触点容量较小，如果利用控制开关或自动装置的触点去断开回路可能烧坏触点，因此引入断路器的辅助常闭触点 QF2，QF2 的触点容量较大，当断路器合闸后用 QF2 断开合闸回路。

(2) 断路器的防跳回路

断路器控制回路应有防止断路器“跳跃”的措施。什么是断路器的“跳跃”呢？断路器的跳跃主要指断路器的反复跳闸、合闸现象。所谓“防跳”就是采取措施以防止“跳跃”现象的发生。

下面来分析一下可能发生“跳跃”的原因，看图 3-4 可知在断路器合闸后，如果是手动合闸后 SA 的 5-8 触点卡住仍在接通状态或自动合闸后自动装置的合闸出口继电器 K1 的触点烧结，此时 QF2 断开，但正电源已加在 QF2 触点的上端。如果一次系统又发生永久性故障，则继电保护装置动作，保护跳闸出口继电器 K2 触点闭合，YT 线圈通电使断路器 QF 跳闸。断路器 QF 断开后，其辅助触点 QF1 断开，QF2 闭合，则交流接触器 KM 线圈又带电，使断路器再次合闸。由于故障是永久性的，不会因为断路器的跳闸而消失，因此断路器又合闸于故障设备上，保护装置又动作使断路器 QF 跳闸，跳闸之后又重复上述合跳的过程。

如果断路器发生“跳跃”，势必造成绝缘下降、油温上升，严重时会引起断路器发生爆炸事故，危及设备和人身的安全。

防跳的措施有机械防跳和电气防跳。机械防跳指操作机构本身的防跳性能，对于 6～10kV 断路器，可采用有机械防跳性能的 CD2 型操作机构。电气防跳是指不论断路器操作机构本身是否带有机械闭锁，均在断路器控制回路中加装电气防跳电路。常用的电气防跳回路有利用防跳中间继电器防跳和利用跳闸线圈辅助触点防跳两种。由于利用跳闸线圈辅助触点构成的防跳电路会使跳闸线圈长时间通电，因此这种方法在应用上受到了一定程度的限制。这里只介绍利用防跳继电器构成的电气防跳回路。

如图 3-5 所示为加装中间继电器的断路器控制回路。与图 3-4 相比较，图 3-5 增加了一个中间继电器 KCF。KCF 称为跳跃闭锁继电器，它有两个线圈：一个是电流启动线圈 KCF1，串接在跳闸回路中，要求其灵敏度要高（高于跳闸线圈），以保证在跳闸操作时该电流线圈能可靠启动；另一个是电压（自保持）线圈 KCF2，经过自身的常开触点与合闸接触器线圈并联。此外，在合闸回路中还串接了一个 KCF 的常闭触点。

防跳原理如下。

在对跳跃现象产生的原因分析中可知，跳跃的产生与两点有关：一是控制开关触点未复归或自动装置触点烧结；二是此时发生永久性故障。因此在读图 3-5 时围绕这两点来分析。

当采用手动或自动方式使断路器合闸后，断路器辅助常开触点 QF1 闭合而辅助常闭触点 QF2 断开，如果控制开关 SA 的 5-8 触点未复归或自动装置 K1 触

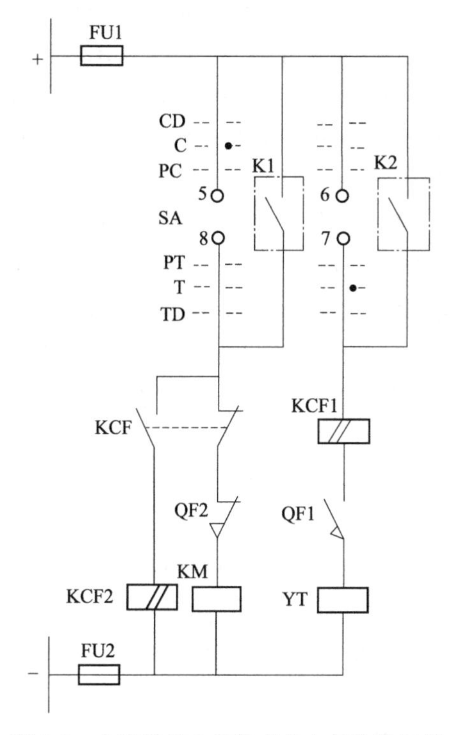

图 3-5 由防跳继电器构成的电气防跳回路

点烧结，而此时又发生永久性故障，则继电保护装置动作，K2 触点闭合，将跳闸回路接通，断路器跳闸。由于跳闸回路接通的同时电流也流过防跳继电器 KCF1 的电流启动线圈，使 KCF1 动作，其接在合闸回路中的常闭触点断开，可靠地切断 KM 线圈所在的合闸回路，同时与电压保持线圈 KCF2 连接的常开触点闭合，接通电压保持线圈 KCF2 实现自保持。此时即使 SA 的 5-8 触点或 K1 接通，由于电流通过的路径为＋→FU1→$SA_{5\text{-}8}$ 或 K1→KCF（常开触点）→KCF2（线圈）→FU2→－，KM 线圈仍不会通电，所以合闸线圈 YC 不会动作，防止了断路器跳跃的发生。只有合闸命令解除（SA 的 5-8 断开或 K1 断开），KCF2 电压线圈断电后，才能恢复至正常状态。跳跃闭锁继电器 KCF 常装于控制室内保护屏上，也有的装于断路器的操作箱内。

（3）断路器的信号回路

断路器在合闸或跳闸状态时，应有明确的指示信号，断路器的位置信号一般用信号灯表示，其形式有双灯制和单灯制两种。断路器在自动装置驱动下自动跳闸或合闸时，应有明确的动作信号，同位置信号一样采用双灯制和单灯制，只是灯光形式同位置信号不同。单灯制用于音响监视的断路器控制回路中，双灯制用于灯光监视的断路器控制回路中。下面分别对双灯制和单灯制信号回路进行分析。

① 双灯制信号回路　断路器的双灯制信号回路如图 3-6 所示。双灯制顾名思义即断路器的状态用两个信号灯表示，红灯（RD）表示断路器合闸，绿灯（GN）表示断路器跳闸。红、绿灯是利用与断路器传动轴一起联动的辅助触点 QF 进行切换的。为了区分断路器是手动合闸还是自动合闸或是手动跳闸还是自动跳闸，通常采用平光和闪光的方式加以区分：平光（红光、绿光）表示手动合闸或跳闸；闪光（红光、绿光）表示自动合闸或跳闸。说明一点，断路器的位置信号通常认为与手动操作的信号是一个。图 3-6 中 M100（＋）为闪光电源小母线，控制开关的型号为 LW2-Z-1a,4,6a,40,20,20/F8，HL1、HL2 为绿色、红色信号灯，*R* 为附加电阻，其他元件前面的电路已介绍过。

要读懂图 3-6 应先弄清回路中各元件所起的作用。控制开关 SA 的作用是红灯和绿灯的一端分别通过它的不同触点与控制电源正母线或闪光电源小母线相连，从而起到使断路器通过控制开关进行手动合、跳闸或通过自动装置、继电器自动合、跳闸时，信号灯能发平光或闪光；断路器辅助常开、常闭触点的作用就是当断路器合闸或跳闸时，可以把负电源引到红灯或绿灯的另外一端。控制电源的作用是如果信号灯与之相接时发平光，闪光小母线上的作用是信号灯的一端与之相接则发闪光。下面对回路的工作原理进行分析。

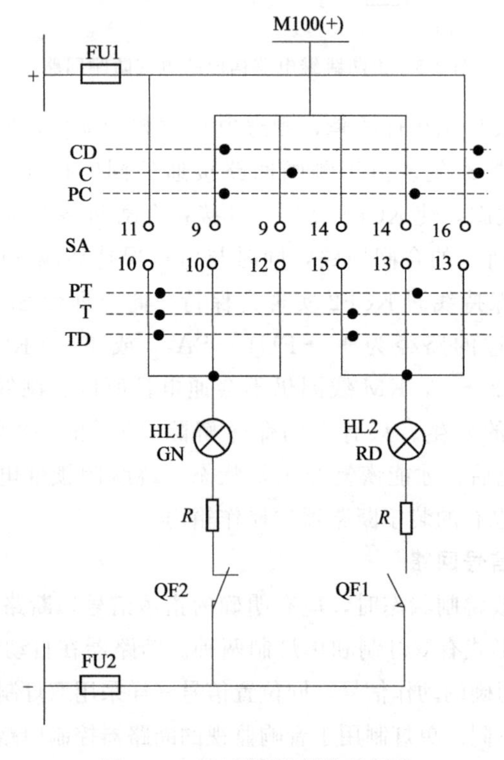

图 3-6　双灯制断路器信号回路

a. 合闸信号（红灯发平光或闪光）

· 手动合闸。如果操作控制开关 SA 使断路器合闸后，SA 在“合闸后”位置，触点 9-10 和 16-13 接通，由于此时断路器的常开触点 QF1 闭合，常闭触点 QF2 断开，所以触点 16-13 所在回路有电流流过，电流的路径为（＋）→FU1→$SA_{16\text{-}13}$→RD→R→QF1→FU2→（－），红灯（RD）接至控制电源小母线，红灯发平光，表示断路器手动合闸。

· 自动合闸。若断路器在跳闸位置，控制开关在“跳闸后”位置，SA 的 11-10 和 14-15 触点接通，而此时若自动装置使断路器自动合闸，其辅助常开触点 QF1 闭合，常闭触点 QF2 断开，所以 14-15 触点所在的回路有电流流过，电流的路径为 M100(＋)→$SA_{14\text{-}15}$→RD→R→QF1→FU2→(－)，红灯接至闪光小母线，红灯闪光，表明断路器自动合闸。

· 红灯闪光解除。运行人员将 SA 打至“合闸后”位置，则触点 14-15 断开，触点 16-13 接通，其所在回路流过电流，红灯又发平光。

b. 跳闸信号（绿灯发平光或闪光）

· 手动跳闸。如果操作控制开关 SA 使断路器跳闸后，SA 至“跳闸后”位置时，其触点 11-10 和 14-15 接通，由于断路器的辅助常开触点 QF1 断开，辅助常闭触点 QF2 闭合，所以只有触点 11-10 所在回路有电流流过，电流的路径为（＋）→FU1→$SA_{11\text{-}10}$→GN→R→QF2→FU2→（－），使绿灯（GN）接至控制电源小母线，绿灯发平光，表示断路器手动跳闸。

· 自动跳闸。若断路器在合闸位置，控制开关 SA 处于“合闸后”位置，其触点 9-10 和 16-13 触点接通。如果一次系统发生故障继电保护动作使断路器跳闸，断路器跳闸后，其辅助常开触点 QF1 断开，辅助常闭触点 QF2 闭合，所以 9-10 触点所在回路有电流流过，电流的路径为 M100(＋)→$SA_{9\text{-}10}$→GN→R→QF2→FU2→(－)，绿灯（GN）接至闪光小母线 M100(＋)，绿灯闪光，表示断路器自动跳闸。

· 绿灯闪光解除。运行人员将 SA 打至“跳闸后”位置，则触点 9-10 断开，触点 11-10 接通，其所在回路流过电流，绿灯又发平光。

② 单灯制信号回路　如图 3-7 所示为断路器单灯制信号回路。控制开关的型号为 LW2-YZ-1a,4,6a,40,20,20/F1，开关触点图表如表 3-5 所示。回路中的信号灯采用 LW2-YZ 型控制开关手柄内的白色信号灯。

单灯制信号回路与双灯制信号回路在构成上，除控制开关和信号灯选用的不同外，还用合闸位置继电器 KCC 的常开触点取代断路器辅助常开触点 QF1，用跳闸位置继电器 KCT 的常开触点取代断路器的辅助常闭触点 QF2。单灯制中断路器的手动或自动跳、合闸也用平光和闪光的方法加以区分。

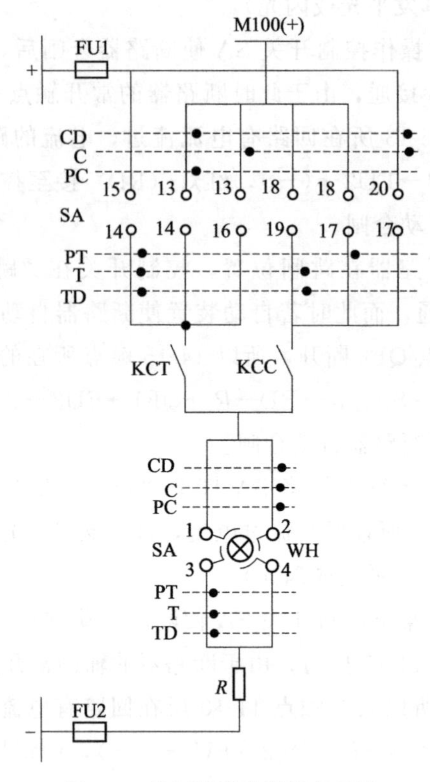

图 3-7 单灯制断路器信号回路

工作原理分析如下。

a. 合闸信号

·手动合闸。如果操作控制开关 SA 使断路器合闸后，SA 在“合闸后”位置，其触点 2-4、13-14、20-17 接通，此时合闸位置继电器的常开触点 KCC 闭合，跳闸位置继电器的常开触点 KCT 断开，所以触点 2-4、20-17 所在回路有电流流过，电流路径为（+）→FU1→$SA_{20\text{-}17}$→KCC→$SA_{2\text{-}4}$→R→FU2→(−)，白色信号灯 WH 接至控制电源小母线发平光，表示断路器手动合闸。

·自动合闸。若断路器在跳闸位置，控制开关 SA 在“跳闸后”位置，SA 的 1-3、15-14、18-19 触点接通。若自动装置使断路器自动合闸，此时合闸位置继电器 KCC 的常开触点闭合，跳闸位置继电器的常开触点 KCT 断开，所以触点 1-3、18-19 所在回路有电流流过，电流的路径为 M100(+)→$SA_{18\text{-}19}$→KCC→$SA_{1\text{-}3}$→R→FU2→(−)，白色信号灯 WH 接至闪光电源小母线发闪光，表示断路器自动合闸。

表 3-5 LW2-YZ-1a,4,6a,40,20,20/F1 型控制开关触点图表

在"跳闸后位置的"手柄(正面)的样式和触点盒(背面)的动触头位置图	合 跳																		
手柄和触点盒形式	F1	灯		1a		4		6a			40			20			20		
触点号 / 位置	—	1-3	2-4	5-7	6-8	9-12	10-11	13-14	13-16	15-14	18-17	18-19	20-17	23-21	21-22	22-24	25-27	25-26	26-28
跳闸后		•	—	—	•	—	—	—	—	•	—	•	—	—	—	•	—	—	•
预备合闸		—	•	•	—	—	—	•	—	—	•	—	—	—	•	—	—	•	—
合闸		—	•	—	—	•	—	—	•	—	—	—	•	•	—	—	•	—	—
合闸后		—	•	•	—	—	—	•	—	—	—	—	•	•	—	—	•	—	—
预备跳闸		•	—	—	•	—	—	—	—	•	•	—	—	—	•	—	—	•	—
跳闸		•	—	—	—	—	•	—	—	•	—	•	—	—	—	•	—	—	—

· 闪光解除。运行人员将 SA 打至"合闸后"位置，其触点 1-3、18-19 断开，触点 2-4 和 20-17 接通，其所在回路流过电流，SA 与断路器位置相对应，白灯又发平光。

b. 跳闸信号

· 手动跳闸。如果操作控制开关 SA 使断路器跳闸后，SA 至"跳闸后"位置时，其触点 1-3、15-14、18-19 接通，此时跳闸位置继电器的常开触点 KCT 闭合，合闸位置继电器 KCC 的常开触点断开，所以触点 1-3、15-14 接通，其所在回路有电流流过，电流路径为（+）→FU1→$SA_{15\text{-}14}$→KCT→$SA_{1\text{-}3}$→R→FU2→（−），白色信号灯 WH 接至控制电源小母线发平光，表示断路器手动跳闸。

· 自动跳闸。若断路器在合闸位置，而控制开关 SA 处于"合闸后"位置，其 2-4、13-14、20-17 触点接通，若一次系统发生故障继电保护动作使断路器跳闸，此时跳闸位置继电器 KCT 的常开触点闭合，合闸位置继电器 KCC 的常开触点断开，所以触点 2-4、13-14 所在回路有电流流过，电流路径为 M100(+)→$SA_{13\text{-}14}$→KCT→$SA_{2\text{-}4}$→R→FU2→(−)，白色信号灯 WH 接至闪光电源小母线发闪光，表示断路器自动跳闸。

·闪光解除。运行人员将 SA 打至“跳闸后”位置，其触点 2-4、13-14 断开，触点 1-3 和 14-15 所在回路流过电流，白灯又发平光。

从上面的分析可以看出，断路器的实际位置和控制开关的位置关系与信号灯发平光还是闪光密切相关。通常把断路器的实际位置和控制开关的位置关系分为对应关系和不对应关系。对应关系是指如果断路器在跳闸位置则控制开关应在跳闸后位置，或者断路器在合闸位置则控制开关应在合闸后位置。不对应关系是指如果断路器在跳闸位置而控制开关在合闸后位置，或者断路器在合闸位置而控制开关在跳闸后位置。如果断路器与控制开关的位置是对应关系，则信号灯发平光。如果断路器和控制开关的位置不对应，则信号灯闪光。

(4) 断路器控制回路完好性的监视

断路器控制回路必须有监视熔断器熔断或控制回路断线的措施，否则当熔断器熔断或控制回路断线时，将不能正常进行跳、合闸操作。

目前广泛采用的完好性监视方式有两种，即灯光监视和音响监视。中小型发电厂和变电站一般采用双灯监视方式，而大型发电厂和变电站则多采用单灯加音响监视方式。

① 双灯监视方式。根据位置指示灯状态来监视控制回路的完好性。在图 3-6 中，当断路器在跳闸位置时，若合闸回路完好则绿灯（GN）亮，否则说明熔断器熔断或合闸回路断线。同理，红灯（RD）亮表示断路器在合闸位置，同时说明跳闸回路完好。

② 单灯加音响监视方式。根据控制开关的指示灯与音响信号来监视控制回路的完好性。

(5) 事故音响信号启动回路

断路器自动跳闸时，不仅指示灯要发出闪光，而且还要求发出事故音响信号（蜂鸣器）。以便于引起运行人员的注意，及时对事故进行处理。事故音响启动回路也是利用断路器与控制开关位置不对应原则实现的，全厂共享一套。常用的事故音响启动回路有三种形式：①利用断路器辅助触点启动；②利用跳闸位置继电器启动；③利用三相断路器辅助触点并联启动。回路如图 3-8 所示。

下面介绍利用断路器辅助触点启动的事故音响启动回路的工作原理。

如图 3-8(a) 所示为利用断路器辅助触点启动的回路图，图中 M708 为事故音响小母线，−700 为信号母线负电源。如果一次系统发生故障继电保护动作使断路器自动跳闸，图中的断路器辅助常闭触点 QF 随断路器的断开而闭合，而由于控制开关 SA 仍处于“合闸后”位置，其触点 1-3 和 19-17 接通，则事故音响小母线 M708 与信号小母线−700 接通，即可启动事故音响信号，蜂鸣器发出音响。

图 3-8(a) 用到控制开关 SA 的两对触点 1-3 和 19-17 相串联，之所以用两对

触点是因为如果只用其中一对触点，则在手动合闸操作过程中，当控制开关转到“预备合闸”或“合闸”位置瞬间，回路可能就会被接通，误发事故音响信号，使值班人员难辨真假。而事故音响信号要求在断路器因事故跳闸时才动作，因此采用不对应原理来启动音响回路，故在接线中应采用只有在“合闸后”位置才接通的触点，从而保证只有在断路器跳闸时，断路器位置与控制开关位置不对应而发事故信号，而从表 3-4 中找不到这样的触点，所以采用 1-3 与 19-17 两对触点串联的方法来满足只有在“合闸后”位置才接通的这一要求。

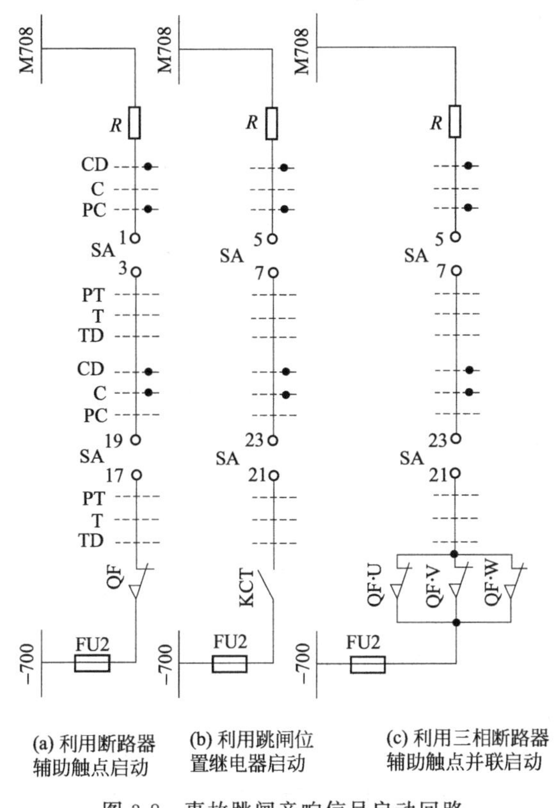

图 3-8　事故跳闸音响信号启动回路

(6) 灯光监视的断路器控制信号回路

如图 3-9 所示为电磁操作机构的断路器控制信号回路图。整个回路由上面介绍的简单的控制回路、防跳回路、信号回路和事故音响启动回路等组成。各元件在上面已介绍，此处不再赘述。通过读回路图来分析回路的动作原理时要遵循一定的顺序，即先按手动操作进行跳、合闸来分析，然后再按自动操作进行跳、合闸来分析。同时还要对图中有些元件的作用特别留意。

动作原理分析如下。

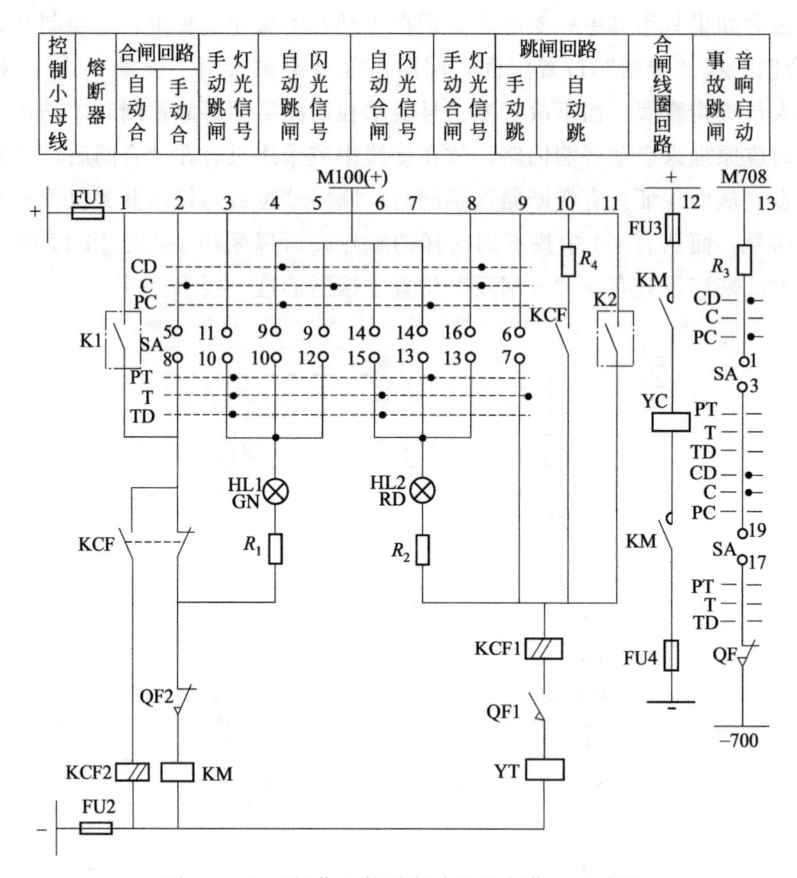

图 3-9　电磁操作机构的断路器控制信号回路图

① 手动合闸。

a. 预备合闸。在手动合闸操作前，断路器在跳闸位置，控制开关 SA 在“跳闸后”位置。进行手动合闸操作时，先将控制开关 SA 的操作手柄顺时针旋转 90°至“预备合闸”位置，触点 9-10 和 14-13 接通，此时断路器的辅助常开触点 QF1 断开，辅助常闭触点 QF2 闭合，所以只有 9-10 触点所在回路有电流流过，电流的路径为 M100（+）→$SA_{9\text{-}10}$→GN→R_1→QF2→KM→FU2→(－)，绿灯 GN 接至闪光小母线而发闪光。

b. 合闸。将控制开关 SA 继续顺时针旋转 45°至合闸位置，触点 5-8、9-12、16-13 接通，因 QF1 断开，所以 16-13 不作考虑。此时防跳继电器未启动，其在合闸回路中的常闭触点是闭合的，因此触点 5-8 的接通将绿灯（GN）短路，触点 5-8 所在回路有电流流过，电流路径为（+）→FU1→$SA_{5\text{-}8}$→KCF（常闭触点）→QF2→KM→FU2→(－)，合闸接触器 KM 线圈通电启动，其在合闸线圈回路中的 2 对常开触点 KM 闭合使合闸线圈 YC 通电，电流路径为（+）→

FU3→KM→YC→KM →FU4→(－)，合闸线圈YC通电后断路器合闸。断路器合闸后，其辅助常开触点QF1闭合、辅助常闭触点QF2断开；此时触点5-8所在回路断开，触点16-13所在回路通电，电流路径为（＋)→FU1→$SA_{16\text{-}13}$→RD→R_2→KCF1（线圈)→QF1→YT→FU2→(－)，使红灯RD接通控制电源而发平光。

c. 合闸后。断路器合闸后，松开控制开关的操作手柄，手柄在弹簧的作用下自动逆时针旋转45°至“合闸后”位置，此时触点9-10、16-13接通，由于断路器的辅助常闭触点仍处于断开位置，所以只有触点16-13所在回路有电流流过，电流路径为（＋)→FU1→$SA_{16\text{-}13}$→RD→R_2→KCF1（线圈)→QF1→YT→FU2→(－)，红灯仍发平光。

② 手动跳闸。

a. 预备跳闸。在手动跳闸操作前，断路器在合闸位置，控制开关在“合闸后”位置。进行手动跳闸操作时，先将控制开关SA的操作手柄逆时针旋转90°至“预备跳闸”位置，触点11-10和14-13接通，此时断路器的辅助常开触点QF1闭合，辅助常闭触点QF2断开，所以只有14-13触点所在回路有电流流过，电流的路径为M100（＋)→$SA_{14\text{-}13}$→RD→R_2→KCF1（线圈)→QF1→YT→FU2→(－)，红灯RD接至闪光小母线而发闪光。

b. 跳闸。将控制开关SA继续逆时针旋转45°至跳闸位置，触点6-7、11-10、14-15接通，由于QF2断开，所以触点11-10不考虑，此时触点6-7的接通将红灯（RD）短路，则跳闸线圈YT励磁而使断路器跳闸。断路器跳闸后，其辅助常开触点QF1断开，辅助常闭触点QF2闭合，此时触点6-7所在回路断开，触点11-10所在回路有电流流过，电流路径为（＋)→FU1→$SA_{11\text{-}10}$→GN→R_1→QF2→KM→FU2→(－)，使绿灯GN接至控制电源小母线而发平光。

c. 跳闸后。断路器断开后，松开控制开关的操作手柄，手柄在弹簧的作用下自动顺时针旋转45°至“跳闸后”位置，此时触点11-10、14-15接通，由于断路器的辅助常开触点仍处于断开位置，所以只有触点11-10所在回路有电流流过，电流路径为（＋)→FU1→$SA_{11\text{-}10}$→GN→R_1→QF2→KM→FU2→(－)，使绿灯GN接至控制电源小母线而发平光。

③ 自动合闸。如果自动装置动作使其合闸出口继电器K1触点闭合，则合闸接触器KM线圈通电，KM触点闭合后使合闸线圈YC通电而将断路器合闸，而此时控制开关SA手柄仍在断路器自动合闸之前的位置——“跳闸后”位置，触点11-10、14-15接通，但是只有触点14-15所在回路有电流流过，电流路径为M100（＋)→$SA_{14\text{-}15}$→RD→R_2→KCF1（线圈)→QF1→YT→FU2→(－)，红灯RD发闪光。

④ 自动跳闸。若一次系统发生故障，继电保护装置启动，其出口继电器K2

的触点闭合，则跳闸线圈 YT 励磁将断路器断开，而此时控制开关 SA 手柄仍然在断路器自动跳闸前的位置——“合闸后”位置，触点 9-10、16-13 接通，但是只有 9-10 所在回路接通，电流路径为 M100（+）→SA_{9-10}→GN→R_1→QF2→KM→FU2→(−)，绿灯 GN 发闪光。

⑤ 跳、合闸回路完好性监视。在跳、合闸回路中接入红、绿信号灯：a. 跳闸回路完好性。红灯亮，表示断路器在合闸状态（常开触点 QF1 闭合），而且红灯串接在跳闸回路中，因此红灯亮说明跳闸回路是完好的。b. 合闸回路完好性。绿灯亮，表示断路器在跳闸状态（常闭触点 QF2 闭合），而且绿灯串接在合闸回路中，因此绿灯亮说明合闸回路完好。

⑥ 熔断器完好性监视。红灯或绿灯有一个亮，则表明熔断器 FU 是完好的。

⑦ KCF 的动合触点串一电阻 R_4 且与 K2 动合触点并联。断路器跳闸后，短路电流消失，继电器返回，如果其触点 K2 先于 QF1 断开，则会烧坏 K2 触点，而加入 KCF 的常开触点与 R_4 串联，即使 K2 先跳开，因有 KCF 及 R_4 与之并联，所以 K2 触点也不会烧坏。

3.2 隔离开关的控制及闭锁回路

隔离开关和断路器都属于高压开关电器，区别在于断路器有灭弧装置而隔离开关没有。隔离开关用途主要有四种。

① 隔离电源。使带电和不带电设备之间有明显的空气间隙。

② 倒闸操作。隔离开关可以在双母线接线中将设备或供电线路从一组母线切换到另一组母线上。

③ 断开或接通小电流电路。如空载短线路、空载中小型变压器以及空载母线。

④ 可以与接地刀闸互锁实现接地操作，操作顺序为：先断开隔离开关，后闭合接地刀闸；先断开接地刀闸，后闭合隔离开关。

隔离开关的控制分就地控制和远方控制两种。110kV 及以下的隔离开关宜采用就地控制；220kV 及以上的隔离开关既可以采用就地控制，也可以采用远方控制。

对隔离开关控制回路的基本要求如下。

① 由于隔离开关没有灭弧机构，不能用来通断负荷电流和短路电流。因此控制回路必须受相应断路器的闭锁，以保证断路器只有在跳闸状态下，才能操作隔离开关。

② 为防止带接地线合闸，控制回路必须接受接地刀闸的闭锁，以保证接地刀闸在合闸状态下，不能操作隔离开关。

③ 操作脉冲应是短时的，完成操作后，应能自动解除回路电源。

④ 隔离开关应有所处状态的位置信号。

隔离开关也有操作机构，分别为气动操作机构、电动操作机构和电动液压操作机构等，根据不同的操作机构，可以构成不同的控制回路，如气动操作控制回路、电动操作控制回路及电动液压操作控制回路。本节只介绍电动操作控制回路的识图。

3.2.1 隔离开关控制回路识图

(1) 电动操作控制回路

电动操作控制回路如图 3-10 所示。KM1、KM2 为合、跳闸接触器；K 为热继电器；SB 为紧急解除按钮；SB1、SB2 为合、跳闸按钮；QF 为对应断路器辅助常闭触点；QSE 为接地刀闸的辅助常闭触点；S1、S2 为隔离开关合、跳闸终端开关。

从图 3-10 可以看出，电动操作机构的隔离开关控制回路中没有合闸线圈和

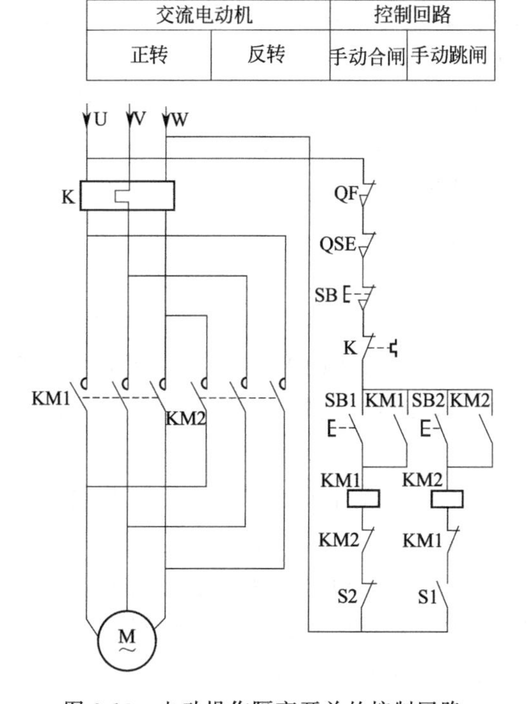

图 3-10 电动操作隔离开关的控制回路

跳闸线圈，在分析回路之前要清楚这种操作机构的隔离开关是依靠电动机 M 的正转和反转从而带动操作机构进行合闸和分闸操作。现对合闸和分闸动作过程分析如下。

① 合闸操作　在具备合闸条件下，即相应的断路器 QF 在跳闸位置（其辅助常闭触点闭合）；接地隔离开关 QSE 在断开位置（其辅助常闭触点闭合）；隔离开关 QS 在跳闸终端位置（其跳闸终端开关 S2 闭合），并无跳闸操作（即 KM2 的常闭触点闭合）时，按下合闸按钮 SB1，启动合闸接触器 KM1，三相交流电动机 M 正方向转动，进行合闸，并通过 KM1 的常开触点自保持，使隔离开关合闸到位。隔离开关合闸后，跳闸终端开关 S2 断开，合闸接触器 KM1 失电返回，电动机 M 停止转动。这就保证了隔离开关合闸到位后，自动解除合闸脉冲。

② 分闸操作　在具备分闸条件下，即相应断路器 QF 在跳闸位置（其辅助常闭触点闭合）；接地隔离开关 QSE 在断开位置（其辅助常闭触点闭合）；隔离开关 QS 在合闸终端位置（其合闸终端开关 S1 闭合）。KM1 常闭触点闭合；此时只要按下 SB2 跳闸按钮，启动跳闸接触器 KM2，KM2 的常开触点闭合，三相电动机 M 反向转动，使隔离开关 QS 跳闸。通过 KM2 的常开触点自保持，使隔离开关跳闸到位。隔离开关分闸后，合闸终端开关 S1 断开（同时 S2 闭合为合闸做准备），跳闸接触器 KM2 失电返回，电动机 M 停止转动。

在合闸、跳闸操作过程中，由于某种原因，需要立即停止合、跳闸操作时，可按下紧急解除按钮 SB，使合、跳闸接触器失电，电动机立即停止转动。

电动机 M 启动后，若电动机回路故障，则热继电器 K 动作，其常闭触点断开控制回路，停止操作。此外，利用 KM1、KM2 的常闭触点相互闭锁跳、合闸回路，以避免操作程序混乱。

(2) 隔离开关的位置指示电路

隔离开关的位置指示器装于控制屏模拟主接线的相应位置上，常用的有手动模拟牌、电动式位置指示器。手动模拟牌用于不需要经常倒换操作的隔离开关，需要经常倒换操作的隔离开关可装设 MK-9T 型电动式位置指示器。

MK-9T 型位置指示器由两个电磁铁线圈和一个可转动的条形衔铁组成，如图 3-11(b) 所示。

两个电磁线圈，分别由隔离开关的常开辅助触点 QS3、常闭辅助触点 QS4 控制；舌片用永久磁铁做成，黑色标线与舌片固定连接。当隔离开关的位置改变时，隔离开关的辅助触点 QS3、QS4 的通断状态切换，两线圈的通断状态也改变，线圈磁场方向发生改变，舌片改变位置，黑色标线也随之改变位置。隔离开关位置指示器的结构示意图如图 3-12 所示。

当隔离开关 QS 处于合闸位置时，其辅助常开触点 QS3 闭合，则电流通过

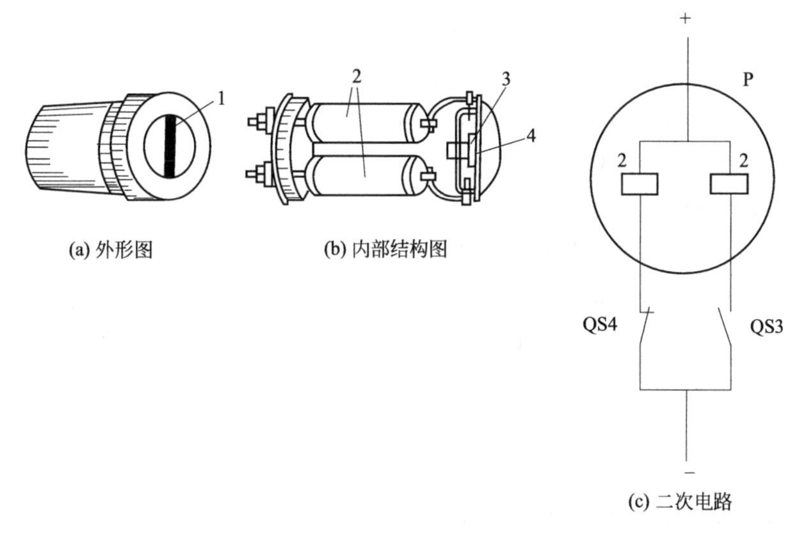

图 3-11　MK-9T 型位置指示器

1，4—黑色标线；2—电磁铁线圈；3—衔铁

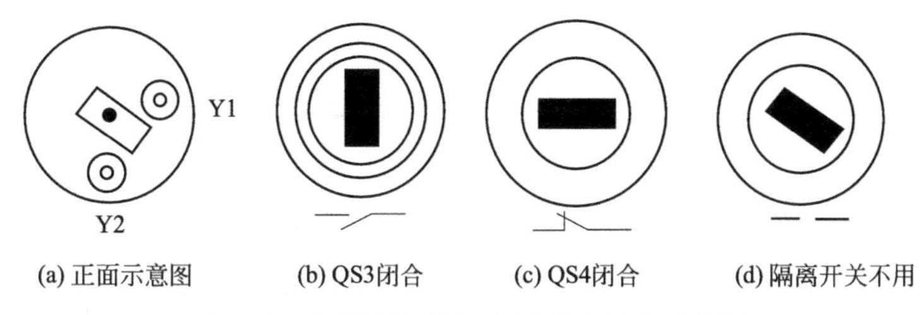

图 3-12　隔离开关位置指示器的结构示意图

电磁铁线圈，黑色指示标线停留在垂直位置；当隔离开关处于跳闸位置时，其辅助常闭触点 QS4 闭合，则电流通过另一个电磁线圈，黑色指示标线停留在水平位置；当两个电磁铁线圈内均无电流通过，黑色指示标线（在弹簧压力作用下）停留在 45°角位置。

3.2.2　隔离开关的电气闭锁回路

如果带负荷拉、合隔离开关，将会产生严重后果，为了避免这种误操作的出现，除了在隔离开关控制回路中串入相应断路器的辅助常闭触点外，还需要装设专门的闭锁装置。闭锁装置分机械闭锁和电气闭锁两种形式。6～10kV 配电装置，一般采用机械闭锁装置。35kV 及以上电压等级的配电装置，主要采用电气闭锁装置。

(1) 机械闭锁

机械闭锁是利用设备的机械传动部位的互锁来实现的。如成套开关柜中断路器与隔离开关之间、隔离开关与接地开关之间、主电路与柜门之间，以及35kV及以上户外配电装置中装成一体的隔离开关与接地开关之间的闭锁。这种闭锁方式是简单有效的防误闭锁方式。

(2) 电气闭锁装置

电气闭锁装置是通过接通或断开操作电源而达到闭锁目的一种装置。对采用气动、电动和液压操动机构的隔离开关，在其控制回路中设闭锁接线；对手动操作的隔离开关、接地开关，装设电磁锁闭锁装置，装置由电磁锁和闭锁回路两部分组成。

① 电磁锁　电磁锁的结构如图3-13(a) 所示。主要由电锁Ⅰ和电钥匙Ⅱ组成。电锁Ⅰ由锁芯1、弹簧2和插座3组成。电钥匙Ⅱ由插头4、线圈5、电磁铁6、解除按钮7和钥匙环8组成。在每个隔离开关的操作机构上装有一把电锁，

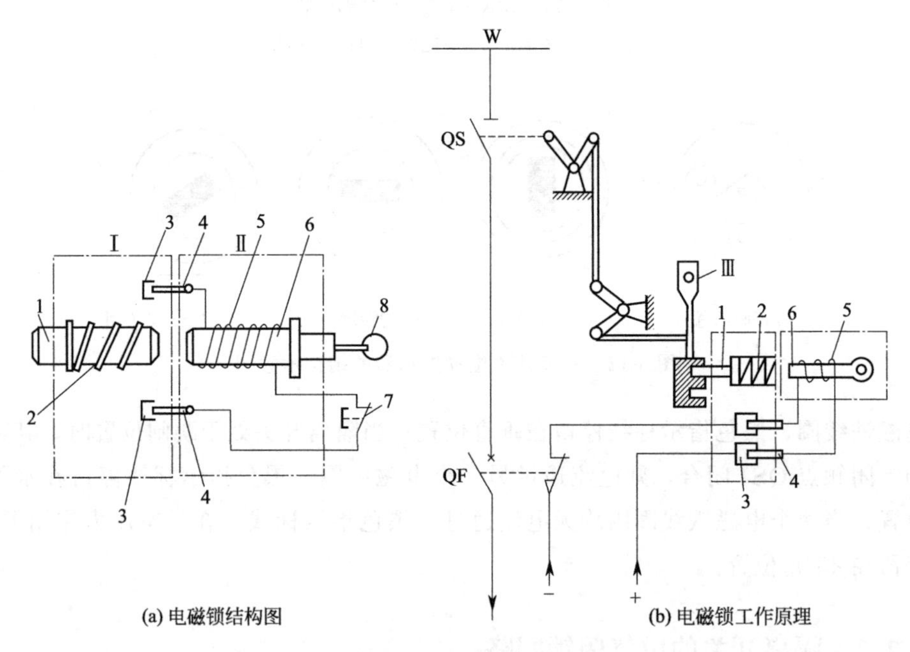

(a) 电磁锁结构图　　(b) 电磁锁工作原理

图3-13　电磁锁

Ⅰ—电锁；Ⅱ—电钥匙；Ⅲ—操作手柄；1—锁芯；2—弹簧；
3—插座；4—插头；5—线圈；6—电磁铁；7—解除按钮；8—钥匙环

电锁固定在隔离开关的操动机构上，电钥匙可以取下，全厂（站）备有2～3把电钥匙作为公用。电锁用来锁住操动机构的转动部分。在电钥匙不带电时，锁芯1在弹簧2压力作用下，锁入操作机构的小孔内，使操作手柄Ⅲ不能转动。只有

在相应断路器处于跳闸位置时，才能用电钥匙打开电锁，对隔离开关进行合、跳闸操作。

电磁锁的工作原理如图 3-13(b) 所示，断路器在分闸位置时隔离开关可以操作。当断路器在断开位置时，其操动机构上的常闭辅助触点接通，给插座 3 加上直流电压。如果需要断开隔离开关 QS，可将电钥匙的插头 4 插入插座 3 内，线圈 5 中就有电流流过，使电磁铁 6 被磁化吸出锁芯 1，锁就打开了，此时利用操作手柄Ⅲ，即可拉断隔离开关。隔离开关拉断后，取下电钥匙插头 4，使线圈 5 断电，释放锁芯 1，锁芯 1 在弹簧 2 压力作用下，又锁入操作机构小孔内，锁住操作手柄。需要合上隔离开关的操作过程与上类似。

当断路器在合闸位置时，由于其常闭辅助触点是断开的，电磁锁插座上没有电源，即便把电钥匙的插头插入插座，电锁也不能被打开，隔离开关不能进行跳、合闸的操作，防止带负荷拉隔离开关的误操作发生。

可见，断路器必须处于跳闸位置才能把电磁锁打开，操作隔离开关。这就可靠地避免了带负载拉、合隔离开关的误操作发生。

② 电气闭锁回路

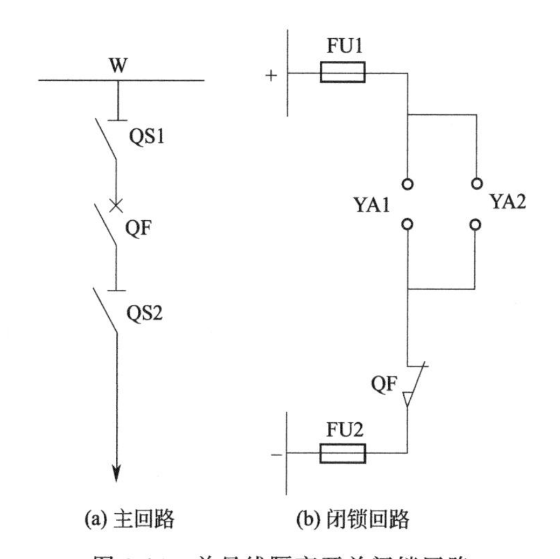

图 3-14　单母线隔离开关闭锁回路

a. 单母线隔离开关闭锁回路。单母线隔离开关闭锁回路如图 3-14 所示。YA1、YA2 分别对应于隔离开关 QS1、QS2 电磁锁，所表示的实际为电磁锁的插座。YA1、YA2 的一端已直接和正电源连接。

断开线路时，首先应断开断路器 QF，使其辅助常闭触点闭合，则负电源（—）引至母线隔离开关 QS1 的电磁锁插座 YA1 和线路隔离开关 QS2 的电磁锁插座 YA2 的另一端。用电钥匙插入线路隔离开关的电磁锁插座 YA2 内时，电钥匙的线圈被接通，电磁锁被磁化，将电锁内铁芯吸出，从而解除了隔离开关手柄的闭锁，将隔离开关 QS2 拉开，取下电钥匙，使 QS2 手柄重新锁在断开位置；再用电钥匙打开隔离开关 QS1 的电磁锁 YA1，拉断隔离开关 QS1 后取下电钥匙，使 QS1 锁在断开位置。

如果运行人员在断路器未断开时先拉开隔离开关，由于此时断路器在合闸位置，其辅助常闭触点不能接通电钥匙的线圈回路，铁芯不会被吸出，隔离开关手柄被锁住不能进行操作。

投入线路时，其操作顺序与断开线路时相反，即应先合上隔离开关 QS2 和 QS1，最后再合上断路器。如果误操作先合上断路器，由于电钥匙线圈回路已被断路器的辅助常闭触点切断，锁芯不会被吸出，隔离开关手柄被锁住，因此不会产生断路器合上后再合隔离开关的误操作。

b. 双母线隔离开关闭锁回路。如图 3-15 所示为双母线隔离开关闭锁回路，M880 为隔离开关操作闭锁小母线。只有在母联断路器 QF 和隔离开关 QS1 和 QS2 均在合闸位置时，隔离开关操作闭锁小母线 M880 经支路 6 才与负电源（—）接通，即双母线并列运行时，M880 才取得负电源。

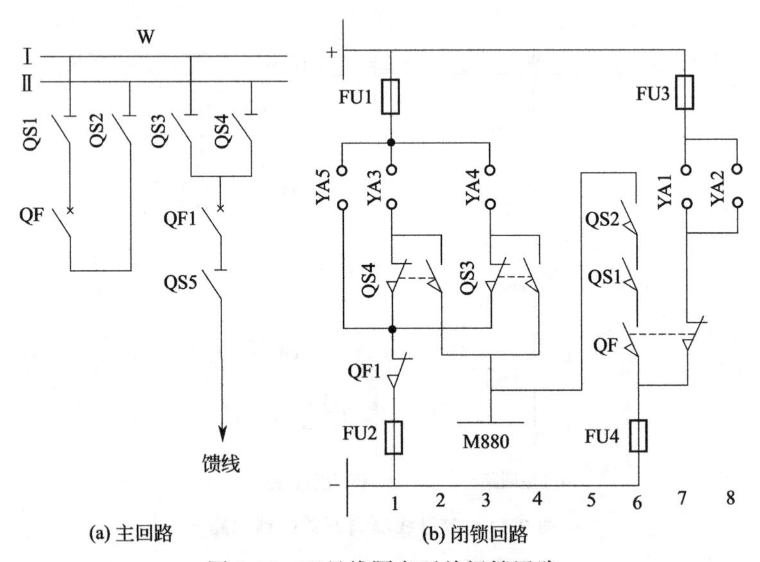

图 3-15 双母线隔离开关闭锁回路

在双母线配电装置中，除一般断开或投入线路的操作外，为了切换负荷，还经常需要在不断开线路断路器的情况下，进行母线隔离开关的切换操作。隔离开关的操作原则是：等电位时隔离开关可自由操作。当 QS4 断开，QF1 在分闸位置时，可操作 QS3；当 QS3 断开，断路器在分闸位置时，可操作 QS4；当母联断路器 QF 及两侧隔离开关 QS1、QS2 均投入时（即双母线并列运行），如果

QS3已投入，可操作QS4；QS4已投入，则可操作QS3；QF1在分闸时，可操作QS5。

假定隔离开关QS3、QS5在合闸位，QS4断开时，图3-15所示系统电气闭锁的操作过程如下。

・断开线路操作。先断开线路断路器QF1，QF1断开后，电锁插座YA5和YA3带电，电钥匙可依次将电锁YA5和YA3打开，然后将QS5和QS3断开，完成断开线路的操作。

・投入线路操作。先用电钥匙打开QS3（或QS4）手柄上的电锁YA3（或YA4），合上QS3（或QS4）；再用电钥匙打开QS5手柄上的电锁YA5，合上QS5；最后合上线路断路器QF1，使线路接到Ⅰ（或Ⅱ）母线上运行。

断路器在合闸位置时，因电气闭锁回路被断路器的常闭辅助触电切断，电钥匙线圈不带电，电锁铁芯不能被吸出，隔离开关就被闭锁，不会造成隔离开关误动作。

・线路由Ⅰ段母线切换到Ⅱ段母线上供电。如果断路器QF1、线路隔离开关QS5、QS3在合闸位置，而此时母联断路器QF和隔离开关QS1和QS2以及QS4在断开位置，要求在不断开QF1及QS5的条件下，完成将线路切换到Ⅱ段母线上供电，操作顺序如下。

首先用电钥匙打开母联隔离开关QS1和QS2的电锁YA1和YA2后合上隔离开关QS1和QS2。再合上母线联络断路器QF。用电钥匙打开母线隔离开关QS4操作机构上的电锁YA4，并把QS4投入到Ⅱ段母线上。在QS4投入后，因两母线已等电位，QS3与QS4之间没有电位差，所以可用电钥匙继续打开电锁YA3，并将QS3从Ⅰ段母线上断开。至此，线路已切到Ⅱ段母线上运行。断开母线联络断路器QF，之后用电钥匙分别打开电锁YA1和YA2，断开母联隔离开关QS1和QS2。线路由Ⅰ段母线转到Ⅱ段母线的全部倒闸操作完成。

3.3 控制回路识图实例

如图3-16所示为手车式开关设备直流控制、信号回路图。断路器的操作机构为弹簧机构，操作电源为直流220V电源，控制方式采用远方和就地两种控制方式，因此信号灯也采用两对。手车式开关的结构是QF，合、跳闸线圈YC、YT，储能电机M，行程开关RP，中间继电器KC等设备装在手车内。

图3-16中，Q1、Q2为手车位置开关，Q3为电机储能方式选择开关，中间继电器KC为行程开关的重复继电器，作用是扩大输出触点。

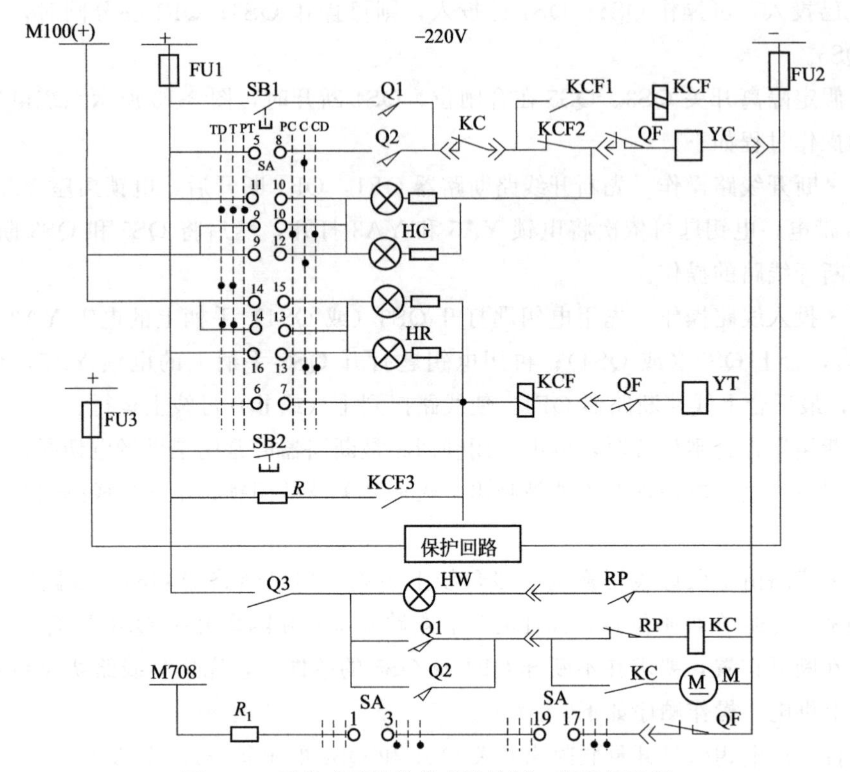

图 3-16　手车式开关设备直流控制、信号回路图

动作过程如下。

合闸过程：当手车合上时，Q1、Q2 接通。电机储能方式选择开关 Q3 合上后，启动中间继电器 KC，动作路径为：+→FU1→Q3→Q1（Q2）→RP→KC 线圈→FU2→−。KC 启动后，一方面其常开触点闭合去启动储能电机，动作路径：+→FU1→Q3→Q1（Q2）→KC→M→FU2→−，电动机启动储能；另一方面其在合闸回路中的常闭触点断开，使合闸回路不能操作。当储能电机储能完成后，与 HW 灯相连的行程开关动合触点闭合，灯亮，显示储能完成；与 KC 线圈串联的行程开关动断触点断开，KC 线圈失电。KC 线圈失电后，其触点返回，其常开触点断开储能电机回路，其常闭触点闭合。此时操作控制开关 SA 到合闸位置，其触点 5-8 接通，合闸回路通电，启动合闸线圈 YC，断路器合闸，此合闸过程与电磁操作机构的合闸过程基本相同。

跳闸过程：当操作控制开关 SA 到跳闸位置，其触点 6-7 接通，跳闸回路通电，启动跳闸线圈 YT，断路器跳闸。

如果 QF 跳闸后，手车拉出，Q1、Q2 断开，从而断开电机储能回路和合闸回路。

第4章

中央信号回路识图

4.1 中央信号回路简介

在发电厂和变电所中，为了使运行值班人员及时掌握电气设备的工作情况，除了利用测量仪表反映设备的运行情况外，还必须用信号装置及时地显示出电气设备的工作状态，例如断路器是处在合闸位置还是跳闸位置，是自动跳闸还是手动跳闸，隔离开关是处在闭合位置还是处在断开位置等。当电气设备发生事故或出现不正常工作情况时，应发出各种灯光和音响信号，唤起值班人员的注意，帮助分析判断事故的范围和地点或不正常运行情况的具体内容等。信号装置对发电厂和变电站安全稳定运行起着重要作用。发电厂和变电站中的信号按用途分可分为位置信号、事故信号、预告信号等。

位置信号主要包括断路器位置信号、隔离开关位置信号和有载调压变压器调压分接头位置信号。断路器一般采用灯光表示其合、跳闸位置；隔离开关常用专门的位置指示器表示其位置；有载调压变压器采用指针或数码管位置指示器表示分接头位置。

事故信号是当电气设备发生故障时，继电保护动作使故障回路的断路器立即跳闸的同时还启动蜂鸣器发出较强的音响，以引起运行人员注意，同时故障回路的断路器位置信号灯发出闪光，并伴有相应光字牌显示事故的具体内容。

预告信号是当电气设备出现不正常运行状态时，继电保护动作启动警铃发出声响，同时伴有相应光字牌显示不正常运行状态的具体内容。它可以帮助运行人员发现隐患，以便及时处理。发电厂和变电站常见的预告信号有：①发电机、变压器等电气设备过负荷；②变压器油温过高、轻瓦斯保护动作及通风设备故障等；③SF_6 气体绝缘设备的气压异常；④直流系统绝缘损坏或严重降低；⑤断路器控制回路及互感器二次回路断线；⑥小电流接地系统单相接地故障；⑦发电机转子回路一点接地；⑧继电保护和自动装置交、直流电源断线；⑨强行励磁动作；⑩断路器三相位置或有载调压变压器三相分接头位置不一致。

通常将事故信号、预告信号回路及其他一些公用信号回路集中在一起组成一套装置，装设在控制室的中央信号屏上，称为中央信号装置。当任何一台断路器因事故而跳闸时，启动事故信号；当出现不正常运行情况或操作电源故障时，启动预告信号。

事故信号和预告信号都有音响和灯光两种信号装置，音响信号可唤起值班人员的注意，灯光信号有助于值班人员判断故障的性质和部位及不正常运行状态的类型。从音响上区别事故信号与预告信号的方法是：事故信号用蜂鸣器发出音响，预告信号则用电铃发出音响。事故信号的灯光显示元件是信号灯，预告信号的显示元件是光字牌。

发电厂应装设能重复动作并延时自动解除音响的事故信号和预告信号装置；有人值班的变电所，应装设能重复动作，延时自动或手动解除音响的事故和预告信号装置；无人值班的变电所，只装设简单的音响信号装置，该信号装置仅在变电所就地控制时才投入。

中央信号系统有很重要的作用，其接线应简单、可靠，对电源熔断器应有监视，中央信号装置应满足下列要求：

① 断路器事故跳闸时，能瞬时发出音响信号（蜂鸣器声），同时相应的位置指示灯闪光，并点亮“掉牌未复归”光字牌；

② 当设备出现不正常运行状况时，瞬时或延时发出区别于事故音响的另一种音响（警铃声），并使显示故障性质的光字牌点亮；

③ 对音响监视接线能实现亮屏或暗屏运行；

④ 能进行事故和预告信号及光字牌完好性的试验；

⑤ 能手动或自动复归音响，而保留光字牌信号；

⑥ 试验遥信事故信号时，不应发出遥信信号；

⑦ 事故音响动作时，应停事故电钟。但在事故音响信号试验时，不应停钟。

4.2 中央信号回路识图

4.2.1 事故音响信号回路

发电厂和变电站的事故音响信号，应能够中央复归并且能够重复动作，这样可以保证当上一个信号的音响已复归而灯光未复归时，如果又发生了故障，则音响信号能够发出。事故音响信号的重复动作主要依靠冲击继电器来实现。目前应用广泛的冲击继电器有三种：利用干簧继电器作执行元件的ZC-23型冲击继电器、利用极化继电器作执行元件的JC-2型冲击继电器及利用半导体器件构成的BC-4S型冲击继电器。这三个系列的冲击继电器有一个共同点，即都有信号接收元件和相应的执行元件。

在读电路图之前，如果能够了解冲击继电器的内部电路结构，并在此基础上掌握冲击继电器的工作原理，是读懂由相应的冲击继电器构成的事故音响信号回路的前提。

(1) 冲击继电器

① ZC-23 型冲击继电器　ZC 系列冲击继电器是一种由电容、二极管、滤波器及干簧继电器等元器件构成并利用干簧继电器作执行元件的冲击继电器。

a. ZC-23 型冲击继电器的内部电路。如图 4-1 所示为 ZC-23 型冲击继电器的内部电路。图中，U 为脉冲变流器，KRD 为单触点干簧管继电器（执行元件），KC 为出口中间继电器（多触点干簧管继电器），V1、V2 为二极管，C 为电容器，标注 1～16 端子为外部接线端子。

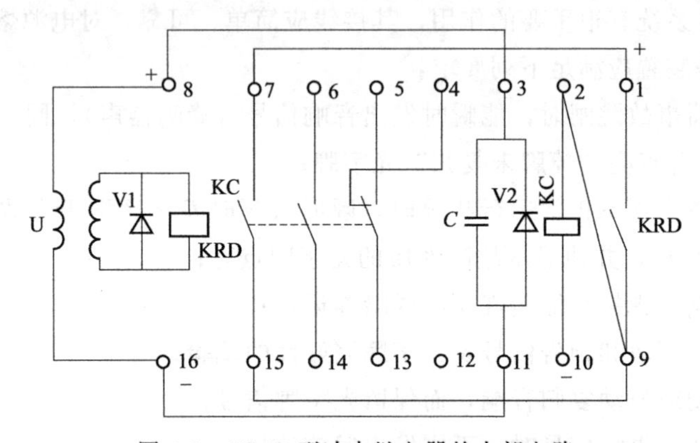

图 4-1　ZC-23 型冲击继电器的内部电路

从图 4-1 可以看出，冲击继电器内部有两个干簧管继电器，干簧管继电器主要由干簧管与线圈组成。干簧管继电器 KRD 的结构原理如图 4-2 所示。

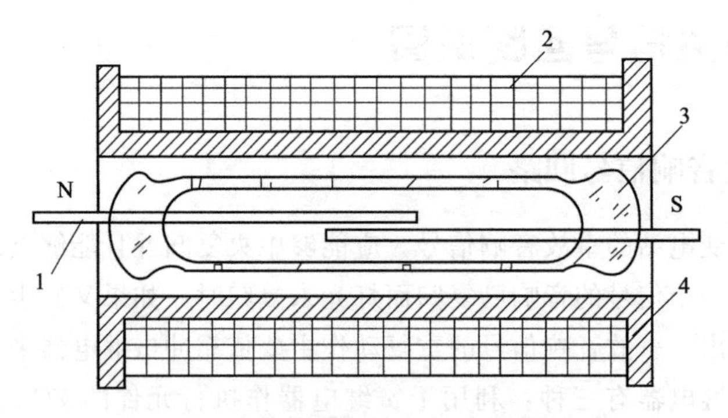

图 4-2　干簧管继电器 KRD 的结构原理

1—舌簧片；2—线圈；3—玻璃管；4—线圈架

干簧管继电器的动作原理是当线圈中通入电流时，在线圈内部有磁通穿过，使舌簧片磁化，其自由端产生的磁极正好相反。当线圈中的电流达到继电器的启动值时，两簧片靠磁的“异性相吸”而闭合，将外电路接通；当线圈中的电流降低到继电器的返回值时，舌簧片靠自身的弹性返回，使端点断开。干簧管继电器的自由端相互吸引与电源方向无关，动作无方向性。

b. ZC-23 型冲击继电器的动作原理。利用串接在直流信号回路的脉冲变流器U，将回路中持续的（矩形的）电流脉冲变成短暂的（尖峰的）电流脉冲，去启动干簧管继电器 KRD，干簧管继电器 KRD 的常开触点闭合，去启动出口中间继电器 KC。脉冲变流器一次绕组并接的二极管 V2、电容 C 起抗干扰作用；由于干簧管继电器动作无方向性，即任何方向的电流都能使其动作，因此在脉冲变流器 U 的二次绕组并接一个二极管 V1，作用是把由于一次回路电流突然减少而产生的反向电动势所引起的二次电流旁路掉，使其不流入干簧管继电器 KRD 线圈。

ZC-23 型冲击继电器的动作过程如下。

· 继电器动作。把端子 3 与 8 短接，接正电源，端子 11 与 16 短接，接负电源。当变流器 U 的一次侧流过一个持续的直流电流（阶跃脉冲），在一次侧电流由初始值达到稳定值的瞬变过程中变流器 U 的二次侧有感应电动势产生，与之对应的二次侧尖峰脉冲电流送入执行元件 KRD 的线圈，使 KRD 动作后去启动出口中间继电器 KC，再由 KC 触点启动电铃或电笛发出音响信号，当 KRD 线圈上的尖峰脉冲过去后，KRD 触点空载返回，KC 靠其触点自保持，使音响信号继续发送。

· 继电器复归。如果 KC 线圈所在回路断电，其触点全部返回，音响信号停止。变流器 U 一次侧电流虽没有消失，但已达稳定，$\mathrm{d}i/\mathrm{d}t=0$，因此 KRD 的线圈上没有电压，故不能动作（也不能保持），这样继电器的所有元件都已复归，准备第二次动作。

② JC-2 型冲击继电器　极化继电器是由极化磁场与控制电流通过控制线圈所产生的磁场综合作用而动作的继电器。继电器的动作方向取决于控制线圈中流过的电流方向。

JC-2 型冲击继电器具有双位置特性，结构原理如图 4-3 所示。继电器包括工作线圈 1、返回线圈 2、电磁铁 3、可动衔铁 4、永久磁铁 5 和触点 6。

继电器的动作原理：若线圈 1 按图示极性通入电流，根据右手螺旋定则，电磁铁 3 及与其连接的可动衔铁 4 的上端呈 N 极，下端呈 S 极，电磁铁产生的磁通与永久磁铁产生的磁通相互作用，产生力矩，使极化继电器动作，触点 6 闭合（图中位置）。如果线圈 1 中流过相反方向电流或在线圈 2 中按图示极性通入电流时，则可动衔铁的极性改变（即上端呈 S 极，下端呈 N 极），使触点 6 复归。

JC-2 型冲击继电器的内部电路如图 4-4 所示。继电器是利用电容充放电启动极化继电器的原理构成的。启动回路动作时，产生的脉冲电流自端子 5 流入，在电阻器 R_1 上产生一个电压增量，该电压增量即通过继电器的两个线圈，给电容器 C 充电，其充电电流使极化继电器动作。当充电电流消失后，极化继电器仍

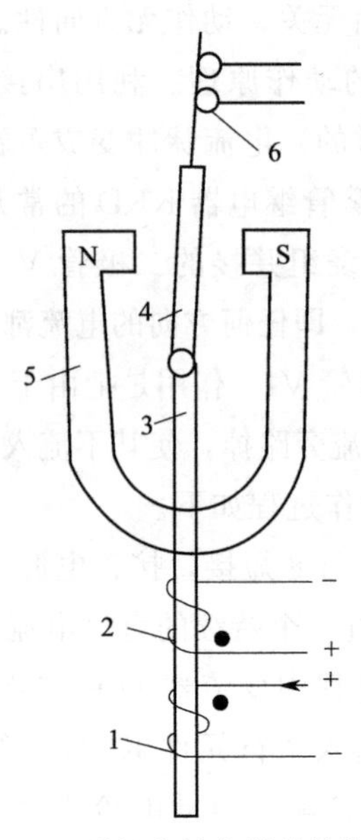

图 4-3　JC-2 型极化继电器的结构原理图

1—工作线圈；2—返回线圈；3—电磁铁；4—可动衔铁；5—永久磁铁；6—触点

保持在工作位置。其返回有以下两种情况：图 4-4(a) 所示为负电源复归，当冲击继电器接于电源正端，并将端子 4 和端子 6 短接，将负电源电压加到端子 2 来复归，其复归电流由端子 5 经 R_1、L2、R_2 到端子 2，电流是由 L2 的极性端流入，所以继电器返回；图 4-4(b) 所示为正电源复归，当冲击继电器接于电源负端，并将端子 6 和端子 8 短接，将正电源电压加到端子 2 来复归，其复归电流由端子 2 经 R_2、L1、R_1 到端子 7，此电流从 L1 的非极性端流入，所以继电器返回。

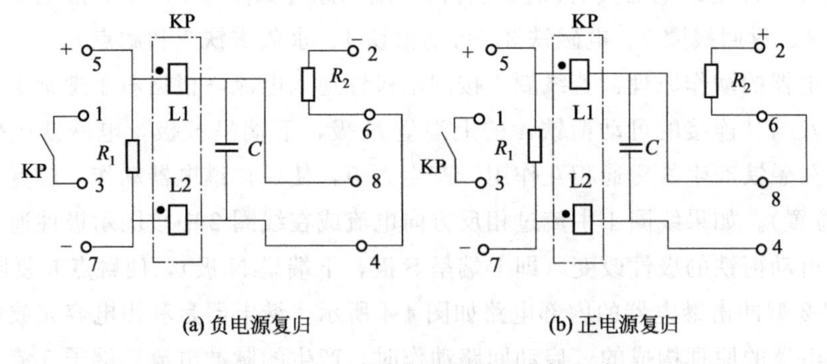

图 4-4　JC-2 型冲击继电器的内部电路

此外，冲击继电器还可实现冲击自动复归。即当流过 R_1 的冲击电流突然减小或消失时，在电阻器 R_1 上的电压有一减量，该电压减量使电容器经极化继电器线圈放电，其放电电流使极化继电器返回。

③ BC-4S 型冲击继电器　BC-4S 型冲击继电器是根据流入电流平均值的变化，即瞬时电流在一段时间的积分原理而动作的，BC-4S 型冲击继电器的内部电路图 4-5 所示。

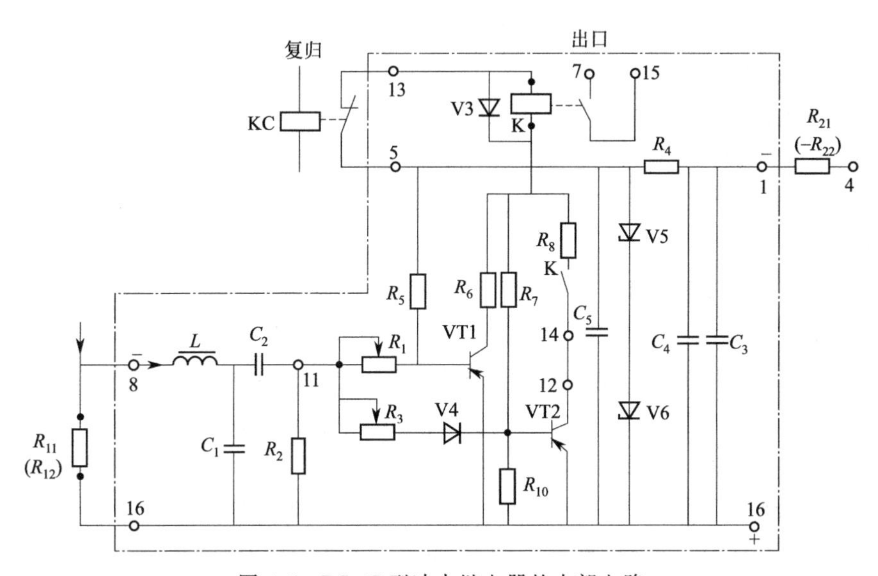

图 4-5　BC-4S 型冲击继电器的内部电路

图中，稳压管 V5、V6 及 R_4、C_4 组成稳压电源；电阻 R_{11}、R_2，电容 C_1、C_2 及电位器 R_1、R_3 组成测量部分；继电器 K 及三极管 VT1、VT2 组成出口部分。继电器的工作原理如下。

a. 电流信号的引入。当不对应回路接通时，总的启动电流平均值增加并流过 R_{11}，从 R_{11} 两端取得的电流信号经电感 L 滤波后对电容 C_1、C_2 充电。

b. 出口继电器的启动。C_1 充电回路时间常数小、充电快，U_{C_1} 电压上升快；C_2 充电回路时间常数大、充电慢，U_{C_2} 上升慢。在充电过程中，电阻 R_2 两端出现电压差（$U_{R_2}=U_{C_1}-U_{C_2}$），当启动回路电流增加到一定值时，电压差 U_{R_2} 使正常时处于截止的三极管 VT1 导通，启动出口继电器 K。

c. 出口继电器 K 动作。K 启动后，其常开触点闭合，启动 7-15 端子间的音响回路，发出音响信号，并通过导通状态的三极管 VT2 使出口继电器 K 自保持，从而实现了冲击继电器的冲击启动。当 C_2 充电结束，R_2 两端电压差为零，三极管 VT1 截止。

d. 继电器的冲击自动复归。当 R_{11} 上总电流信号减少或消失时，电容 C_1、C_2 向电阻 R_{11} 放电，电阻 R_2 上产生一个与充电过程极性相反的电压差，使三极管 VT2 截止，出口继电器 K 因线圈失电而返回，实现了冲击继电器的冲击自动复归。

(2) 由冲击继电器构成的事故音响信号回路

阅读事故音响信号回路，要从事故信号的启动、事故信号的复归及事故信号的重复动作这几方面入手来分析。下面分别对由 ZC-23 型、JC-2 型及 BC-4S 型冲击继电器构成的事故音响信号回路进行分析。

① 由 ZC-23 型冲击继电器构成的事故音响信号回路　如图 4-6 所示为 ZC-23 型冲击继电器构成的事故音响信号回路。回路由＋700、－700 信号小母线、事故音响小母线 M708、冲击继电器 K（虚线框内）、试验按钮 SB1、音响解除按钮 SB4、中间继电器 KC1、熔断器监察继电器 KVS1、蜂鸣器 HAU、时间继电器 KT1 组成。

回路的工作原理如下。

a. 事故音响信号的启动。正常情况下，事故音响小母线 M708 不带电，当断路器因事故而跳闸时，例如断路器 QF1 所在线路发生故障继电保护动作使断路器 QF1 跳闸后，其接在信号电源－700 与事故音响信号小母线 M708 之间的事故音响启动回路中的辅助常闭触点 QF1 闭合，而此时由于与 QF1 对应的控制开关 SA1 在合闸后位置，SA1 的触点 1-3、19-17 也接通，因此断路器 QF1 的事故音响启动回路导通，－700 经此回路与 M708 接通，M708 带负电。U 的一次绕组中有变化的直流电流流过，电流路径为：＋700→FU1→$K_{8\text{-}16}$→M708 和 R→$SA1_{(1\text{-}3)}$ →$SA1_{(19\text{-}17)}$ →QF1→FU2→－700，U 的二次绕组中感应出脉冲电动势，在二次绕组回路中形成冲击电流，使 KRD 启动。KRD 动作后，其在端子 1 和 9 间的常开触点闭合，由于 SB4 是常闭触点，而 KC1 触点也是常闭触点，并且此时 KC1 线圈未启动，因此冲击继电器中出口中间继电器 KC 线圈所在回路有电流流过，电流路径为：＋700→FU1→$K_{1\text{-}9}$→$K_{2\text{-}10}$（KC 线圈）→KC1→SB4→FU2→－700，继电器 KC 动作，其在端子 7 和 15 之间的常开触点 KC-1 接通，实现自保持；同时端子 6 和 14 之间的常开触点 KC-2 也接通，启动蜂鸣器 HAU，发出音响信号（提醒断路器跳闸）；端子 5 和 13 之间的常开触点 KC-3 接通，启动时间继电器 KT1。

b. 事故音响信号的复归。图 4-6 所采用信号复归方式有两种：一种是自动复归；另一种是手动复归。自动复归方式是在时间继电器 KT1 启动后，其延时常开触点经延时后闭合，启动中间继电器 KC1，其与中间继电器 KC 线圈串联的常闭触点断开，使中间继电器 KC 线圈失电，KC 的 3 对常开触点全部返回，KC-2 断开蜂鸣器 HAU 所在回路，自动解除音响，实现了音响信号的延时自动复归。手动复归方式很简单，只要按下音响解除按钮 SB4，中间继电器 KC 线圈

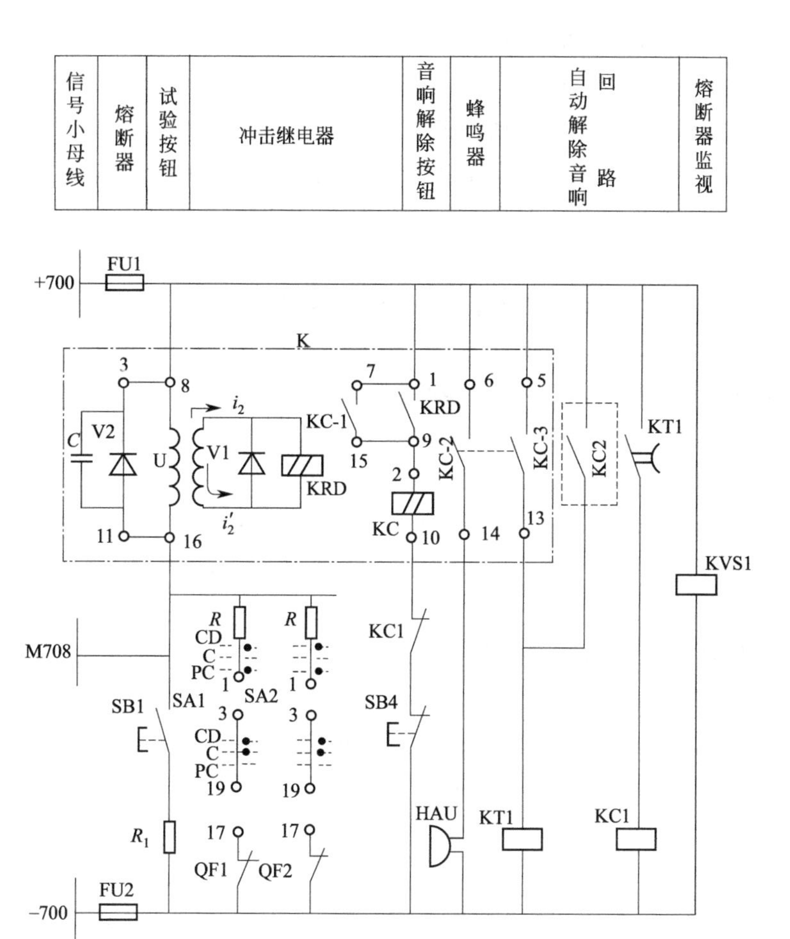

图 4-6　ZC-23 型冲击继电器构成的事故音响信号回路

失电，KC 的 3 对常开触点全部返回，KC-2 断开蜂鸣器 HAU 所在回路，音响信号即被手动复归。

c. 事故信号的重复动作。大型发电厂和变电站中断路器的数量较多，出现连续事故跳闸的情况是可能的。假如当 QF1 的事故音响已复归，但控制开关与断路器的不对应关系仍存在（即 QF1 的事故音响启动回路仍然导通），U 的一次侧有稳定的直流电流流过（此电流不会使 U 的二次绕组有感应电动势产生），此时如果断路器 QF2 由于继电保护动作而跳闸，其接在信号电源－700 与事故音响信号小母线 M708 之间的事故音响启动回路中的辅助常闭触点 QF2 闭合，而此时由于与 QF2 对应的控制开关 SA2 在合闸后位置，SA2 的触点 1-3、19-17 也接通，因此断路器 QF2 的事故音响启动回路导通，－700 经此回路与 M708 接通。U 的一次绕组在第一个稳定电流信号的基础上再叠加一个矩形的脉冲电流，脉冲电流路径为：＋700

$\rightarrow$FU1$\rightarrow K_{8\text{-}16}\rightarrow$M708 和 $R\rightarrow SA2_{(1\text{-}3)}\rightarrow SA2_{(19\text{-}17)}\rightarrow$QF2$\rightarrow$FU2$\rightarrow$－700，则在变流器U一次侧电流突变的瞬间，其二次侧又感应出电动势，产生尖峰电流，使KRD启动。动作过程与第一次动作相同，即实现了音响信号的重复动作。

从图4-6中可以看到，试验按钮SB1与事故音响启动回路并联后也接在信号电源－700与事故音响信号小母线M708之间，按下SB1后，音响信号的动作过程就与前面介绍的动作过程相同，从而实现了手动模拟断路器事故跳闸的情况。试验按钮的作用是为了试验音响信号回路的完好性，保证当断路器因继电保护动作而跳闸时能可靠地发出音响信号。

监察继电器KVS1用来监视熔断器FU1和FU2。当FU1或FU2熔断或接触不良时，KVS1线圈失电，其常闭触点（在预告信号回路）闭合，点亮“事故信号熔断器熔断”光字牌，并启动预告信号回路。

由于KRD没有方向性，当启动回路的脉冲电流信号中途突然消失时，由于变流器U的作用，在干簧继电器KRD的线圈上产生的反向脉冲电流，也会使KRD启动，如果采用一个二极管V1与之并联，此反向脉冲电流被二极管V1旁路掉，则KRD和KC都不会动作，保证KRD只在电流增加的情况下启动。

在信号电源－700与事故音响信号小母线M708之间的每个事故音响启动回路中都串有一个电阻R，其作用是只要任何一个回路接通都等于给U的一次绕组叠加一个直流电流（阶跃脉冲），从而再次启动事故音响信号，实现音响信号的重复动作。

② 由JC-2型冲击继电器构成的事故音响信号回路　如图4-7所示为JC-2型

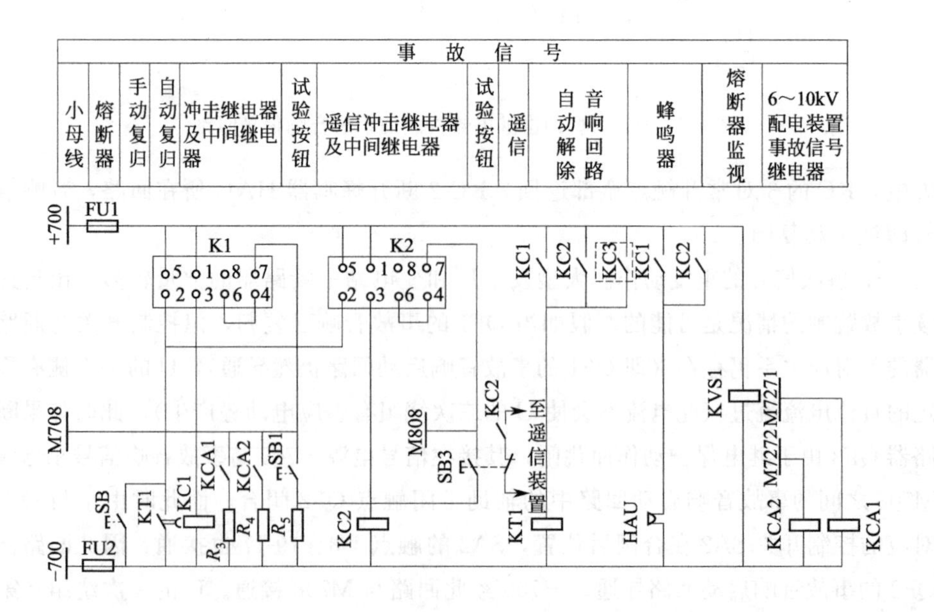

图4-7　由JC-2型冲击继电器构成的事故音响信号回路

冲击继电器构成的事故音响信号回路。回路由+700、-700信号小母线、事故音响小母线M708、发遥信事故信号小母线M808、配电装置事故小母线Ⅰ段和Ⅱ段M7271、M7272、冲击继电器K1和K2、试验按钮SB1和SB3、音响解除按钮SB、中间继电器KC1和KC2、事故信号继电器KCA1和KCA2、蜂鸣器HAU、时间继电器KT1组成。图中省略了M708与-700间的事故音响启动回路，下面介绍JC-2冲击继电器及回路的工作原理。

工作原理如下。

a. 事故音响信号的启动。正常情况下，M708小母线不带电。当某一断路器因事故跳闸时，接于M708和-700之间的某一不对应回路接通，使M708小母线带负电，产生脉冲电流信号，冲击继电器K1动作。K1动作后，其端子1和端子3接通，使中间继电器线圈KC1带电，KC1的两对常开触点同时闭合，其中一对常开触点启动蜂鸣器HAU，蜂鸣器发出音响；另一对常开触点启动时间继电器KT1。

b. 事故音响信号的复归（方式为负电源复归）。事故音响信号的复归也有自动和手动两种方式。自动方式是当时间继电器KT1启动后，其触点经延时后闭合，使冲击继电器的端子2接负电源，使中间继电器K1或K2复归，且端子1和端子3断开，中间继电器KC1失电，断开蜂鸣器，从而实现了音响信号的延时自动复归。此时，整个回路恢复原状，准备第二次动作。按下音响解除按钮SB，即可实现音响信号的手动复归。

c. 发遥信。M808是专为发遥信装置设置的事故音响小母线。当断路器事故跳闸后需要向中央调度所发遥信时，将信号电源-700接至事故音响信号小母线M808上，给出脉冲电流信号，冲击继电器K2启动，随之启动中间继电器KC2，KC2的三对常开触点除启动时间继电器KT1和蜂鸣器HAU之外，还启动遥信装置，发遥信至中央调度所。

d. 6～10kV配电装置的事故信号。6～10kV线路均为就地控制，如果6～10kV断路器事故跳闸，也会启动事故信号。为了简化接线，节约投资，6～10kV配电装置的事故信号小母线一般设置两段，即M7271、M7272，每段上分别接入一定数量的启动回路。当M7271或M7272段上的任一断路器事故跳闸，事故信号继电器KCA1或KCA2动作，其常开触点KCA1或KCA2闭合去启动冲击继电器K1，发出音响信号。另一对常开触点KCA1或KCA2（在预告信号电路中）闭合，使相应光字牌点亮。

③ 由BC-4S型冲击继电器构成的事故音响信号回路　由BC-4S型冲击继电器构成的事故音响信号回路如图4-8所示。图中，M708、M808为事故音响信号小母线；SB1、SB2为试验按钮；SB4为音响解除按钮；K1、K2为

冲击继电器；KC1、KC2、KC 为中间继电器；KT1 为时间继电器；R_{11} 和 R_{12} 为冲击继电器 K1、K2 的信号电阻器；R_{21} 和 R_{22} 为冲击继电器 K1、K2 的降压电阻器。

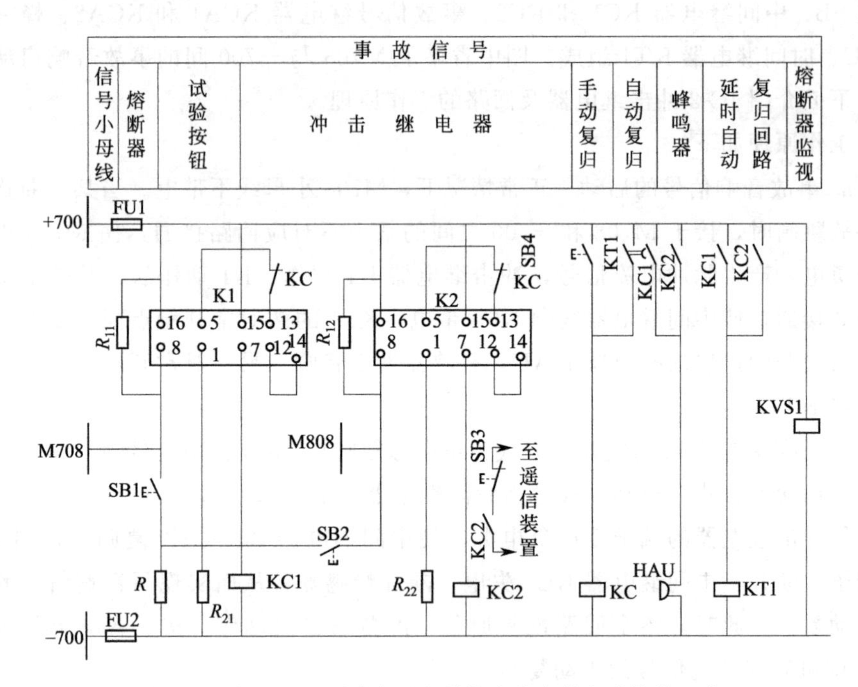

图 4-8　由 BC-4S 型冲击继电器构成的事故音响信号回路

工作原理如下。

a. 事故音响信号的启动。断路器事故跳闸后，冲击继电器 K1 由 R_{11} 接受电流信号（参见图 4-5），启动出口继电器 K，出口继电器 K 的第一对常开触点用于自保持，另一对常开触点经 7-15 端子启动中间继电器 KC1，KC1 的常开触点闭合后启动蜂鸣器 HAU，发出音响信号。

断路器事故跳闸需发遥信时，冲击继电器 K2 接受信号（参见图 4-5），启动其出口继电器 K，K 的第一对常开触点用于自保持，第二对常开触点经 7-15 启动中间继电器 KC2，KC2 的常开触点闭合后，一方面启动蜂鸣器 HAU，发出音响信号；另一方面接通遥信装置，向中央调度所发遥信。SB3 为遥信解除按钮。

b. 事故音响信号的复归。中间继电器 KC1 或 KC2 线圈带电后，其常开触点闭合，启动时间继电器 KT1，KT1 延时闭合的常开触点经延时后闭合启动中间继电器 KC，接在 K 的 5-13 端子间的常闭触点 KC 断开（参见图 4-5），使 K 线圈失电，冲击继电器复归，音响信号解除，从而实现了音响信号的延时自动复归。当手动按下音响解除按钮SB4时，KC线圈带电启动，也使K线圈失电，可实现音响信号的手动复归。

c. 事故信号的重复动作。在多个不对应回路连续接通或断开事故信号启动回路时，继电器重复动作的过程与ZC-23型事故音响信号装置相似。随着启动回路并联电阻的增大或减小，电阻 R_{11}（或 R_{12}）上的平均电流和平均电压便发生多次阶越性的递增或递减，电容 C_1、C_2 上则发生多次的充、放电过程，继电器便重复启动和复归，从而实现了事故信号的重复动作。

此外，按下试验按钮SB1或SB2，对信号回路即可进行试验。利用监察继电器KVS1，进行回路电源失电的监视。

4.2.2 闪光信号装置

事故的灯光信号在第3章中的断路器信号回路中已介绍，断路器的位置信号和事故跳闸信号是用信号灯发平光和闪光来区分，发平光时信号灯接至控制电源小母线，而当信号灯接至闪光小母线时信号灯即闪光。闪光小母线上的电源来自用继电器构成的发交替脉冲的闪光装置。下面介绍由闪光继电器构成的闪光装置。

如图4-9所示为由DX-3型闪光继电器构成的闪光装置接线图。接线图由＋、－控制电源小母线及M100(＋）闪光小母线、闪光继电器DX-3、控制开关SA、按钮SB、信号灯HW和HG、断路器的辅助常闭触点组成。

工作原理如下。

① 闪光继电器KH中电容器 C 充电，灯发暗光。当有一“不对应回路”接通时，闪光继电器KH的线圈接通＋、－电源，线圈上并联的电容器 C，经附加电阻 R_1 及“不对应回路”中的信号灯HG充电，信号灯HG因串联了KH线圈和附加电阻而发暗淡的光。

② 闪光继电器KH动作，灯发亮光。继电器线圈上的电压随接通时间的增长而逐渐升高，当升至继电器动作电压时，KH动作，其常闭触点断开，切断线圈回路；同时常开触点闭合，使信号灯HG直接接至＋、－电源之间，信号灯发出明亮的光。此时线圈回路已断开，但电容 C 对继电器线圈KH放电，以延长继电器启动的时间（亮灯时间）。

③ 闪光继电器KH复归，重复以上动作。随着继电器线圈电压（与 C 并联，有相同的电压）逐渐下降，当降至继电器返回电压时，继电器复归，其常开触点打开，常闭触点闭合，再次向KH线圈和 C 充电，重复以上过程，使接于闪光小母线M100（＋）上的信号灯发出闪光，其闪光的间隔由电容 C 的充、放电时间决定。

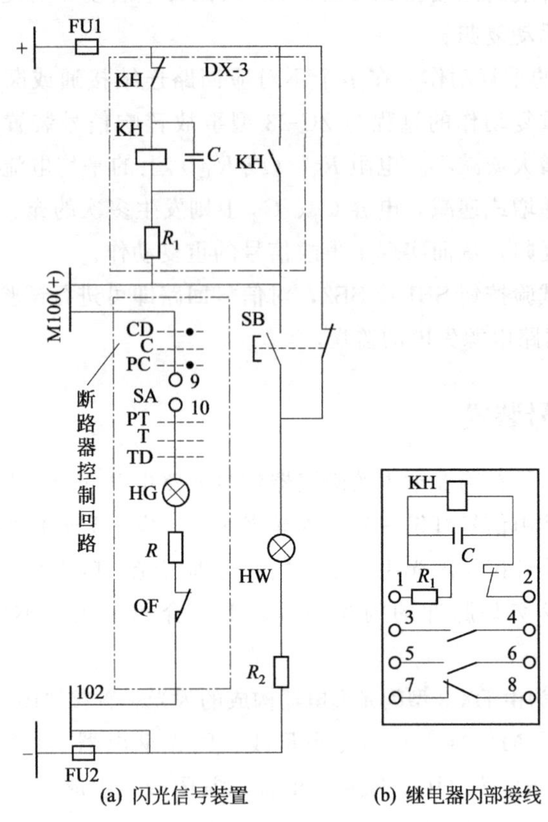

(a) 闪光信号装置　　(b) 继电器内部接线

图 4-9　由 DX-3 型闪光继电器构成的闪光装置接线图

④ SB 和 HW 是专为试验闪光装置的完好性而设置的。

4.2.3　预告音响信号回路

预告信号是电气设备出现故障或不正常运行状态时发出的信号，预告信号可以帮助值班人员及时发现故障及隐患，以便及时采取措施加以处理，防止事故的发生和扩大。

中央预告信号系统和中央事故信号系统一样，都是由冲击继电器构成，但启动回路、重复动作的构成元件及音响装置有所不同。具体区别有以下几点。

① 事故信号是利用不对应原理将电源与事故音响小母线接通来启动的；预告信号则是利用继电保护出口继电器触点 K 与预告信号小母线接通来启动的。

② 事故信号是由每一启动回路中串接一电阻启动的，重复动作则是通过突

然并入一启动回路（相当于突然并入一电阻）引起电流突变而实现的；预告信号是在启动回路中用信号灯代替电阻启动的，重复动作则是通过启动回路并入信号灯实现的。

③ 事故信号是用蜂鸣器作为发音装置，而预告信号则用警铃。

预告信号的启动回路如图 4-10 所示。图中，M709、M710 为预告信号小母线，SM 为转换开关，H 为光字牌，K 为回路中相应出口继电器 K 的常开触点。转换开关 SM 的触点图表见表 4-1。

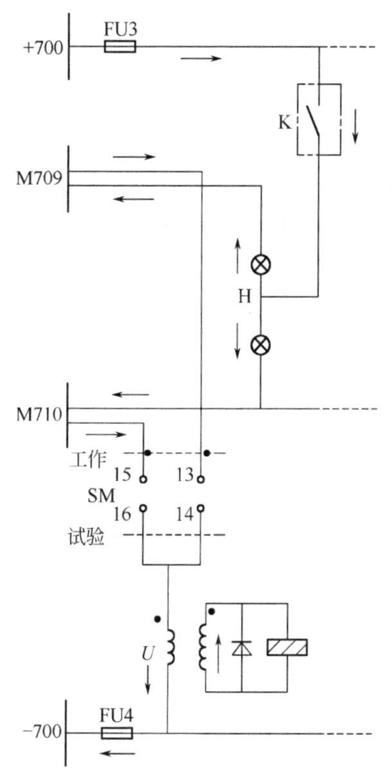

图 4-10　预告信号的启动回路

表 4-1　转换开关 SM 的触点图表

触点号		1-2	3-4	5-6	7-8	9-10	11-12	13-14	15-16
位置	工作	—	—	—	—	—	—	•	•
	试验	•	•	•	•	•	•	—	—

注：“•”表示触点接通，“—”表示触点断开。

工作原理如下。

转换开关 SM 有“工作”和“试验”两个位置，将 SM 置于“工作”位置，其触点 13-14、15-16 接通。如果此时设备出现不正常状况，则相应的继电保护出口继电器常开触点 K 闭合，使信号电源＋700 经触点 K 和光字牌 H 分别引至预告信号小母线 M709 和 M710 上，此时脉冲变流器 U 的一次侧就有直流电流流过，此电流路径为：＋700→FU3→K（常开触点）→H→M709 和 M710→$SM_{13\text{-}14}$ 和 $SM_{15\text{-}16}$→U→FU4→－700，U 的二次绕组中有感应电流产生，执行元件线圈通电，然后启动相应信号装置。

为避免有些预告信号（如电压回路断线、断路器三相位置不一致等）可能瞬间误发信号，可将预告信号带 0.3～0.5s 短延时动作。元件过负荷信号应经其单独的时间元件后，接入预告信号。

330～500kV 变电所的预告信号宜分区装设。直流系统的事故、预告信号应重复动作，当直流屏装设在主环外时，还应在主环设直流系统故障的总信号光字牌。下面介绍几种常见的预告信号回路。

(1) 由 ZC-23 型冲击继电器构成的中央预告信号回路

由 ZC-23 型冲击继电器构成的中央预告信号电路如图 4-11 所示。M709、M710 为预告信号小母线；SB2 为试验按钮；SB4 为音响解除按钮；SM 为转换开关；K1、K2 为冲击继电器；KC2 为中间继电器；KT2 为时间继电器；KS 为信号继电器；KVS2 为熔断器监视继电器；HL 为熔断器监视灯；H1、H2 为光字牌；HAB 为警铃。

由于预告信号设置 0.2～0.3s 的短延时，需使冲击继电器具有冲击自动复归的特性，以避开某些瞬时性故障时误发信号或某些不许瞬时发出的预告信号。而 ZC-23 型冲击继电器不具有冲击自动复归的特性，所以本电路利用两只冲击继电器反极性串联，以实现其冲击自动复归特性。

工作原理如下。

① 预告信号的启动　由图 4-11 可知，如果设备出现不正常状况，则设备的保护装置动作，其信号继电器 KS 的常开触点闭合，将信号电源＋700 经触点 KS 和光字牌 H2 分别引至预告信号小母线 M709 和 M710 上，如果 SM 在“工作”位置，其触点 13-14、15-16 接通，此时冲击继电器的变流器 K1-U、K2-U 的一次侧绕组有突变电流流过，其 K1-U 和 K2-U 的二次侧绕组均感应出一个尖峰脉冲电流。但由于变流器 K2-U 是反向连接的，其二次侧的感应电动势被二极管 K2-V1 所短路，因此只有 K1-KRD 动作，其常开触点闭合启动中间继电器 K1-KC，K1-KC 的一对常开触点用于自保持，另一对常开触点闭合（即 K1 的端子 6 和 14 接通），启动时间继电器 KT2，KT2 的触点经 0.2～0.3s 的短延时后闭合，又去启动中间继电器 KC2，KC2 的常开触点闭合接通 HAB 回路，发出音响信号。除铃声之外，还通过相应的光字牌 H2

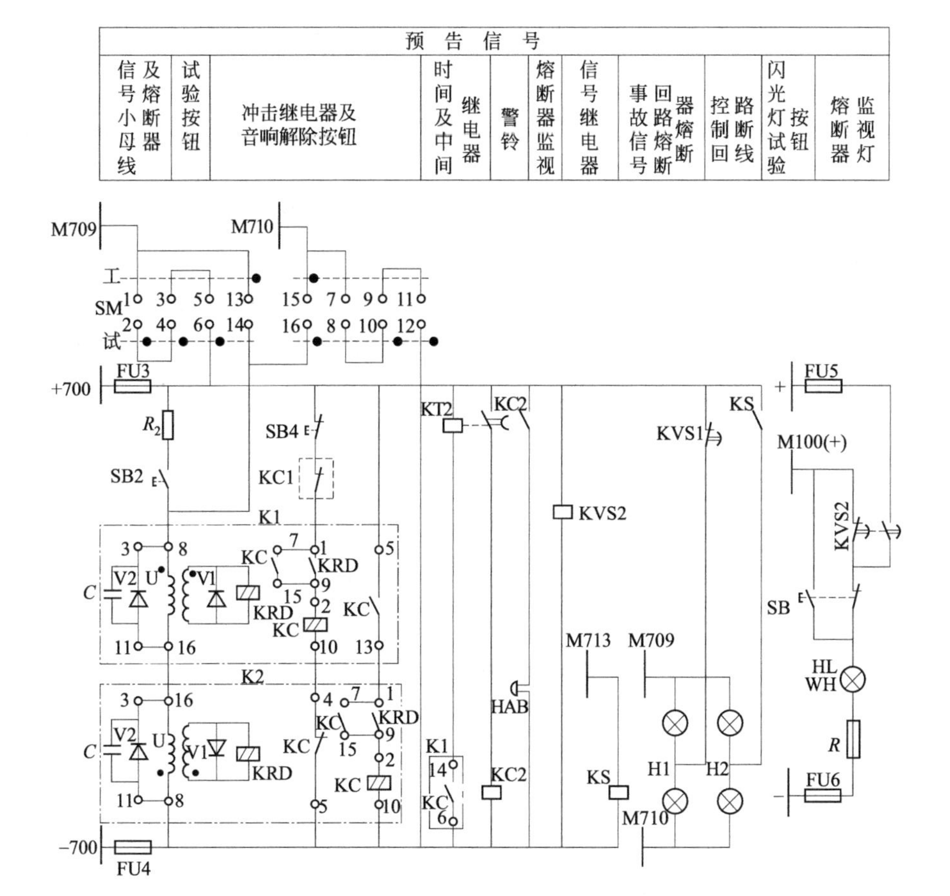

图 4-11 由 ZC-23 型冲击继电器构成的中央预告信号电路

发出灯光信号，并显示故障性质等。

② 预告信号的复归　如果在时间继电器 KT2 的延时触点尚未闭合之前，信号继电器 KS 的触点已断开（故障消失），则由于变流器 K1-U、K2-U 的一次侧电流突然减少或消失，在相应的二次侧将感应出负的脉冲电动势，此时 K1-U 二次侧的感应电动势被二极管 K1-V1 所短路，只有 K2-KRD 动作，启动中间继电器 K2-KC，K2-KC 的一对常开触点用于自保持，其常闭触点断开（即 K2 的端子 4 和 5 断开），切断中间继电器 K1-KC 的线圈回路，使 K1-KC 复归，时间继电器 KT2 也随之复归，预告信号未发出，实现了冲击自动复归。

如果延时自动复归时，中间继电器 KC2 的另一对常开触点（在图 4-6 中央事故信号回路中）闭合，启动事故信号回路中的时间继电器 KT1，经延时后又启动中间继电器 KC1，KC1 的常闭触点（分别在图 4-6 中央事故信号电路和图 4-11 预告信号电路中示出）断开，复归事故和预告信号回路的所有继电器，并解除音响信号，实现了音响信号的延时自动复归。按下音响解除按钮 SB4，可实现音响信号的手动复归。

③ 预告信号的重复动作　预告信号音响部分的重复动作是靠突然并入启动回路光字牌中的灯泡来实现。

④ 光字牌检查　光字牌的完好性可以通过转换开关 SM 的切换来进行。检查时，将 SM 置于“试验”位置，其触点 1-2、3-4、5-6、7-8、9-10、11-12 接通，使预告信号小母线 M709 接信号电源＋700，M710 接信号电源－700（如图 4-12 所示），此时，如果光字牌中指示灯全亮，说明光字牌完好。

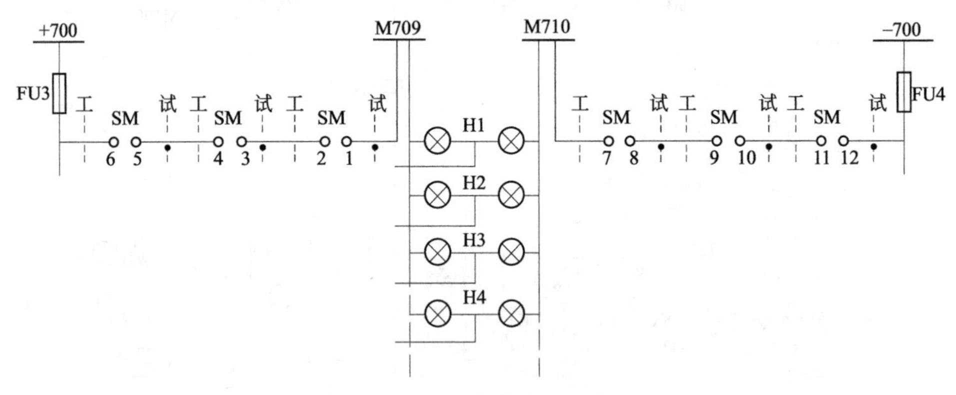

图 4-12　光字牌检查回路

值得注意的是，发预告信号时，光字牌的两灯泡是并联的，灯泡两端电压为电源额定电压，所以光字牌点亮时发亮光；检查时，两灯泡是串联的，灯泡发暗光，当其中一只损坏时，光字牌不亮。

⑤ 预告信号电路的监视　预告信号电路由熔断器监察继电器 KVS2 进行监察。KVS2 正常时带电，其延时断开的常开触点闭合，点亮白色信号灯 WH。如果熔断器熔断、断线或接触不良，其常闭触点延时闭合，接通闪光小母线 M100（＋），WH 闪光，表示回路完好性破坏。

(2) 由 JC-2 型冲击继电器构成的中央预告信号电路

由 JC-2 型冲击继电器构成的中央预告信号电路如图 4-13 所示。SB 为音响解除按钮；SB2 为试验按钮；SM 为转换开关；M7291、M7292 为预告信号小母线Ⅰ段和Ⅱ段；M716 为掉牌未复归小母线；K3 为冲击继电器；KC3 为中间继电器；KCR1、KCR2 为预告信号继电器。

工作原理如下。

① 预告信号的启动　与 ZC-23 型冲击继电器构成预告信号相似，当设备出

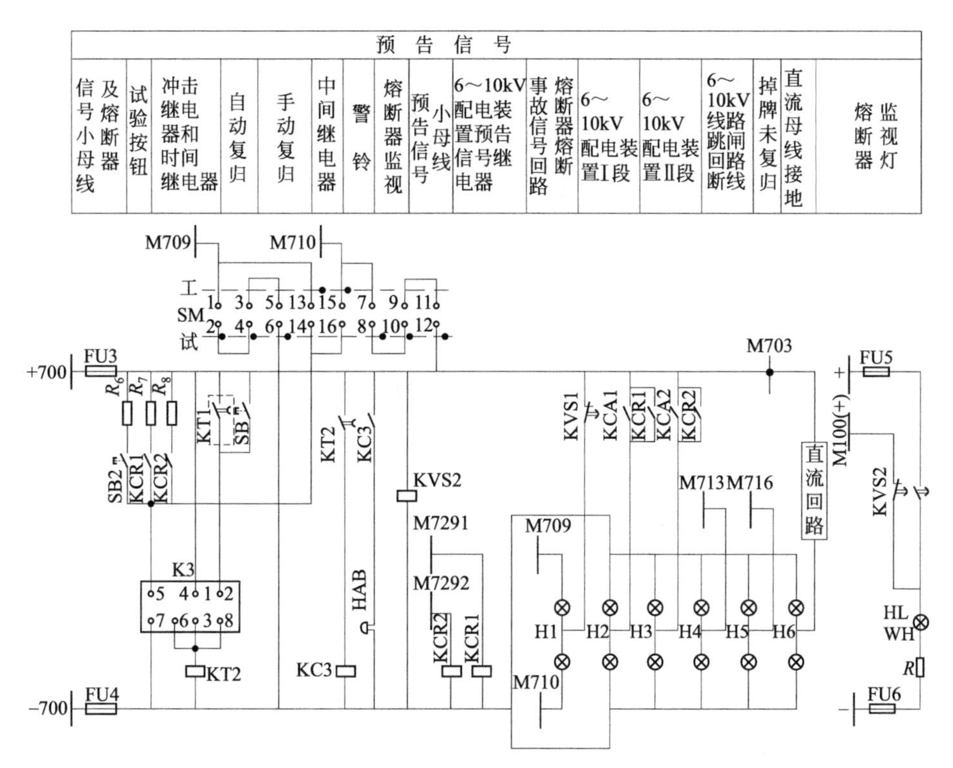

图 4-13 由 JC-2 型冲击继电器构成的中央预告信号电路

现运行不正常状况时，继电保护装置触点闭合，预告信号启动回路接通，标有异常性质的光字牌点亮，并使冲击继电器 K3 启动，K3 的端子 1 和 3 之间的常开触点闭合后，启动时间继电器 KT2，其延时常开触点经 0.2～0.3s 的短延时后闭合，中间继电器 KC3 线圈带电，KC3 启动后，KC3 的常开触点闭合启动警铃 HAB，发出音响信号。

② 预告信号的复归　中间继电器 KC3 启动后，其另一对常开触点（在图 4-7 中）闭合，启动时间继电器 KT1 的线圈（在图 4-7 中），KT1 的延时闭合触点（图 4-13 中）经延时后闭合，使冲击继电器 K3 端子 2 接正电源，冲击继电器 K3 复归，并解除音响信号，实现了音响信号的延时自动复归。当故障在 0.2～0.3s 消失时，由于冲击继电器 K3 的电阻器 R_1 上的电压出现减量，使其冲击自动复归，从而避免了误发信号。

③ 6～10kV 配电装置预告信号回路　M7291 和 M7292 为 6～10kV 配电装置的两段预告小母线，每段上各设一光字牌，其上标有“6～10kV Ⅰ（或Ⅱ）段”字样。当 6～10kV 配电装置发生异常，预告信号继电器 KCR1 或 KCR2 动作，其常开触点闭合，一对去启动预告信号启动电路发出音响信号；另一对与

KCA1、KCA2 并联后去启动相应光字牌。

本电路音响信号的重复动作、预告信号电路的监视等原理与 ZC-23 型相似。

(3) 由 BC-4Y 型冲击继电器构成的中央预告信号电路

由 BC-4Y 型冲击继电器构成的中央预告信号电路如图 4-14 所示。SB3 为试验按钮；SB5 为音响解除按钮；K3 为冲击继电器；KC3、KC4 为中间继电器；KT2、KT3 为时间继电器。

预告信号									
信号小母线及熔断器	试验按钮	冲击继电器	音响解除	警铃	自动复归延时	手动复归	自动复归	熔断器监视	预告信号熔断器监视灯

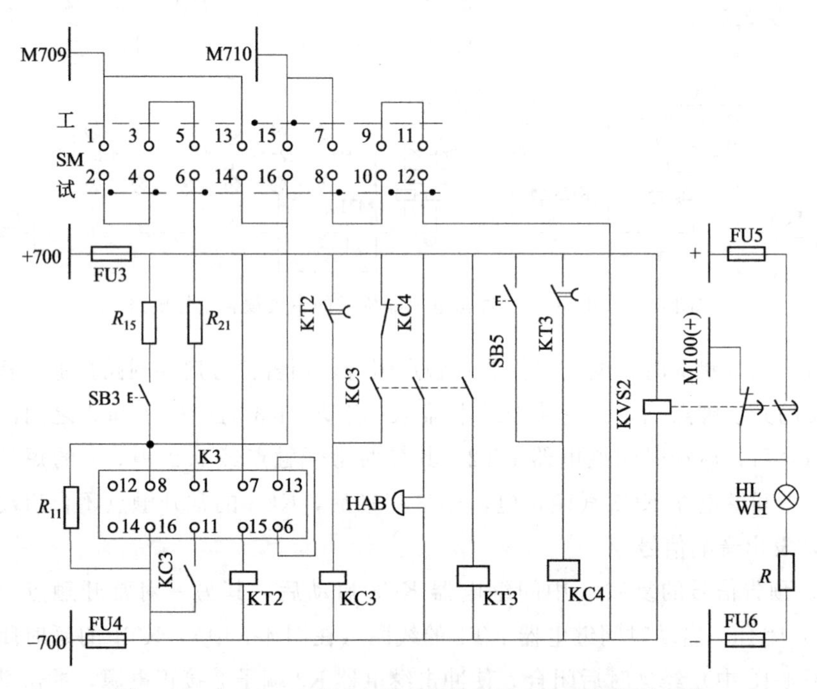

图 4-14 由 BC-4Y 型冲击继电器构成的中央预告信号电路

工作原理如下。

① 预告信号的启动　当设备发生故障出现运行不正常状况时，预告信号启动回路接通，光字牌点亮，同时冲击继电器 K3 启动，则 K3 中的出口继电器 K 的常开触点闭合，启动时间继电器 KT2，KT2 的常开触点经 0.2～0.3s 的短延时后闭合，启动中间继电器 KC3。KC3 的第一对常开触点形成其自保持电路；第二对常开触点闭合，启动警铃 HAB，发出音响信号。

② 预告信号的复归　KC3 的第三对常开触点闭合短接冲击继电器端子 11 和 16 之间的电阻器 R_2，使冲击继电器经 KT2 延时 0.2～0.3s 后，自动复归；第四对常开触点闭合后启动时间继电器 KT3，KT3 的常开触点延时启动中间继电器 KC4，KC4 的常闭触点断开，切断 KC3 的自保持回路，并解除音响，实现了音响信号的延时自动复归。按下音响解除按钮 SB5，可实现音响信号的手动复归。

当故障在 0.2～0.3s 消失时，由于冲击继电器也具有冲击自动复归的特性，所以音响信号不能发出，避开了由于某些瞬时性故障而误发信号。在发生持续性故障时，从以上分析可以看出，经 0.2～0.3s 发出音响信号，并同时实现了继电器的自动复归。

本电路音响信号的重复动作、预告信号电路的监视等原理与 ZC-23 型相似，不再讨论。

第5章

互感器及其二次回路识图

互感器分为电压互感器（TV）和电流互感器（TA）两大类。主要有两大用途：其一是将一次回路的高电压、大电流按比例变换为标准的二次低电压(100V)、小电流（5A），同时使测量仪表、继电保护及自动装置标准化、小型化；其二是起到电气隔离的作用，即应用互感器，可使测量仪表及保护装置得以与电力系统的高电压隔离，保证操作人员和二次设备的安全。

5.1 电压互感器及其二次回路

电压互感器在正常使用情况下，其二次电压与一次电压成正比，而其相位差在连接方法正确时接近于零。电压互感器的一次绕组与电力系统的一次回路并联，二次绕组与测量仪表、继电保护及自动装置的电压线圈并联。

5.1.1 电压互感器的基本知识

电压互感器按照工作原理可以分为电磁式和电容分压式两种。电磁式电压互感器的原理和基本结构与变压器完全相似；电容式电压互感器是由电容分压器、补偿电控器、中间变压器、阻尼器及载波装置保护间隙等组成，常在中性点接地系统中作电压测量、功率测量、继电保护及载波通信用。

电压互感器按照相数可分为单相电压互感器和三相电压互感器。电压互感器大多是单相的，如图5-1所示为单相油浸式JDJ-10型电压互感器外形图，三台

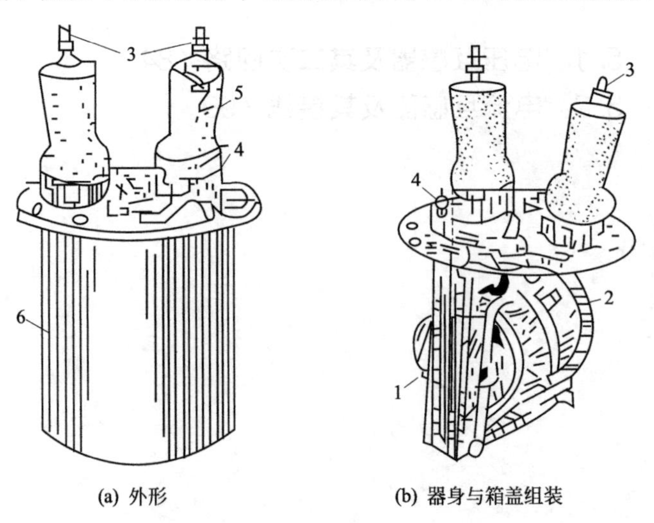

图5-1　单相油浸式JDJ-10型电压互感器

1—铁芯；2—一次绕组；3—一次侧绕组引出端；4—二次侧绕组引出端；5—套管绝缘子；6—油箱

单相电压互感器可组成三相电压互感器；三相电压互感器有三相三柱式和三相五柱式两种，三相五柱式的外形如图 5-2 所示。

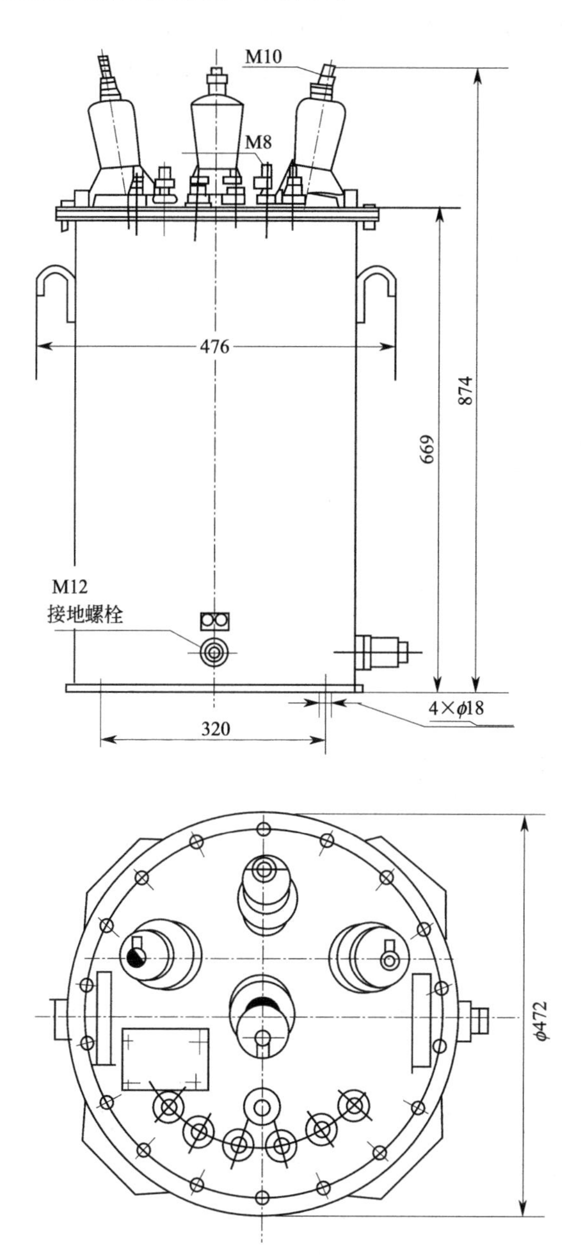

图 5-2　三相五柱油浸式 JSJW-10 型电压互感器外形

电压互感器按照绕组数可分为双绕组电压互感器和多绕组电压互感器。双绕组电压互感器有一个一次绕组和一个二次绕组，多绕组电压互感器有一个一次绕组和多个二次绕组。专门用作测量的电压互感器除一次绕组外，只有一个二次绕组给测量仪表供电即可。应用于电力系统的电压互感器，除要求有一个或两个二次绕组输出信号给测量仪表或过电压保护装置外，还需要提供接地故障保护所需要的零序电压信号，这就要求互感器应做成三绕组或四绕组互感器。

(1) 电压互感器的结构

由于单相电压互感器的结构相对简单，所以不予介绍，这里只介绍三相电压互感器和电容式电压互感器的结构。

① 三相五柱式电压互感器　如图 5-3 所示为三相五柱式电压互感器的结构示意图。互感器由五柱式铁芯、一组一次绕组、两组二次绕组组成，每组绕组均为三相。结构特点如下。

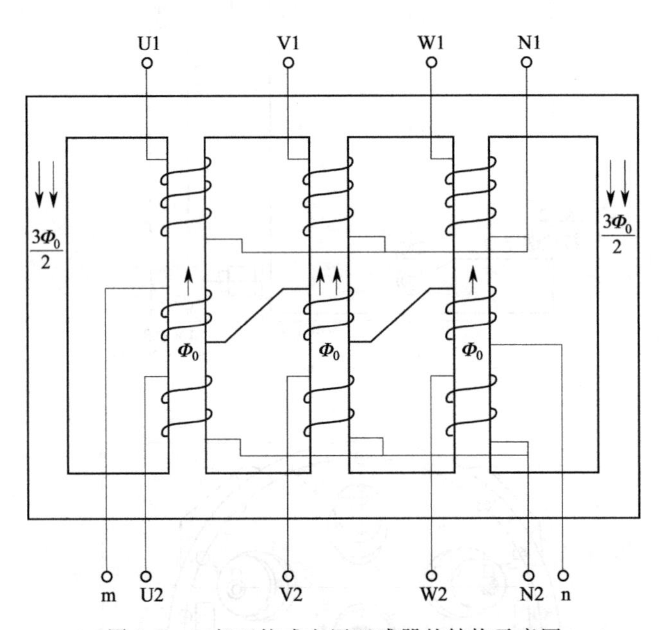

图 5-3　三相五柱式电压互感器的结构示意图

a. 五柱式铁芯。铁芯左右两个边柱为零序磁通提供通路。

b. 一次三相绕组。一次三相绕组分别绕于铁芯中部的三个芯柱上，连接成星形接线，其引出端 U1、V1、W1 并接于一次回路中，中性点 N1 直接接地。

c. 二次三相绕组。二次绕组有两个，一个为主二次绕组，另外一个为辅助二次绕组。主二次绕组和辅助二次绕组分别绕于铁芯中部的三个芯柱上，主二次绕组连接成星形接线，其引出端 U2、V2、W2 向二次回路负载提供三相电压。中性点 N2 是否接地，要根据二次回路的要求而定。一般用于 110kV 及以上电压等级的中性点直接接地的电力系统中，N2 直接接地。辅助二次绕组连接成开口三角形接线，形成零序电压滤过器。

三相五柱式电压互感器由于既能检测一次系统的相电压、线电压，又能检测零序电压，因此广泛应用在电力系统中。

② 三相三柱式电压互感器　三相三柱式电压互感器是去掉了三相五柱式电压互感器左右两个边柱和辅助二次绕组。一、二次绕组都分别绕于铁芯的三个芯柱上，各自连接成星形接线。一次绕组的引出端 U1、V1、W1 并接于一次回路中，中性点 N1 不允许接地，否则，当一次系统发生单相接地时，由于出现零序电流，而由于缺少两个边柱，没有了零序电流的通路，因此会使互感器过热，甚至烧坏；二次绕组的引出端 U2、V2、W2 向二次回路负载提供三相电压，中性点 N2 是否接地，要根据二次回路的要求而定。

三相三柱式电压互感器主要应用在 35kV 及以下电压等级的中性点非直接接地的电力系统中。

③ 电容式电压互感器　如图 5-4 所示为电容式电压互感器内部接线图。电容式电压互感器由电容器 C_1 和 C_2、电抗器 L、单相电压互感器 T 组成。电容式电压互感器相当于一个电容式分压器。

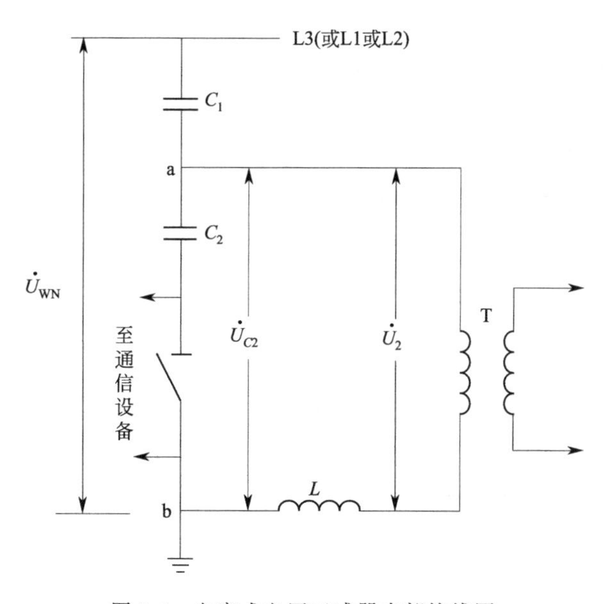

图 5-4　电容式电压互感器内部接线图

分压原理如下。

在被测线路的某相与地之间串入电容器 C_1 和 C_2，C_1 和 C_2 按反比分压，C_2 上电压 $\dot{U}_{C2}$ 为

$$\dot{U}_{C2}=\frac{C_1}{C_1+C_2}\dot{U}_{WN}=n\dot{U}_{WN} \tag{5-1}$$

式中　n——分压比，$n=\frac{C_1}{C_1+C_2}$；

$\dot{U}_{WN}$——被测线路 L3 相对地电压。

a、b 两点间内阻抗 Z 等于

$$Z=\frac{1}{j\omega(C_1+C_2)}$$

为了减少 Z，则在 a、b 回路中加入电抗器 L 进行补偿。

当 $j\omega L=\frac{1}{j\omega(C_1+C_2)}$时，则

$$Z=j\omega L+\frac{1}{j\omega(C_1+C_2)}=0$$

在 $Z=0$ 时，输出（即电压互感器一次侧）电压$\dot{U}_2$ 与阻抗 Z 无关，即

$$\dot{U}_2=\dot{U}_{C2}=n\dot{U}_{WN} \tag{5-2}$$

电容式电压互感器结构简单、体积小、重量轻、成本较低，分压电容器还可兼作载波通信的耦合电容器，因此广泛应用在 110kV 及以上中性点直接接地系统中，用来检测相电压。电容式电压互感器的缺点是输出容量较小、误差较大，二次电压在一次系统短路时，不能迅速、真实地反映一次电压的变化。

(2) 电压互感器的特点

① 电压互感器二次绕组的额定电压　当一次绕组电压为额定值时，二次额定线电压为 100V，额定相电压为$\frac{100}{\sqrt{3}}$ V。对于三相五柱式电压互感器辅助二次绕组额定相电压，用于 35kV 及以下中性点不直接接地系统为$\frac{100}{3}$V；用于 110kV 及以上中性点直接接地系统为 100V。

② 电压互感器的变比　若电压互感器一次绕组为 W_1 匝，额定相电压为 U_{1N}；二次绕组为 W_2 匝，额定相电压为 U_{2N}，则变比 n_{TV} 为

$$n_{TV}=\frac{W_1}{W_2}=\frac{U_{1N}}{U_{2N}}$$

从上式看出，电压互感器的变比等于一、二次绕组匝数之比，也等于一、二次额定相电压之比。

对于三相五柱式电压互感器，为了使开口三角侧输出的最大二次电压不超过 100V，其变比 n_{TV} 有以下两种情况。

a. 用于 35kV 及以下中性点不直接接地系统，其变比 n_{TV} 为

$$n_{TV}=U_{1N}/\frac{100}{\sqrt{3}}\ V/\frac{100}{3}V$$

b. 用于110kV及以上中性点直接接地系统，其变比 n_{TV} 为

$$n_{TV}=U_{1N}/\frac{100}{\sqrt{3}}\ V/100V$$

③ 电压互感器二次侧不允许短路　电压互感器的一次绕组并联接入被测电路之中，一次绕组所承受的电压将随被测电路电压变动而变化。并接在电压互感器二次绕组上的二次负载，即测量仪表、继电保护及自动装置的电压线圈，电压线圈导线较细，负载阻抗较大，负载电流很小，所以电压互感器正常运行时它的二次回路近似于开路状态。由于电压互感器内阻抗很小，若二次回路短路时，会出现危险的过电流，将损坏二次设备和危及人身安全。

(3) 电压互感器的极性

如图5-5所示为单相电压互感器的极性标注。单相电压互感器一、二次侧引出端子上一般均标有"*"或"+"或"•"符号，同时标注脚注（如1作头，2作尾；或A、a作头，X、x作尾）。一、二次侧引出端子上同一符号或同名脚注为同极性端子。所谓极性端是指在同一瞬间，端子A有正电位时，端子a也有正电位，则两端子有相同的极性。电压 $\dot{U}_1$ 和 $\dot{U}_2$ 的正方向，一般均由极性端指向非极性端。这种标注称为减极性标注。其含义是：如果一次绕组的始端A和二次绕组的始端a是同一极性端子，当从一次侧标"•"号端通入电流 $\dot{I}_1$ 时，根据右手螺旋定则在铁芯中产生磁通 $\dot{\Phi}_m$，此时二次绕组感应出的二次电流 $\dot{I}_2$ 从其标"•"号端子流出，二次电流 $\dot{I}_2$ 在铁芯中产生的磁通与 $\dot{\Phi}_m$ 方向相反，铁芯中的合成磁通势应为一次绕组与二次绕组磁通势的相量差。故称这种标记方法为减极性标记法。一次端电压和二次端电压同相位。

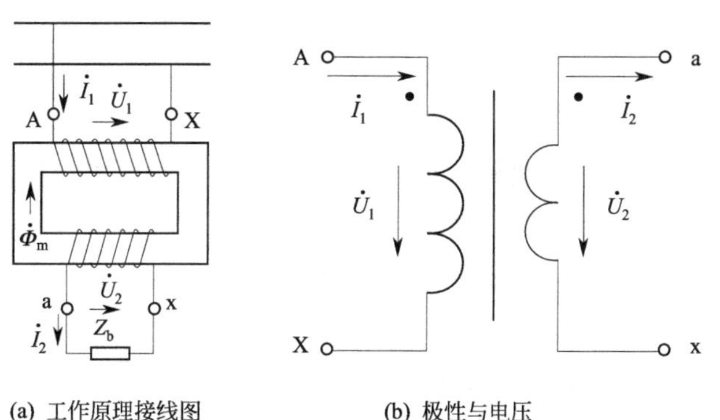

(a) 工作原理接线图　　(b) 极性与电压

图5-5　单相电压互感器的极性标注

对于三相电压互感器，其一次绕组的首、尾端常分别用 U、V、W 和 X、Y、Z 标记，其二次绕组的首、尾端分别用 u、v、w 和 x、y、z 标记。采用减极性标记，即从一、二次侧的首端（或终端）看，流过一、二次绕组的电流方向相反。这样，当忽略电压误差和角误差时，一、二次电压同相位。

(4) 电压互感器的接线

为了满足测量仪表和继电保护装置对接入电压的不同要求，电压互感器也有不同接线方式。常用的几种接线方式如下。

① 单相电压互感器的接线方式

a. 如图 5-6(a) 所示为一台单相电压互感器的一次绕组接于相与地之间，适用于 110～220kV 中性点直接接地系统，用来测量相对地电压。

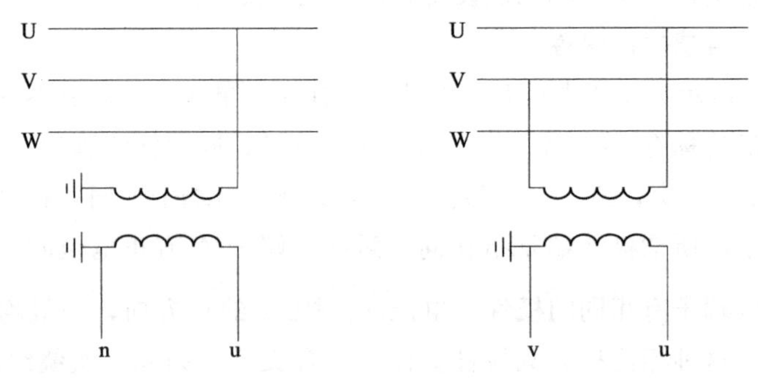

(a) 接于相与地之间的单相式接线　　(b) 接于两相之间的单相式接线

图 5-6　单相电压互感器的接线图

b. 如图 5-6(b) 所示为一台单相电压互感器的一次绕组接于相与相之间，这种接线方式，电压互感器一次侧不能接地，二次绕组一端接地。但是二次绕组接地极不装设熔断器。这种接线只能用来测量线电压，适用于 3～35kV 中性点不直接接地系统。

单相电压互感器的接线，适用于对称的三相电路。

② 两台单相电压互感器构成的 V-V 形接线方式　如图 5-7 所示为两台单相电压互感器构成的 V-V 形接线，两台互感器分别接在线电压 $\dot{U}_{UV}$ 和 $\dot{U}_{VW}$ 上。采用这种接线方式，互感器一次绕组不能接地，二次绕组 V 相接地。V-V 形接线方式适用于中性点非直接接地的电网中，只能测量线电压，不能测量相电压。

利用两台单相电压互感器接成 V-V 接法要注意互感器的极性，如果连接不当就不能构成 V-V 接法。如图 5-8 表示的就是两台单相电压互感器 V-V 接线的正确与错误接法。

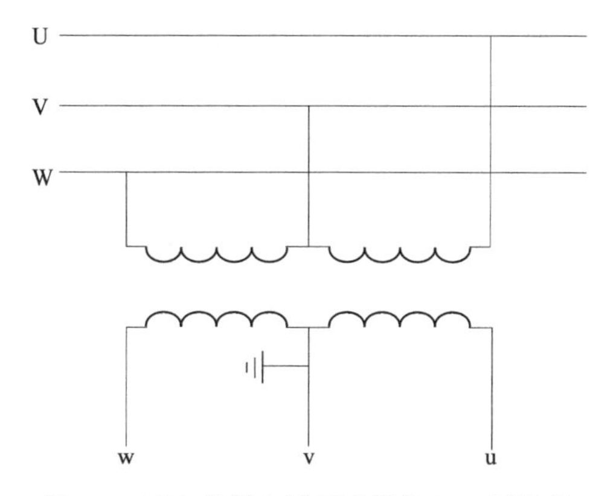

图 5-7　两台单相电压互感器的 V-V 形接线

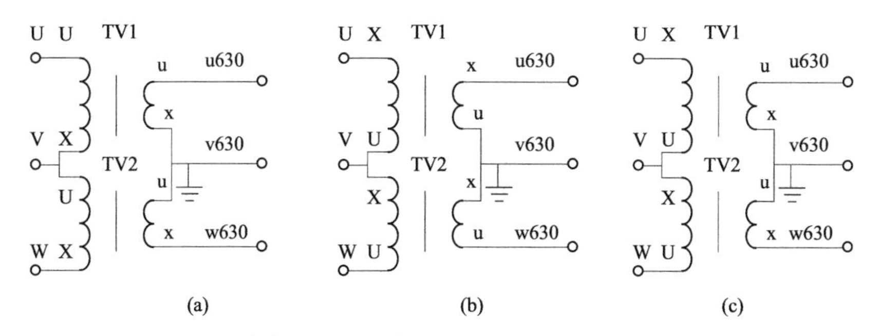

图 5-8　两台单相电压互感器的 V-V 接线的正确与错误接法

图 5-8(a)、(b) 是正确的 V-V 接法，但图 5-8(c) 是 VΛ，UV、VW 两相电压反相了 180°，所以 V 变成Λ后，反向成对顶状态，故图 5-8(c) 不是 V-V 接法。

③ 三只单相电压互感器构成的 YNynd0 接线　如图 5-9 所示为三只单相电压互感器构成的 YNynd0 接线方式。电压互感器的一次绕组和主二次绕组接成星形接线，并且中性点直接接地，主二次绕组引出一根中性线，辅助二次绕组接

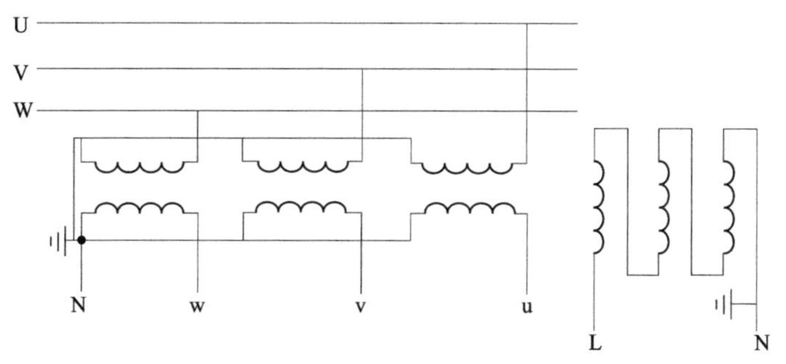

图 5-9　三只单相电压互感器构成的 YN，yn，d0 接线

成开口三角形接线。这种接线方式既可以测量相对地电压，又可以测量相间电压以及零序电压。

④ 三相三柱式电压互感器的接线　如图 5-10 所示为三相电压互感器的星形接线方式。电压互感器的一次绕组和二次绕组接成星形接线，一次绕组的中性点不接地，二次绕组的中性点直接接地。采用这种接线方式既可以测量相对地电压，也可以测量相间电压，适用于 3～35kV 小接地电流系统。

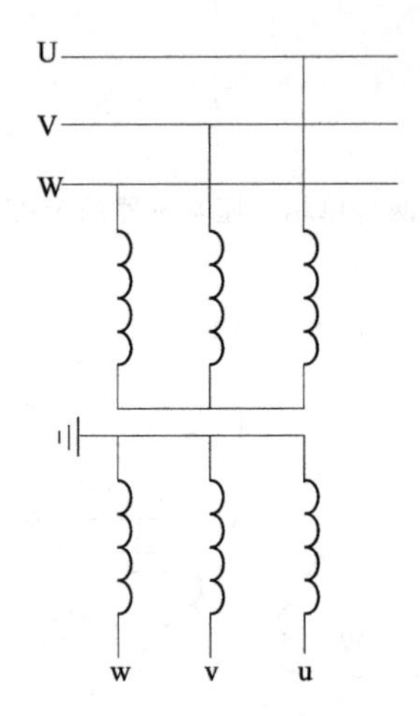

图 5-10　三相电压互感器的星形接线

⑤ 三相五柱式电压互感器的接线方式　如图 5-11 所示为三相五柱式电压互感器的接线方式。电压互感器的一次绕组和主二次绕组接成星形接线，其中性点直接接地，辅助二次绕组接成开口三角形。采用这种接线方式既可以测量线电压，也可以测量相电压，同时还可以测量零序电压，广泛用于电力系统中。

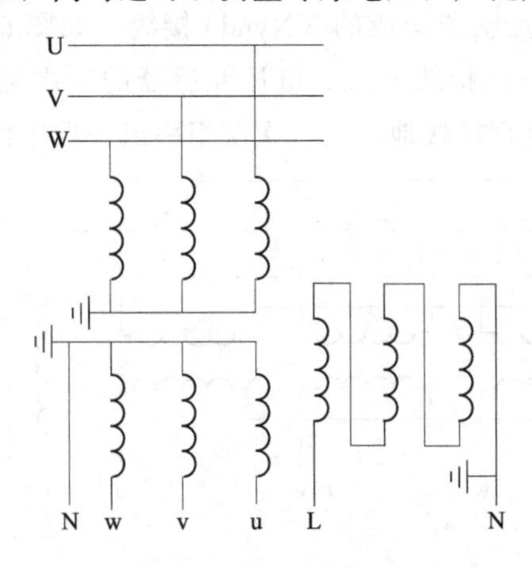

图 5-11　三相五柱式电压互感器的接线方式

(5) 电压互感器的误差

在理想的电压互感器中，一次电压与二次电压之比完全等于其匝数之比，相位也完全相同（二次电压旋转180°之后）。但是，在实际的电压互感器中，由于励磁电流的存在以及绕组阻抗的影响，均会产生电压幅值误差（简称变比误差或比差）和相位角误差（简称角差）。电压互感器的比差 $\Delta U\%$ 为

$$\Delta U\%=\frac{KU_2-U_1}{U_1}\times 100\% \tag{5-3}$$

式中 K——电压互感器的变比；

U_1——一次电压实际值，V；

U_2——二次电压实测值，V。

电压互感器的相位角误差是指其二次电压相量旋转180°以后与一次电压相量间的夹角 δ，并且规定二次电压相量超前于一次电压相量时，角差 δ 为正，反之为负。

(6) 电压互感器的准确度等级和容量

① 电压互感器的准确度等级　电压互感器的准确度等级，是指在规定的一次电压和二次负荷变化范围内，负荷功率因数为额定值时，电压误差的最大值。我国电压互感器的准确度等级通常分为0.2、0.5、1、3四个等级。每一等级就是指电压互感器比差所具有的最大百分值。例如准确度等级为0.5级，则表示该电压互感器的比差为0.5%。一般情况下，准确等级为0.2级的电压互感器主要用于精密的实验室测量；0.5级及1级的电压互感器通常用于发电厂、变电所内配电盘上的仪表及继电保护装置中；对计算电能用的电度表应采用0.5级电压互感器；3级的电压互感器用于一般的测量和某些继电保护。

电压互感器的准确度等级和误差极限见表5-1。

表5-1 电压互感器的准确度等级和误差极限

准确度等级	最大允许误差		一次电压变化范围	二次负荷变化范围
	电压误差/±%	角误差/±(′)		
0.2	0.2	10	(0.85～1.15)一次额定电压	(0.25～1)互感器额定容量
0.5	0.5	20		
1	1	40		
3	3	无规定		

电压互感器的每个准确度，都规定有对应的二次负荷的额定容量 S_{2N}(V·A)。当实际的二次负荷超过了规定的额定容量时，电压互感器的准确度等级就要降低。要使电压互感器能在选定的准确度等级下工作，二次所接负荷的总容量

$S_{2\Sigma}$必须小于该准确度等级所规定的额定容量 S_{2N}，电压互感器准确度等级与对应的额定容量，可从有关电压互感器技术数据中查取。

② 电压互感器的额定容量　由于电压互感器的误差随其负荷而改变，故同一台电压互感器在不同准确度等级使用时，会有不同的容量。所谓电压互感器的额定容量，是指对应于最高准确度等级的容量。如果降低准确度等级，互感器的容量可以相应增大。

电压互感器除了规定其额定容量外，还按照电压互感器的长期发热条件，规定了最大（极限）容量。在只供给信号灯、跳闸线圈或其误差不影响测量仪表和继电器正常工作时，才允许电压互感器在最大容量下使用。

5.1.2　电压互感器的二次回路

电压互感器的一次侧经隔离开关或熔断器连接到高压母线上，一般每段高压母线只装设一组电压互感器。而电压互感器的二次绕组与这段母线上所有一次设备的测量和保护装置的电压线圈连接，电压互感器二次绕组与电压线圈相互连接构成的电路就是电压互感器的二次回路。

电压互感器二次回路应满足如下要求：①电压互感器的接线方式应满足测量仪表、远动装置、继电保护和自动装置测量回路的要求；②由于电压互感器二次侧不允许短路，所以应装设短路保护装置，短路保护装置有熔断器和低压断路器两种；③为防止电压互感器高低压绕组间绝缘击穿时造成设备和人身事故，每一组二次绕组应有一个可靠的接地点，这种接地方式通常称为安全接地或保护接地；④为保证在检修互感器时二次侧不会向一次回路反馈电压，应采取防止从二次回路向一次回路反馈电压的措施；⑤对于双母线上的电压互感器，应有可靠的二次切换回路。

由于中性点的运行方式有直接接地和非直接接地两种，在这两种工作方式下的电压互感器二次回路也有不同的形式。

电压互感器二次侧接地是保护接地，作用是防止因互感器绝缘损坏时，高电压将侵入二次回路，危及人身和设备安全。二次绕组接地极不能装设熔断器，以避免熔断器熔断而失去接地点。

电压互感器二次绕组接地方式有 V 相接地和中性点接地两种方式。

在中性点非直接接地系统中，通常采用 V 相接地方式，这是因为当发生单相接地时，中性点位移，此时同步电压不能用相电压，必须用线电压。当电压互感器二次侧采用 V 相接地，如果同步点两侧均为 V 相接地，同步开关挡数减少(如采用综保，则接线更为简单)，同步接线简单，同时由于中性点非直接接地系统一般不装设距离保护，V 相接地对保护影响较小。

在中性点直接接地系统中，一般要装设距离保护，而且同步电压可用辅助二次绕组的相电压，因此电压互感器二次侧采用中性点接地对保护较为有利。

(1) V相接地的电压互感器二次回路

如图5-12所示为V相接地的电压互感器二次回路。电路图包括两部分：一部分是电压互感器一、二次接线；另一部分是与之对应的信号回路。下面分别对这两部分进行分析。

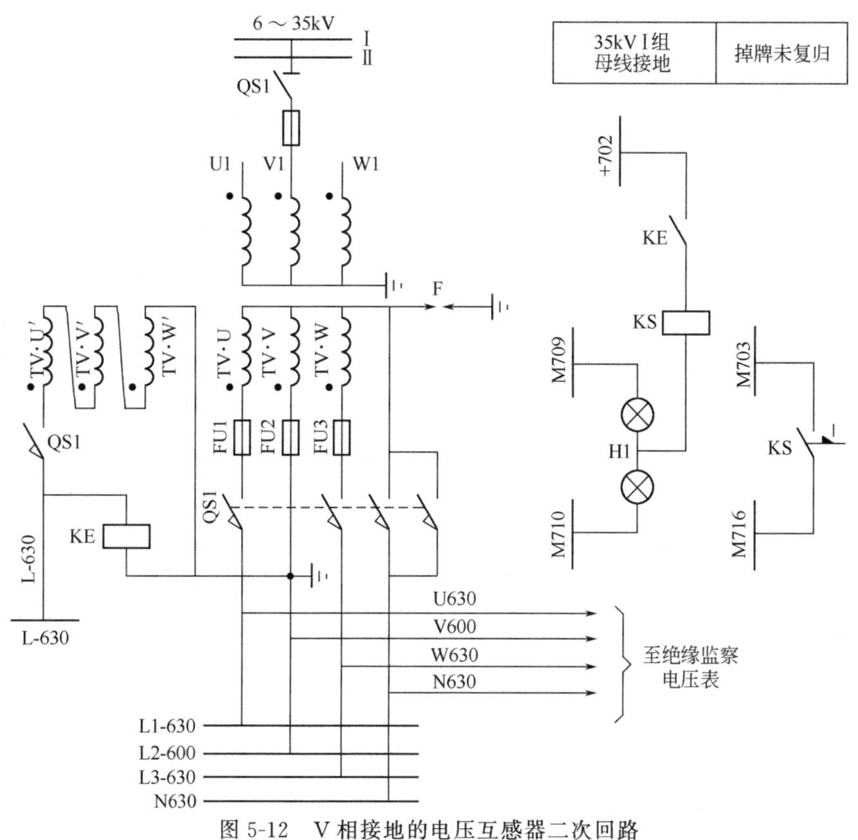

图5-12 V相接地的电压互感器二次回路

① 互感器的一、二次接线 回路组成：一次回路部分有6～35kV Ⅰ、Ⅱ组母线，隔离开关QS1，一次侧熔断器，电压互感器的一次绕组；二次回路部分有电压互感器的主二次绕组和辅助二次绕组，二次侧熔断器FU1～FU3，隔离开关QS1的5个辅助常开触点，绝缘监察继电器KE，击穿保险器F，电压小母线L1-630、L2-600、L3-630、L-630、N630。

熔断器FU1～FU3在回路中起到了短路保护的作用。由于电压互感器的二次不允许短路，所以就应在其二次侧装设短路保护元件。前面介绍了中性点非直接接地系统中，一般不装设距离保护，因此即便在交流电压二次回路末端短路时，也不会因熔断器熔断较慢而造成距离保护误动作的问题，所以对于6～35kV的电压互感器，可以在主二次绕组TV·U、TV·V、TV·W各相引出端装设熔断器(见图中FU1～FU3)作短路保护用。在选择熔断器时要选择熔体的熔断时间不大于继电保护动作时间的熔断器，同时熔体的额定电流应整定为二次最大负载电流的1.5倍，对于双母线系统，还需考虑当一组母线停止运行时，所有电压回路的负载全部切换至另一组电压互感器上的情况。对于辅助二次绕组，因在正常运行时，其输出端没有电压或只有很小的不平衡电压，熔断器很难监视，即便在开口三角形外导线间发生短路，也不会使熔断器熔断。并且熔断器熔断未被发现，在发生接地故障时反而影响绝缘监察继电器KE的正确动作。所以辅助二次绕组回路中不装设熔断器。

从图中可以看出，二次绕组的安全接地点设在FU2之后，这样可以保证在电压互感器二次侧中性线发生接地故障时，FU2对V相绕组起保护作用。同时，为了防止当熔断器FU2熔断后，电压互感器二次绕组将失去安全接地点，因此在二次侧中性点与地之间装设一个击穿保险器F。击穿保险器实际上是一个放电间隙，如果熔断器FU2熔断，失去V相接地点后，此时有高电压侵入到电压互感器的二次侧，当二次侧中性点对地电压超过一定数值后，间隙便被击穿，变为一个新的安全接地点。而当电压值恢复正常后，击穿保险器自动复归，处于开路状态。正常运行时中性点对地电压等于零（或很小)，击穿保险器处于开路状态，对电压互感器二次回路的工作无任何影响。

在主、副二次绕组中除V相外，都接入了隔离开关QS1的辅助动合触点，目的是为防止在电压互感器停用或检修时，由二次侧向一次侧反馈电压，造成人身和设备事故，当电压互感器停电检修时，在断开其隔离开关QS1的同时，二次回路也自动断开。由于隔离开关的辅助触点有接触不良的可能，而在中性线的触点接触不良又难以发现，所以，在中性线采用了两对辅助触点QS1并联，以提高其可靠性。

母线上的电压互感器是接在同一母线上的所有电气元件（发电机、变压器、线路等）的公用设备。为了减少联系电缆，采用了电压小母线L1-630、L2-600、L3-630、N630和L-630（“630”代表Ⅰ组母线，“L1、L2、L3、N和L”代表相别和零序）。电压互感器二次引出端最终接在电压小母线上。根据具体情况，电压小母线可布置在配电装置内或布置在保护和控制屏顶部。接在同一组一次母线上的各电气元件的测量仪表、远动装置、继电保护及自动装置所需的二次电压均可从这组一次母线上的电压互感器所对应的电压小母线上取得。

辅助二次绕组TV·U′、TV·V′、TV·W′接成开口三角形。正常工作时三相电压对称，三相电压之和等于零，此时，开口三角引出端子上没有电压。当系统发生接地故障时，三相零序电压叠加，在引出端子上有三倍零序电压出现。接于开口三角形引出端子的电压继电器 KE 是绝缘监察继电器，当一次系统发生单相接地时，在开口三角形引出端子上出现 3 倍零序电压，当此电压大于 KE 的启动电压（一般整定为 15V）时，KE 动作。

② 信号回路部分　回路组成：Ⅰ和Ⅱ组预告信号小母线 M709 和 M710；母线设备辅助小母线＋702；信号继电器 KS 的线圈及触点；光字牌 H1；绝缘监察继电器的常开触点 KE；“掉牌未复归”小母线。

当绝缘监察继电器 KE 动作后，其动合触点闭合，点亮光字牌 H1，显示“第Ⅰ组母线接地”字样，并发出预告音响信号，还启动信号继电器 KS，KS 动作后掉牌落下，将 KE 动作记录下来，同时通过小母线 M703、M716 点亮“掉牌未复归”光字信号，提醒运行人员 KE 动作及 KS 的掉牌还没有复归。

为了判别哪相接地，可利用接于小母线上的三只绝缘监察电压表来判断。接地相的电压下降为零。这三只电压表可通过开关切换进行选测而全厂共用。

(2) 中性点接地的电压互感器二次回路

如图 5-13 所示为中性点接地的电压互感器二次回路图，回路分析如下。

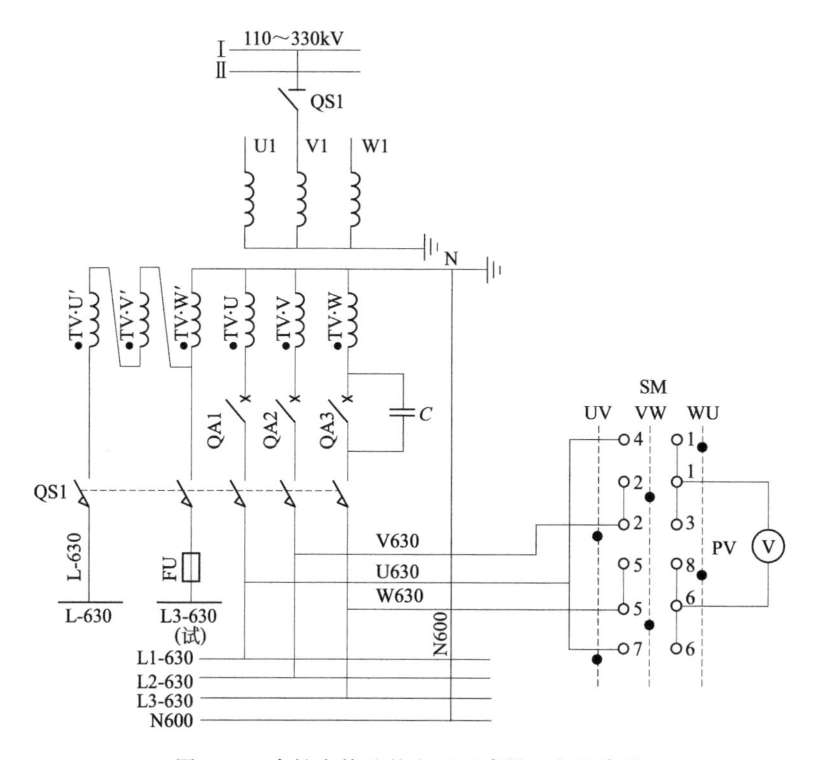

图 5-13　中性点接地的电压互感器二次回路图

回路组成：一次回路部分有 110～330kV Ⅰ、Ⅱ组母线，隔离开关 QS1，电压互感器的一次绕组；二次回路部分有电压互感器的主二次绕组和辅助二次绕组，快速开关QA1～QA3，电容器C，隔离开关QS1的5个辅助常开触点，熔断器FU，电压小母线L1-630、L2-630、L3-630、L-630、N600，试验小母线L3-630，转换开关SM，型号为LW2-5,5/F4-X，电压表PV。

在110kV及以上中性点直接接地的电力系统中，电力线路一般装设距离保护，如果在电压互感器二次回路末端发生短路故障时，由于二次回路阻抗较大，短路电流较小，则熔断器不能快速熔断，而在短路点附近电压比较低或接近于零，距离保护装置根据测到的电压和电流而计算出的阻抗可能会小于保护装置的整定值，从而引起距离保护误动作。所以对于110kV及以上的电压互感器，在主二次绕组三相引出端装设快速自动开关（见图中QA1～QA3）作短路保护用。自动开关脱扣器动作电流应整定为二次最大负载电流的1.5～2.0倍，当电压互感器运行电压为90%额定电压时，在二次回路末端经过渡电阻发生两相短路，而加在继电器线圈上的电压低于70%额定电压时，自动开关应能瞬时动作于跳闸；自动开关脱扣器的断开时间不应大于0.02s。由于正常运行时，辅助二次绕组中的电压为零或接近于零，其二次回路末端短路时，短路电流很小，自动开关很难自动切断该回路，所以在辅助二次绕组回路中不装设自动开关。

为了避免在三相同时断线时，断线闭锁装置因失去电源而拒绝动作，可在某一相上并联一只电容器C，当发生事故失电时可以向断线闭锁装置放电而提供不对称电源。

电压小母线的设置与V相接地的方式基本相同，只是为了给零序功率方向保护提供$3\dot{U}_0$电压，在辅助二次绕组输出端设有零序电压（$3\dot{U}_0$）小母线L-630；为了便于利用负载电流检查零序功率方向元件的接线是否正确，由辅助二次绕组TV·W′相的正极性端引出一个试验小母线L3-630（试），其抽取的试验电压为$+\dot{U}_{W'N}$。

由于一次系统中性点直接接地，则不需装设绝缘监察装置，而是通过转换开关SM，选测U_{UV}、U_{VW}、U_{WU}三种线电压。SM的开关图表见表5-2。

表5-2　LW2-5,5/F4-X控制开关触点图表

触点盒形式			5			5		
触点号			1-2	2-3	1-4	5-6	6-7	5-8
位置	UV	←	—	•	—	—	•	—
	VW	↑	•	—	—	•	—	—
	WU	→	—	—	•	—	—	•

如果将控制开关SM切至相间电压“UV”位置，开关触点2和3、6和7

通，电压表 PV 接至二次电压小母线 L1-630、L2-630 上，测得 UV 相间电压。将控制开关 SM 切至相间电压“VW”位置，开关触点 1 和 2、5 和 6 通，电压表 PV 接至二次电压小母线 L2-630、L3-630 上，测得 VW 相间电压。将控制开关 SM 切至相间电压“WU”位置，开关触点 1 和 4、5 和 8 通，电压表 PV 接至二次电压小母线 L1-630、L3-630 上，测得 WU 相间电压。若三相相间电压相等，为母线的线电压，说明系统正常运行，三相对称；若三相相间电压不相等，母线电压互感器二次回路可能断线或一次系统发生短路故障。

为了防止二次侧向一次侧回馈电压，其各相（除中性线）引出端都经电压互感器隔离开关 QS1 的辅助触点引出。

5.2 电流互感器及其接线

电流互感器是变换电流大小的互感器，在正常使用情况下，其二次电流与一次电流成正比，而其相位差在连接方法正确时接近于零。

5.2.1 电流互感器的基本知识

(1) 电流互感器的极性

电流互感器极性端的标注方法和符号与电压互感器相同。如图 5-14 所示，L1 和 K1、L2 和 K2 为同极性端，一次电流$\dot{I}_1$从极性端 L1 流入一次绕组从 L2 端流出；二次感应电流 $\dot{I}_2$ 从二次绕组的极性端 K1 流出，从 K2 流入，即“头进头出”。按减极性原则标注同名端的优点是，电流互感器的外特性与原系统相同，从外观上看好像是直接通过的，比较直观。

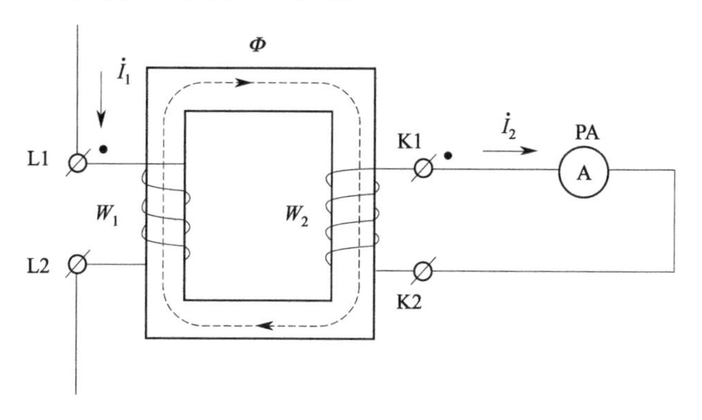

图 5-14 电流互感器极性标注

(2) 电流互感器的特点

① 电流互感器的一次绕组（原绕组）串联在电路中，并且匝数很少。一次绕组中的电流完全取决于被测电路的一次负荷，而与二次电流无关。

② 电流互感器二次绕组（副绕组）与测量仪表、继电器等的电流线圈串联，由于测量仪表和继电器等的电流线圈阻抗都很小，电流互感器的正常工作方式接近于短路状态。因此电流互感器在运行中不允许二次侧（连接二次绕组回路）开路。为了防止电流互感器二次侧开路。对运行中的电流互感器，当需要拆开所连接的仪表和继电器时，必须先短接其二次绕组。

③ 电流互感器的变比。电流互感器一次绕组为 W_1 匝，额定电流为 I_{1N}；二次绕组为 W_2 匝，额定电流为 I_{2N}。则一、二次绕组额定电流之比称为电流互感器的额定变比。

$$n_{TA}=\frac{I_{1N}}{I_{2N}}=\frac{W_2}{W_1}$$

(3) 电流互感器的准确度等级

电流互感器的准确度等级通常分为 0.2、0.5、1、3、10、10P10、10P20 七个等级。所谓准确度等级，就是电流互感器比差所具有的百分值。例如准确度等级为 0.5 级，表示该电流互感器的比差（在额定电流时）为 0.5%。当一次电流低于其额定电流时，电流互感器的比差及角差也随之增大，不同的一次电流，其允许误差是不同的。一般情况下，0.2 级用于精密测量，0.5 级用于电度表，1 级用于配电盘仪表，3 级用于过电流保护，10 级用于非精密测量继电器等。

由于电流互感器二次侧所接的阻抗（即负载）大小，影响电流互感器的准确度等级，所以，电流互感器铭牌中规定的准确度等级均规定有相应的容量（V·A 值或负载 Z 值）。二次侧所带的负载超过规定的容量时，其误差也将超出准确度等级的规定。因此，在选用电流互感器时，应特别注意二次负载所消耗的功率不应超过电流互感器的额定容量。

5.2.2 电流互感器的接线方式

电流互感器的接线应遵守串联原则，即一次绕组应和被测的一次回路串联，二次绕组应和仪表或继电保护或自动装置的电流线圈相串联。电流互感器常见的接线方式有：单相接线、三相完全星形接线、两相不完全星形接线、两相电流差接线、零序接线等。

(1) 单相接线

如图 5-15 所示，在三相电路中，电流互感器只接在一相上，反映被测相电流。适用于测量三相对称负荷的一相电流、变压器中性点的零序电流。

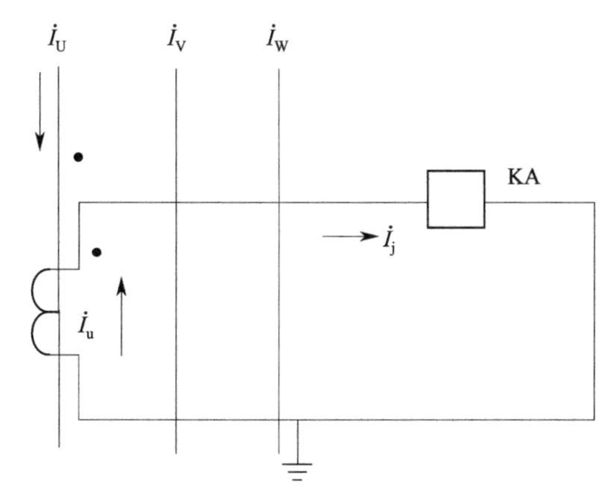

图 5-15 三相电路中单相接线

(2) 三相完全星形接线

如图 5-16 所示，三个型号相同的电流互感器的一次绕组分别串接到一次系统三相回路中，二次绕组与二次负载连接成星形接线，这种接线方式在中性点直接接地的电力系统中，对于任何形式的短路故障都能起到保护作用。在中性点不直接接地的电力系统中，对单相接地以外的任何故障能起到保护作用。这种接线可以作为容量较大的发电机和变压器的保护。

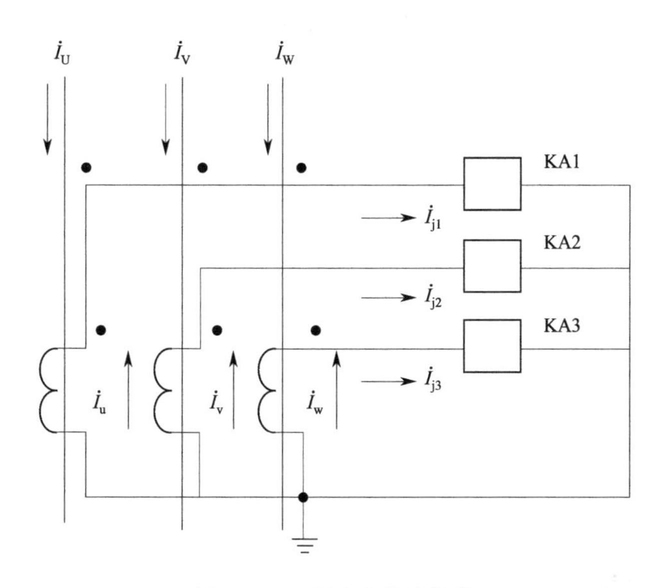

图 5-16 三相完全星形接线

(3) 两相不完全星形接线

如图 5-17 所示，两个型号相同的电流互感器一次绕组分别串接在系统 U、

W 两相回路中。可测量三相不平衡电流，常用于三相三线制中性点不直接接地系统中，用作相间保护和电流测量，而 V 相接地时保护不动作。

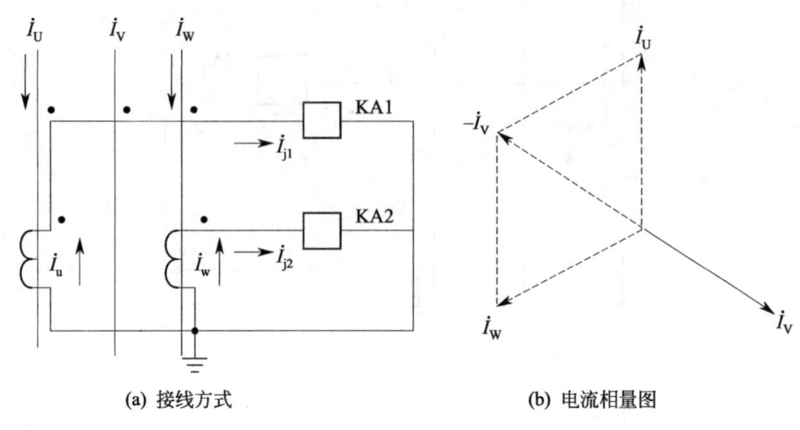

图 5-17　两相不完全星形接线

(4) 两相电流差接线

如图 5-18 所示，两个型号相同的电流互感器的一次绕组分别串接在 U、W 两相上，一个负载接于两相电流差回路。这种接线仅适用于作为线路或电动机的保护，不适用于 Yd 或 Yyn 接线的变压器，因为变压器二次侧 u、v 相间短路或 v 相对地短路时，流过继电器的故障电流为零。

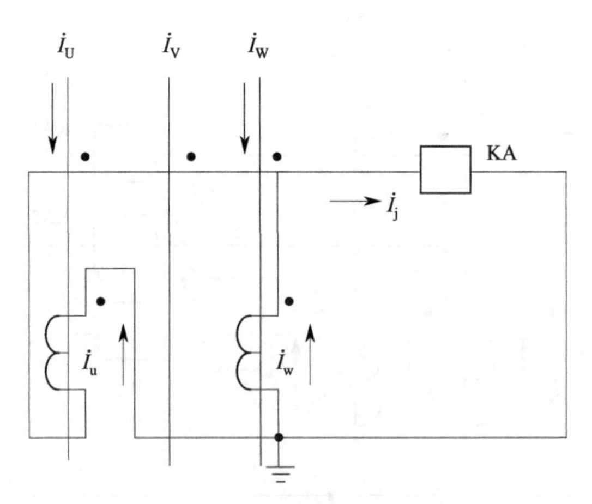

图 5-18　两相电流差接线

(5) 零序接线

如图 5-19 所示，三个型号相同的电流互感器的极性端连接起来，同时将非极性端也连接起来，然后再与负载相连接，组成零序电流滤过器。这种接线方式主要用于继电保护及自动装置回路，测量仪表回路一般不用。

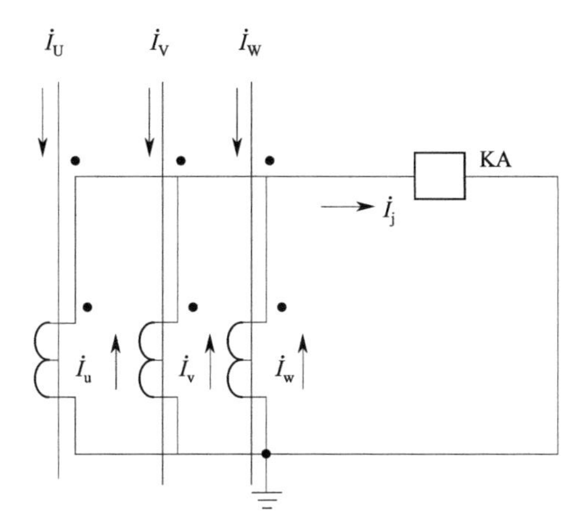

图 5-19　三相零序接线

5.2.3　电流互感器二次回路的要求

电流互感器的二次回路应满足的要求如下。

① 电流互感器的接线应满足测量仪表、远动装置、继电保护和自动装置检测回路的具体要求。

② 为防止电流互感器一、二次绕组之间绝缘损坏而被击穿时，高电压侵入二次回路危及人身和二次设备安全，在电流互感器二次侧必须有一个可靠的接地点。但不允许有多个接地点，否则会使继电保护拒绝动作或仪表测量不准确。

③ 由于电流互感器正常运行时，近似于短路状态。一旦二次回路出现开路故障，在二次绕组两端，会出现危险的过电压，对二次设备和人身安全造成很大的威胁。因此，运行中的电流互感器严禁二次回路开路。

④ 为保证电流互感器能在要求的准确等级下运行，其二次负载阻抗不应大于允许值。

⑤ 保证极性连接正确。

第6章

继电保护及自动装置二次回路识图

6.1 继电保护及自动装置的基本知识

6.1.1 继电保护的基本知识

电力系统继电保护是继电保护技术和继电保护装置的统称。继电保护技术是一个完整的体系，它主要由电力系统故障分析、继电保护原理及实现、继电保护配置设计、继电保护运行与维护等技术构成，而完成继电保护功能的核心是继电保护装置；继电保护装置是指装设于整个电力系统的各个元件上，能在指定区域快速准确地对电气元件发生的各种故障或不正常运行状态作出反应，并在规定时限内动作，使断路器跳闸或发出信号的一种反事故自动装置。继电保护装置的基本任务及构成如下。

(1) 继电保护装置的基本任务

① 当系统发生故障时，自动、迅速、有选择性地将故障元件从电力系统中切除，使故障元件免于继续遭到破坏，保证其他非故障部分迅速恢复正常运行。

② 反映电气元件的不正常运行状态，并根据运行维护的条件（例如有无经常值班人员）而动作发出信号、减负荷或延时跳闸。

(2) 继电保护装置的构成

继电保护装置由测量部分、逻辑部分和执行部分组成。如图 6-1 所示为继电保护装置构成示意图。

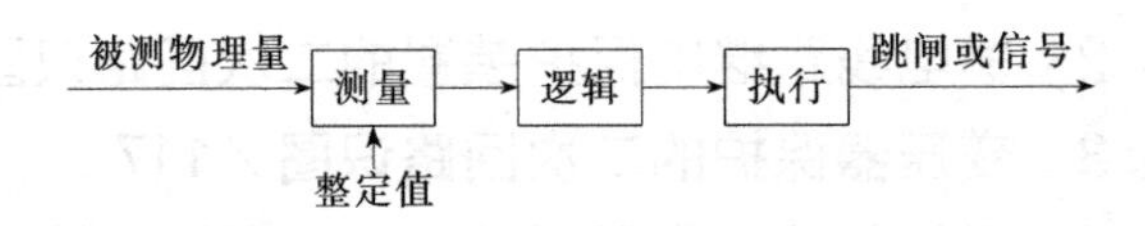

图 6-1 继电保护装置构成示意图

① 测量部分　测量部分是测量从被保护对象输入的有关物理参量，并与一给定的整定值进行比较，根据比较的结果，给出“是”、“非”、“大于”、“不大于”等具有“0”或“1”性质的一组逻辑信号，从而判断保护是否应该启动的元件。

② 逻辑部分　逻辑部分是根据测量部分输出量的大小、性质、输出的逻辑状态、出现的顺序或它们的组合，使保护装置按一定的逻辑关系工作，最后确定是否应该使断路器跳闸或发出信号，并将有关命令传给执行部分的部件。

③ 执行部分　执行部分是根据逻辑部分传送的信号，最后完成保护装置所

担负的对外操作任务的部件。如检测到故障时，发出动作信号驱动断路器跳闸；在不正常运行时，发出告警信号。

继电保护和自动装置应满足可靠性、选择性、灵敏性和速动性的要求，并应符合下列要求。

① 继电保护和自动装置应简单可靠，使用的元件和接点应尽量少，接线回路简单，运行维护方便，在能够满足要求的前提下宜采用最简单的保护。

② 对相邻设备和线路有配合要求的保护，前后两级之间的灵敏性和动作时间应相互配合。

③ 当被保护设备或线路范围内发生故障时，应具有必要的灵敏系数。

④ 保护装置应能尽快地切除短路故障。当需要加速切除短路故障时，可允许保护装置无选择性地动作，但应利用自动重合闸或备用电源自动投入装置，缩小停电范围。

电力设备和线路应有主保护、后备保护和异常运行保护，必要时可增设辅助保护。继电保护按照不同的原则可以分成不同的类别，继电保护的分类如下。

① 按被保护的对象分：输电线路保护、发电机保护、变压器保护、电动机保护、母线保护等。

② 按保护原理分：电流保护、电压保护、距离保护、差动保护、方向保护、零序保护等。

③ 按保护所反映故障类型分：相间短路保护、接地故障保护、匝间短路保护、断线保护、失步保护、失磁保护及过励磁保护等。

6.1.2 自动装置的基本知识

随着经济建设的不断发展，电力系统在不断地向高电压、大机组、现代化大电网发展，这将对电力系统自动化、电网安全稳定提出更高的要求。为了更好地保证电网的安全稳定运行，保证电能质量，提高电网的经济效益，必须借助电力系统自动装置来实现，从而促进了电力系统自动控制技术的不断发展。

电力系统自动装置包括备用电源自动投入装置、输电线路自动重合闸装置、同步发电机自动并列装置、同步发电机励磁自动调节装置、自动低频减载装置、电力系统频率和有功功率自动调节装置、故障录波装置等。其中，备用电源自动投入装置、输电线路自动重合闸装置与继电保护配合可提高供电的可靠性；同步发电机励磁自动调节装置可保证系统运行时的电压水平，提高电力系统的稳定性；低频率自动减负荷装置可防止电力系统因事故发生功率缺额时频率的过度降低，保证了电力系统的稳定运行和重要负荷的正常工作。它们对保证电力系统安全运行、提高供电可靠性具有重要作用。

6.1.3 继电保护和自动装置二次回路识图方法

继电保护和自动装置的二次回路由测量机构、传送机构、执行机构及继电保护和自动装置组成。继电保护和自动装置二次回路图的特点是图中既有交流部分又有直流部分，此外，图中还会画出相应的一次回路部分。通常在分析继电保护原理时会采用原理接线图的形式，而在工程施工时，继电保护的原理部分是用展开接线图的形式绘出。

在阅读继电保护和自动装置的二次回路图时要先看图中一次回路部分，对于继电保护来说可以了解二次回路服务的对象都配置了哪些保护，这些保护的测量元件来自哪组电流互感器或电压互感器，而对于自动装置来说，同样可以了解其测量元件来自哪组电流互感器或电压互感器；然后再看交流回路部分，交流回路是二次回路的测量部分，包括交流电流回路和交流电压回路，通过看交流回路可以掌握继电保护或自动装置测量元件分别接于哪些电流互感器或哪一组电压互感器，在两种互感器中传变的电流或电压量起什么作用？这些电气量由哪些继电器反映出来？并根据交流回路的电流或电压量以及在系统发生故障时这些电气量的变化特点向直流逻辑回路推断；掌握了交流回路中继电器的动作情况后，再找其相应的触点在直流回路中的位置，根据触点的闭合或断开引起回路变化的情况，查清整个直流逻辑回路的动作过程。

6.2 输电线路继电保护装置的二次回路识图

35kV 及以下单侧电源供电的输电线路一般配置过电流和瞬时电流速断（或限时电流速断）保护。当单侧电源供电的辐射型电网发展成多电源组成的复杂网络或单电源环网时，为了满足选择性的要求，过电流、速断保护需带方向性，成为方向过电流保护和方向速断保护。在 110kV 环网中一般配置相间距离保护装置、方向零序电流保护。对于 220kV 系统，配置相间距离保护、方向零序电流保护、高频保护。

6.2.1 阶段式电流保护的二次回路识图

线路相间短路的瞬时电流速断、限时电流速断和定时限过电流保护都是反映于电流升高而动作的保护。它们之间的最大区别主要在于按照不同的原则来选择启动电流。瞬时电流速断是按照躲开线路末端的最大短路电流来整定，限时速断是按照躲开前方各相邻元件瞬时电流速断保护（或差动保护）的动作电流整定，而过电流保护则是按照躲开最大负荷电流来整定。

由于瞬时电流速断不能保护线路全长，限时电流速断又不能作为相邻元件的后备保护，因此，为保证迅速而有选择性地切除故障，常常将瞬时电流速断、限时电流速断和过电流保护组合在一起，构成阶段式电流保护。瞬时电流速断保护为Ⅰ段、限时电流速断保护为Ⅱ段、定时限过电流保护为Ⅲ段。具体应用时，可以只采用瞬时电流速断加定时限过电流保护，或限时速断加定时限过电流保护，也可以三者同时采用。但三者同时采用时，瞬时电流速断和限时电流速断保护组合在一起作为线路的主保护，定时限过电流保护为线路近后备保护和下一级线路的远后备保护。

在阶段式保护中，瞬时电流速断保护的动作时间最短，仅为继电器的固有动作时间，限时电流速断保护的动作时间介于瞬时电流速断保护和定时限过电流保护动作时间之间。

如图 6-2 所示为 35kV 线路阶段式电流保护原理图，图（a）为线路的一次回路图，看图中可知，35kV 线路上有两组电流互感器 1TA 和 2TA，1TA 为测量用电流互感器，2TA 是用作保护的电流互感器，每组互感器分别接在 U 相和 W 相上。图（b）和图（c）为保护的交流和直流回路，看图可知，瞬时电流速断保护装置由电流继电器 1KA 和 2KA，中间继电器 1KM 以及信号继电器 1KS 组成；限时电流速断保护由电流继电器 3KA 和 4KA，时间继电器 1KT 以及信号继电器 2KS 组成；定时限过电流保护由电流继电器 5KA、6KA、7KA，时间继电器 2KT 以及信号继电器 3KS 组成。图中瞬时电流速断和限时电流速断保护的交流电流回路接线采用两相不完全星形接线方式，而定时限过电流保护则采用两相三个继电器的接线方式。

保护的动作过程如下。

当线路正常运行时，线路上流过正常的负荷电流，此电流经过电流互感器变换后流入交流回路中的电流继电器，但不足以使电流继电器启动。当线路发生相间短路时，会出现很大的短路电流。

如果故障点在瞬时电流速断保护的保护区内时，短路电流经过电流互感器变换后流入交流回路中的电流继电器，启动电流继电器 1KA～7KA 线圈，电流继电器 1KA～7KA 在直流控制回路中的常开触点闭合，1KA、2KA 常开触点闭合启动中间继电器 1KM；3KA、4KA 常开触点闭合启动时间继电器 1KT；5KA、6KA、7KA 常开触点闭合启动时间继电器 2KT。尽管 1KM、1KT、2KT 的线圈都启动，但是由于 1KT 和 2KT 接于跳闸线圈回路中的触点是延时闭合触点，所以只有 1KM 常开触点瞬时闭合，一方面启动跳闸线圈，使断路器跳闸；另一方面启动信号继电器，发出跳闸信号。断路器跳闸后，线路中没有电流流过，电

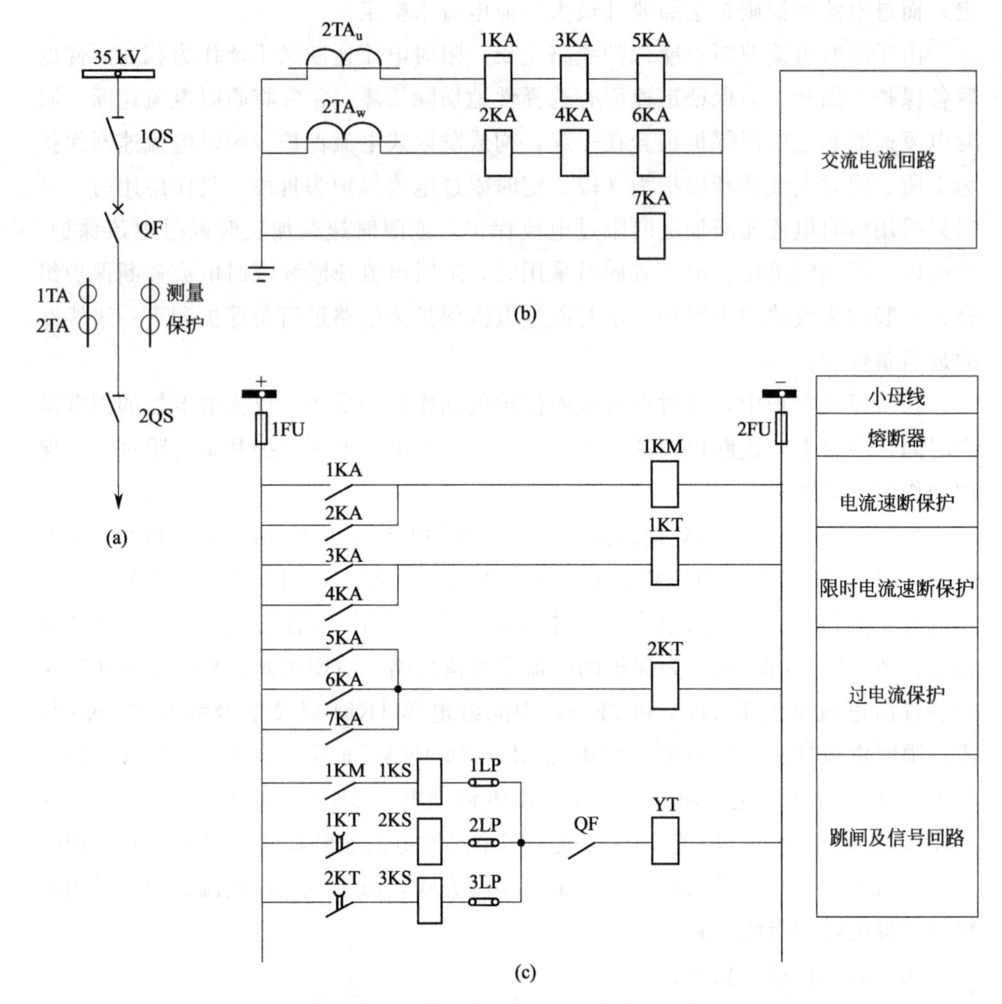

图 6-2　35kV 线路阶段式电流保护原理图

流继电器 1KA～7KA 全部返回。

瞬时电流速断保护的动作路径为：

＋→1FU→1KA（2KA）常开触点→1KM 线圈→2FU→－，启动中间继电器 1KM。其常开触点闭合；

＋→1FU→1KM 常开触点→1KS 线圈→1LP→QF 常开触点→YT→2FU→－，启动跳闸线圈 YT，断路器跳闸。

如果故障的位置在瞬时电流速断保护区外，由于短路电流小于 1KA 和 2KA 的整定值，因此瞬时电流速断保护不动作，此电流启动电流继电器 3KA～7KA 线圈，其常开触点闭合分别启动时间继电器 1KT 和 2KT，由于 1KT 的整定时间小于2KT的整定时间，因此跳闸线圈回路中的1KT延时闭合触点先闭合，一方面启动跳闸线圈，使断路器跳闸；另一方面启动信号继电器，发出跳闸信号。断路器跳闸后，线路中没有电流流过，电流继电器3KA～7KA全部返回。

限时电流速断保护的动作路径为：

+→1FU→3KA（4KA）常开触点→1KT线圈→2FU→-，启动时间继电器1KT。其延时闭合触点闭合；

+→1FU→1KT常开触点→2KS线圈→2LP→QF常开触点→YT→2FU→-，启动跳闸线圈YT，断路器跳闸。

当线路发生故障，由Ⅰ段和Ⅱ段组成的线路主保护不动作，或者是下一级线路发生故障而其保护拒动时，短路电流启动电流继电器5KA～7KA线圈，其常开闭合触点启动时间继电器2KT，跳闸线圈回路中的2KT延时闭合触点闭合，一方面启动跳闸线圈，使断路器跳闸；另一方面启动信号继电器，发出跳闸信号。断路器跳闸后，线路中没有电流流过，电流继电器5KA～7KA全部返回。

定时限过电流保护的动作路径为：

+→1FU→5KA（6KA、7KA）常开触点→2KT线圈→2FU→-，启动时间继电器2KT。其延时闭合触点闭合；

+→1FU→2KT常开触点→3KS线圈→3LP→QF常开触点→YT→2FU→-，启动跳闸线圈YT，断路器跳闸。

跳闸线圈回路中1KM、1KT和2KT触点后分别接有连接片1LP、2LP和3LP，连接片的作用是可根据运行的需要临时停用任一段保护。

定时限过电流保护采用两相三个继电器的接线方式是为提高在Yd11接线变压器后面两相短路时的灵敏性。

6.2.2 方向电流保护的二次回路识图

(1) 方向电流保护的基本概念

随着电力系统的发展，出现了双侧电源辐射型电网及单电源的环形电网，图6-3为双侧电源辐射型电网。在这样的电网中，为了切断短路电流，故障线路必须从两侧断开。因此，每一线路的两侧均装设有断路器。另外故障线路切除后，接于变电站母线上的用户，仍可通过各自的电源得到供电。如图6-3中，当k1点发生短路时，断路器2、6跳闸，将故障自系统中切除。故障切除后接于母线B和母线C上的其他负荷仍能从另一端电源得到供电，可见这种网络大大提高了供电的可靠性。

但是，这样的电网也给继电保护带来了新的问题。假设图6-3中的各条线路上均装有过电流保护，则当k1点短路时，按照选择性的要求，保护6的动

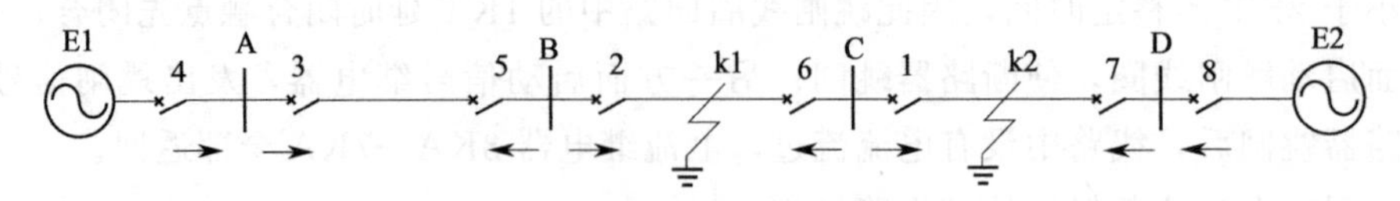

图 6-3　双侧电源辐射型电网

作时限 t_6 应小于保护 1 的动作时限 t_1，即 $t_6<t_1$，而当 k2 点短路时，为了有选择性地切除故障，却要求 $t_6>t_1$。可见，对位于母线 C 两侧的保护 6 和保护 1，在短路点位置不同时，其时限配合的要求正好是相反的，同样地分析其他地点短路时，对有关的保护装置也能得出相应的结论。为了解决这个问题，只有采用方向过电流保护，即在保护上增设一个功率方向元件，该元件只当短路功率方向由母线流向线路时动作，而当短路功率方向由线路流向母线时不动作，从而使继电保护的动作具有一定的方向性。这样，当图 6-3 所示网络中仍为 k1、k2 点短路，就能满足有选择性地切除故障的要求。例如，k1 点发生短路时，短路电流一部分从保护 1 和 6 流向 k1 点；另一部分由保护 5 和 2 流向 k1 点，对于保护 5 和 1 装设的功率方向继电器感受到的功率方向是从线路流向母线的，所以方向继电器就不动作；而保护 2 和 6 装设的功率方向继电器感受到的功率方向是从母线流向线路的，所以，功率方向继电器就动作。当 k2 点发生短路时，对于保护 6 装设的功率方向继电器感受到的功率方向是从线路流向母线的，所以功率方向继电器就不动作；而保护 1 装设的功率方向继电器感受到的功率方向是从母线流向线路的，所以，方向继电器就动作，满足了选择性的要求。

方向过电流保护由以下四个基本元件构成：

① 启动元件——电流继电器（KA）；

② 方向元件——功率方向继电器（KW）；

③ 时限元件——时间继电器（KT）；

④ 信号元件——信号继电器（KS）。

功率方向元件为一功率方向继电器，其内部有两个线圈：一个为电压线圈，接至母线电压互感器 TV，加入的电压为 $\dot{U}_j$；另一个为电流线圈，接自被保护线路的电流互感器 TA，流入的电流为 $\dot{I}_j$。功率方向继电器的接线广泛采用 90°接线方式，即通入继电器内部的电流与加入内部的电压在相位上差 90°，如 $\dot{I}_U$ 电流、$\dot{U}_{VW}$ 电压。

（2）方向过电流保护的二次回路识图

用于相间短路的方向过电流保护，一般采用两相不完全星形接线，如图 6-4 所示为方向过电流保护二次回路图。看图可知，保护装置由电流启动元件

1KA、2KA，方向元件1KW和2KW，时间元件KT及信号元件KS组成。方向元件按90°接线方式接入。图中每一相的电流元件与方向元件的触点首先互相串联，然后将两相的串联触点并联起来，再与时间继电器的线圈相串联。这种接线的特点是只有同一相的电流元件及方向元件同时动作时，才能使时间继电器动作，即才能用后者的触点闭合断路器的跳闸回路，故称这种接线为按相启动电路。

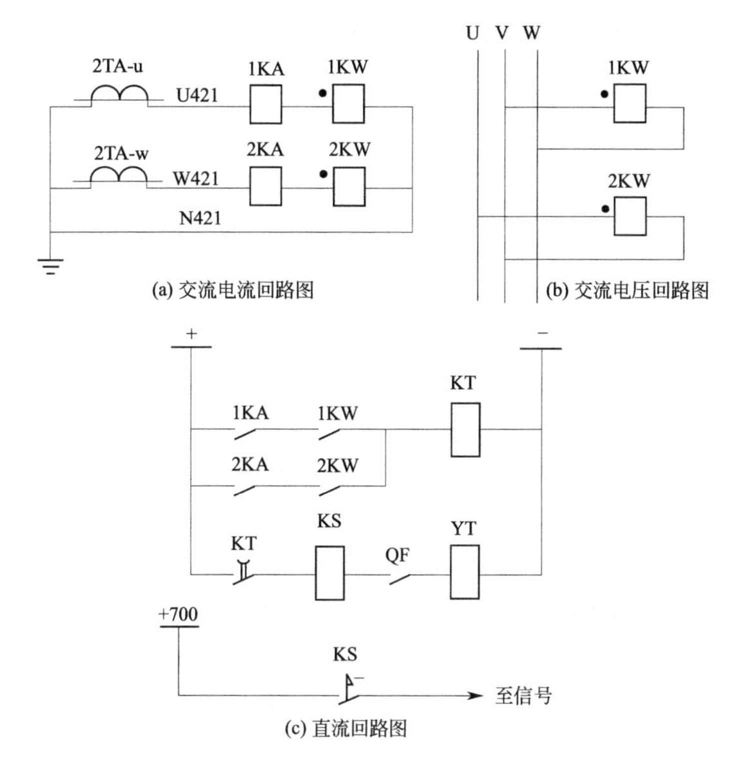

图6-4　方向过电流保护二次回路图

动作过程如下。

① 当U、V两相发生短路故障时　当U、V两相发生短路故障时，一次侧短路电流变换到电流互感器2TA-u二次侧，此时电流继电器1KA和功率方向继电器1KW的电流线圈就有感应过来的短路电流流过，1KA动作，而功率方向继电器要根据电流的方向而决定是否动作，如果电流方向为从母线指向线路即动作，1KA和1KW动作后，其直流回路的常开触点闭合，时间继电器KT线圈上有电流流过，启动了KT。经过整定时限后，KT的延时闭合触点闭合，一方面启动信号继电器KS；另一方面接通跳闸回路。

动作路径如下：

＋→1KA→1KW→KT 线圈→－，启动 KT；

＋→KT→KS 线圈→QF→YT→－，启动 YT，断路器跳闸。

② 当 V、W 两相发生短路故障时 其保护动作过程同①，动作路径如下：

＋→2KA→2KW→KT 线圈→－，启动 KT；

＋→KT→KS 线圈→QF→YT→－，启动 YT，断路器跳闸。

③ 当 U、W 两相发生短路故障时 此时电流继电器 1KA、2KA 和功率方向继电器 1KW、2KW 的电流线圈就有感应过来的短路电流流过，1KA 和 2KA 动作，而功率方向继电器是否动作要根据电流的方向来决定，如果电流方向为从母线指向线路即动作，1KA、2KA 和 1KW、2KW 动作后，其直流回路的常开触点闭合，使时间继电器 KT 线圈所在回路有电流流过，启动了 KT。经过整定时限后，KT 的延时闭合触点闭合，一方面启动信号继电器 KS；另一方面接通跳闸回路。

动作路径如下：

＋→1KA（2KA）→1KW（2KW）→KT 线圈→－，启动 KT；

＋→KT→KS 线圈→QF→YT→－，启动 YT，断路器跳闸。

6.2.3 方向性零序电流保护的二次回路识图

当中性点直接接地系统（又称大接地电流系统）中发生接地短路时，将出现很大的零序电流，而在正常情况下它们是不存在的，因此可利用零序电流来构成接地短路的保护。在双侧和多侧电源的网络中，电源处变压器的中性点一般至少有一台要接地，由于零序电流的实际方向是由故障点流向中性点接地的变压器，因此，变压器接地数目比较多的复杂网络中，就需要考虑零序电流保护动作的方向性问题。

方向性零序电流保护装置作为 110kV 及以上的中性点直接接地系统高压输电线路接地故障的主保护。特点是保护简单、灵敏、可靠。

如图 6-5 所示为三段式零序方向电流保护的原理接线图。保护由距离保护和零序四段保护组成。回路分析从两个方面入手，即交流回路和直流回路。

(1) 交流回路

由图 6-5(a) 可知，方向性零序电流保护和相间距离保护共用一组电流互感器，即 U、V、W 三相电流互感器 TA_u、TA_v、TA_w。电流继电器 1KAZ、2KAZ、3KAZ、4KAZ 分别为零序Ⅰ段、Ⅱ段、Ⅲ段、Ⅳ段的测量元件。交流电流的“正”极性端进入 KWZ 的电流线圈的正极，而交流电压的“正”极性端进入 KWZ 的电压线圈的负极，即：采用的是“$+I_0$，$-U_0$”的接线方式。

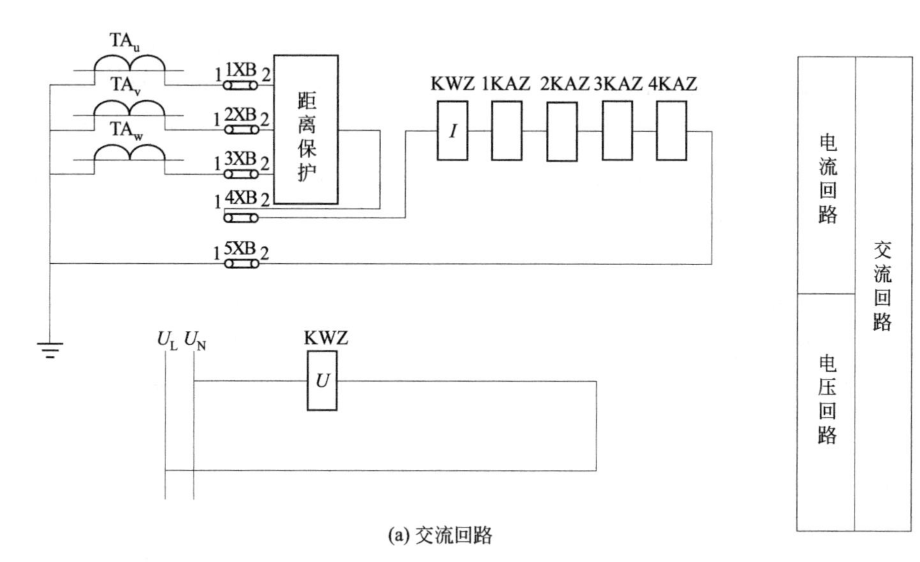

(a) 交流回路

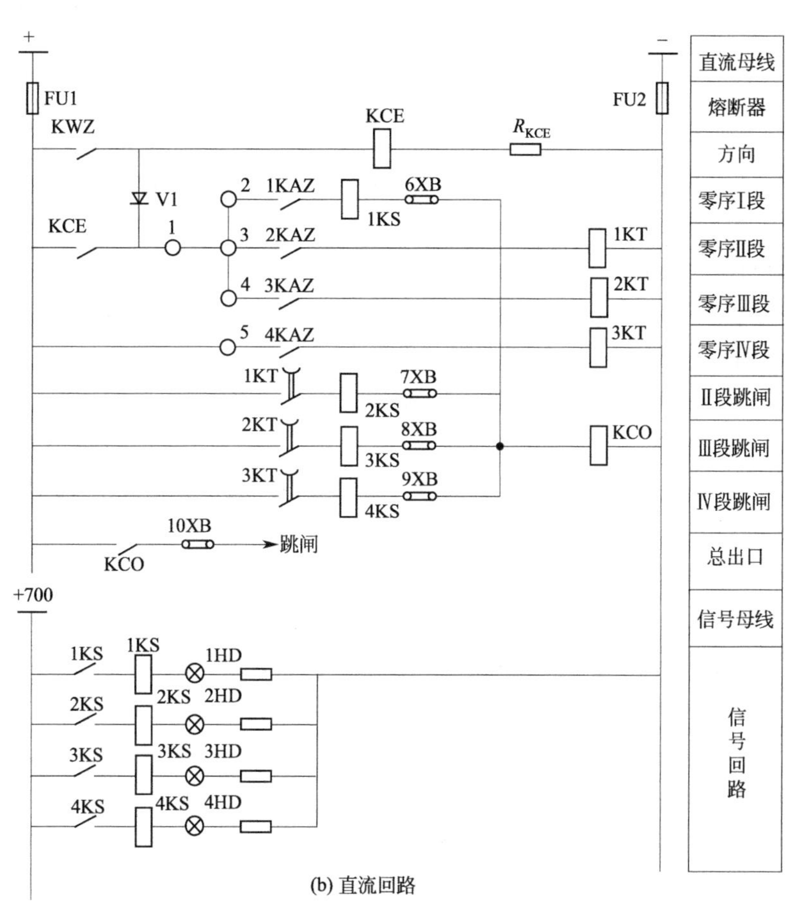

(b) 直流回路

图 6-5 方向性零序电流保护二次回路图

回路中采用 5 个电流连接片 1XB、2XB、3XB、4XB、5XB，其目的是为了工作方便。如果需停用距离保护而零序保护仍投入运行，此时可用短路线将连接片 1XB、2XB、3XB、4XB 的“1”相连，然后再断开 1XB、2XB、3XB 即可。若需停零序保护而距离保护仍投入运行，则将连接片 4XB、5XB 的“1”相连，而后断开 4XB、5XB 即可。

(2) 直流回路

由图 6-5(b) 可知，装置中的零序功率方向继电器 KWZ 动作后启动零序功率重动继电器 KCE（即增加一个中间继电器）。同时，为了使保护的动作时间不受 KCE 的影响，设有隔离二极管 V1，用以旁路 KCE 的触点，并使 KCE 不能通过其常开触点构成自保持回路。

在图 6-5(b) 中，零序Ⅰ、Ⅱ、Ⅲ段带有方向，而Ⅳ段不带方向。这是根据保护定值计算而确定的，主要考虑能否满足选择性的要求。若通过整定计算，Ⅰ、Ⅱ段带方向，而Ⅲ、Ⅳ段不带方向，则应将 3、4 之间连线断开，并将 4 和 5 相连即可。

当发生线路接地故障后，保护的动作过程如下。

① Ⅰ段保护动作

＋→FU1→KWZ→KCE 线圈→R_{KCE}→FU2→－，回路接通，启动重动继电器 KCE，并通过 V1 将直流“＋”电源加到端子 1 上，KCE 的常开触点闭合。

跳闸回路为：

＋→FU1→V1（或 KCE 触点）→1KAZ（触点）→1KS（线圈）→6XB→KCO（线圈）→FU2→－，回路接通，启动 KCO；

＋→FU1→KCO→10XB，接通跳闸回路。

信号回路为：

＋700→1KS（触点）→1KS（线圈）→1HD→FU2→－，发出Ⅰ段保护跳闸信号。

② Ⅱ段保护动作

跳闸回路为：

＋→FU1→V1（或 KCE 触点）→2KAZ→1KT（线圈）→FU2→－，回路接通，启动时间继电器 1KT；

＋→FU1→1KT→2KS→7XB→KCO（线圈）→FU2→－，启动总出口继电器 KCO；

＋→FU1→KCO→10XB，接通跳闸回路。

信号回路为：

＋700→2KS（触点）→2KS（线圈）→2HD→FU2→－，发出Ⅱ段保护跳

闸信号。

③ Ⅲ段保护动作

跳闸回路为：

+→FU1→V1（或 KCE 触点）→3KAZ→2KT（线圈）→FU2→－，回路接通，启动时间继电器 2KT；

+→FU1→2KT→3KS→8XB→KCO（线圈）→FU2→－，启动总出口继电器 KCO；

+→FU1→KCO→10XB，接通跳闸回路。

信号回路为：

+700→3KS（触点）→3KS（线圈）→3HD→ FU2→－，发出Ⅲ段保护跳闸信号。

④ Ⅳ段保护动作

跳闸回路为：

+→FU1→4KAZ→3KT（线圈）→FU2→－，回路接通，启动时间继电器 3KT；

+→FU1→3KT→4KS→9XB→KCO（线圈）→FU2→－，启动总出口继电器 KCO；

+→FU1→KCO→10XB，接通跳闸回路。

信号回路为：

+700→4KS（触点）→4KS（线圈）→4HD→ FU2→－，发出Ⅳ段保护跳闸信号。

6.3 变压器保护的二次回路识图

电力变压器是电力系统中十分重要的电气设备，变压器如果发生故障将对供电可靠性和系统的正常运行带来严重的影响。同时大容量的电力变压器也是十分贵重的元件，因此必须根据变压器的容量和重要程度考虑，装设性能良好、工作可靠的继电保护装置。

电力变压器一般装设下列保护。

① 气体保护。容量在 800kV·A(车间用容量为 400kV·A)以上的变压器，应装设气体保护，作为变压器内部故障和油面降低的主保护。重瓦斯保护动作于跳闸，轻瓦斯保护动作于信号。

② 纵差保护。容量在 5600kV·A 及以上的变压器，采用纵联差动保护，作为

变压器的内部绕组、绝缘套管及引出线相间短路的主保护。

③ 过电流保护。反映变压器外部相间短路并作为气体保护和差动保护的后备保护。

④ 零序电流保护。反映直接接地系统中变压器外部接地短路并作为气体保护和差动保护的后备保护。

⑤ 过负荷保护。反映因过载而引起的过电流，保护一般不作用于跳闸。

6.3.1 变压器的主保护二次回路识图

（1）气体保护的二次回路

当变压器油箱内部发生故障时，由于故障点局部的高温，将使变压器油分解而产生气体。当故障比较严重时，在电弧的作用下，绝缘材料和变压器油分解所产生的气体将大量增加。反映故障时的气体而构成的保护，称为气体保护。气体保护有轻、重瓦斯保护之分，装于油箱与油枕之间的连接导管上。当变压器严重漏油或轻微故障时，在所产生的气体压力作用下，引起轻瓦斯保护动作，延时作用于信号；当变压器内部发生严重故障时，变压器油和绝缘材料分解产生大量气体，油箱内气体经导管冲向油枕，则重瓦斯保护瞬时作用于跳闸。

如图 6-6 所示为气体保护的二次回路图。图（a）为保护的原理接线图，图（b）为展开接线图。图中，KG 为气体继电器，KS 为信号继电器，XB 为切换片，KCO 为出口继电器。

从图（a）可以看出，气体继电器有两个常开触点。上触点 KG-1 为轻瓦斯触点，动作于延时信号；下触点 KG-2 为重瓦斯触点，动作后于变压器跳闸。

图（b）中 101、102 和 201、202 分别为 1QF 断路器和 2QF 断路器控制回路控制电源正、负极的回路编号，701 为信号回路电源的回路编号。看展开接线图可知气体保护的动作过程如下。

轻瓦斯的动作过程：

当变压器内发生轻微的故障时，产生的气体较少并且速断缓慢，此时气体继电器的上触点 KG-1 闭合后作用于信号，其动作路径为：701→KG-1→信号。

重瓦斯的动作过程：

当变压器发生严重故障时，强烈的电弧将产生大量的气体，油箱内压力迅速升高，迫使变压器油沿着油道冲向油枕，此时气体继电器的下触点 KG-2 闭合后 KCO 动作，使变压器两侧的断路器 1QF 和 2QF 跳闸。

其动作路径为：

101→KG-2→KS（线圈）→XB→KCO（电压线圈）→102，启动 KCO；

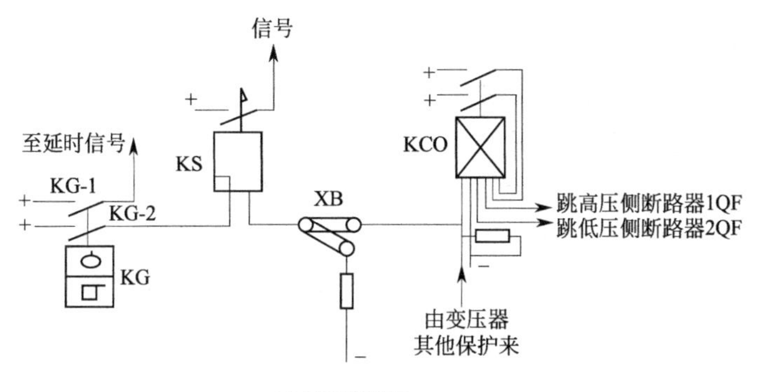

(a) 原理接线图

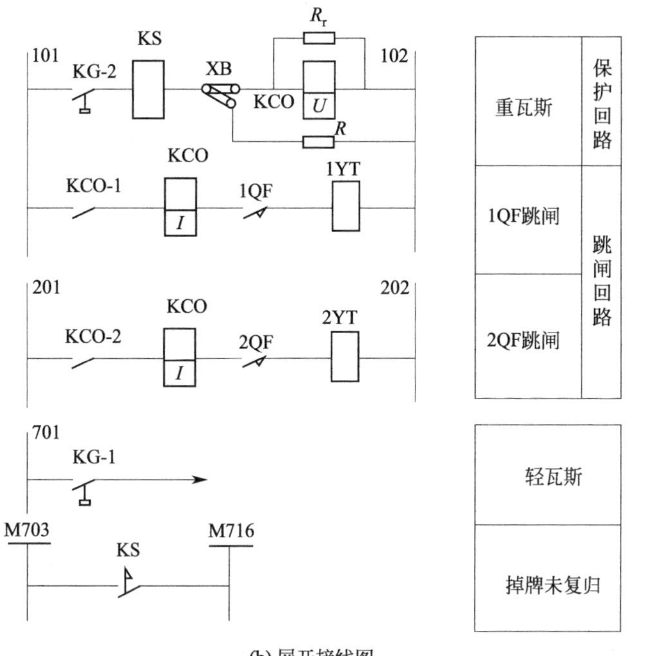

(b) 展开接线图

图 6-6 气体保护二次回路图

101 →KCO-1 →KCO（电流线圈）→1QF（辅助常开触点）→1YT→102，跳开 1QF；

201 →KCO-2→KCO（电流线圈）→2QF（辅助常开触点）→2YT→202，跳开 2QF。

图 6-6 中的出口继电器有一个电压启动线圈和两个电流保持线圈。重瓦斯触点闭合后，出口继电器的自保持则靠断路器的辅助触点 1QF 和 2QF 加以解除。

在重瓦斯保护的出口回路中设置切换片 XB 的目的是为防止运行中对气体继

电器进行试验时造成误跳闸。在试验时可将回路切换至电阻 R 上。这样重瓦斯保护只发信号而不作用于跳闸。

（2）纵差动保护的二次回路

如图 6-7 所示为纵差动保护的二次回路图，图中，1KD～3KD 为差动继电器，KS 为信号继电器，XB 为连接片，KCO 为出口继电器。

看图 6-7(a) 可知，电流互感器 1TA 和 5TA 为差动保护互感器，变压器为 Y-△接法。在交流回路中，如图 6-7(b) 所示，电流互感器 5TA 的二次侧应接成三角形，1TA 的二次侧应接成星形。

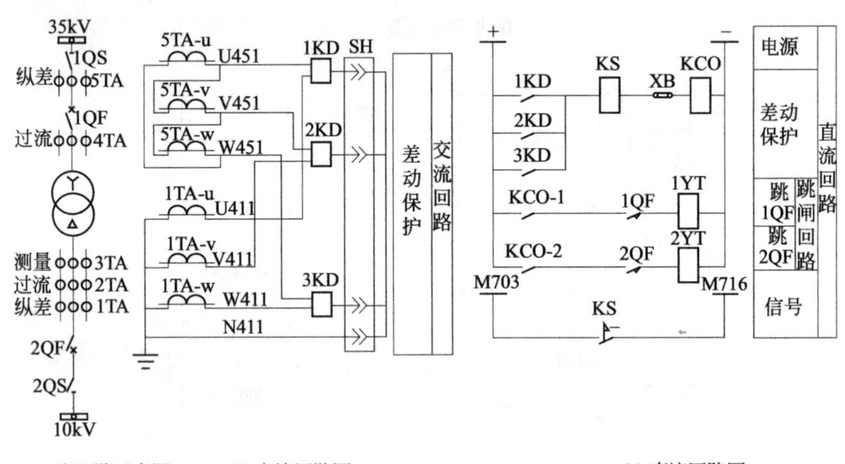

(a) 一次回路示意图　(b) 交流回路图　(c) 直流回路图

图 6-7　纵差动保护二次回路图

工作原理如下。

当变压器油箱内绕组或引出线间发生相间短路时，如果流过任何一个差动继电器的电流大于其动作值，则差动继电器动作，动作后经信号继电器 KS 线圈启动出口中间继电器 KCO。KCO 动作后，其两对常开触点 KCO-1 和 KCO-2 闭合，分别启动 1QF 和 2QF 的跳闸线圈 1YT 和 2YT，跳开变压器两侧的断路器。

动作回路：

＋→1KD（2KD、3KD）触点→KS 线圈→XB→KCO（线圈）→－，启动 KCO；

＋→KCO-1→1QF→1YT→－，跳开 1QF 断路器。

＋→KCO-2→2QF→2YT→－，跳开 2QF 断路器。

6.3.2　变压器的后备保护二次回路识图

过电流保护可反映变压器外部相间短路并作为气体保护和差动保护的后备保

护。变压器过电流保护的二次回路如图 6-8 所示。一次回路与图 6-7(a) 相同，这里介绍高压侧过电流保护。图中，1KA～3KA 为电流继电器，KT 为时间继电器，KS 为信号继电器，KCO 为出口继电器。

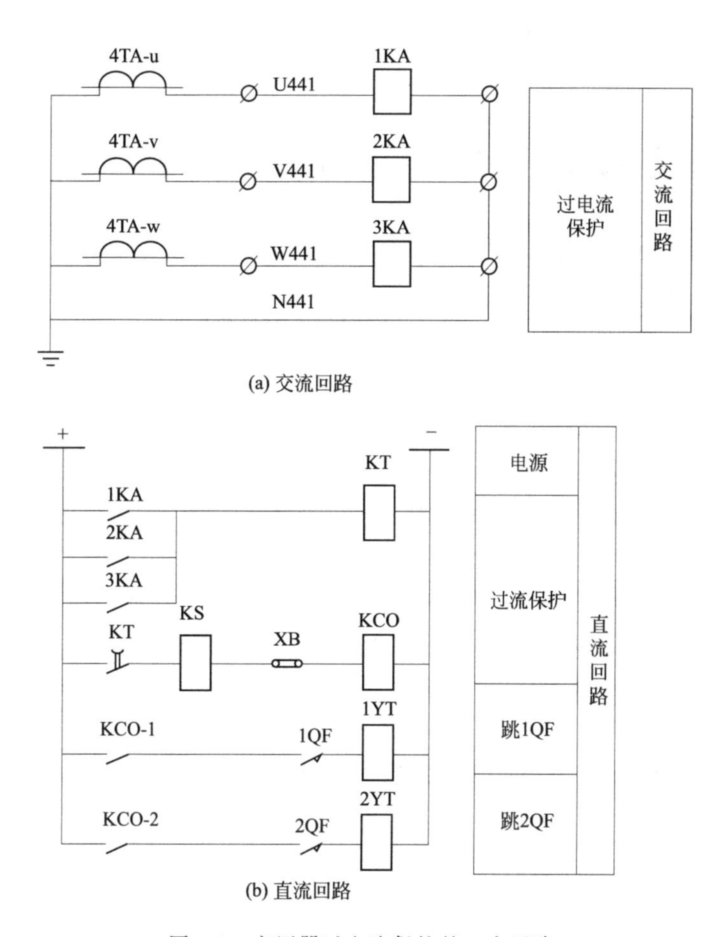

图 6-8　变压器过电流保护的二次回路

动作过程如下。

看图 6-8 可知，当流过任何一相电流继电器的电流超过其动作值时，电流继电器动作，电流继电器的常开触点闭合使时间继电器 KT 线圈通电启动，其延时闭合触点经整定时限后闭合，接通信号继电器 KS 线圈和出口中间继电器 KCO 线圈所在回路。KS 和 KCO 启动，KCO 两对常开触点闭合，分别启动 1QF 和 2QF 的跳闸线圈 1YT 和 2YT，跳开变压器两侧的断路器。

流过电流继电器线圈的电流超过其动作值后，过电流保护的动作路径为：

+→1KA（2KA、3KA）常开触点→KT（线圈）→−，启动 KT；

＋→KT（延时闭合触点）→KS（线圈）→XB→KCO→（线圈）→－，启动KCO；

＋→KCO-1→1QF→1YT（线圈）→－，跳开1QF断路器；

＋→KCO-2→2QF→2YT（线圈）→－，跳开2QF断路器。

6.4 母线差动及失灵保护的二次回路识图

母线为电能供应的枢纽，母线发生故障时，将使连接在母线上的所有元件被迫切除，电气设备严重损坏，由于母线故障产生的后果十分严重，所以应装设相应的保护装置。

下列情况下应装设专门的母线保护。

① 在110kV的双母线和220kV及以上的母线上，为保证快速地选择性地切除任一组（或段）母线上发生的故障，而另外一组（或段）无故障的母线仍能继续运行，应装设专门的母线保护。对于一个半断路器接线的每组母线应装设两套母线保护。

② 110kV及以上的单母线，重要发电厂的35kV母线或高压侧为110kV及以上的重要降压变电站的35kV母线，按照系统的要求必须快速切除母线上的故障，应装设专门的母线保护。

6.4.1 单母线完全差动电流保护的二次回路识图

在母线上的连接元件虽然很多，但实现差动保护的原理却是一样的。就是在正常运行和母线外部故障时，在母线上所有连接元件中，流入母线的电流与流出的电流相等，即$\sum \dot{I}=0$；当母线上发生故障时，所有与电源连接的元件都向故障点供给短路电流，而所有供电给负荷的连接元件中电流均等于零，因此$\sum \dot{I}=\dot{I}_K$（短路点的总电流）。

母线完全差动保护的特点是把母线上所有连接元件全部包括进保护回路中来。因此，在与母线连接的每个元件上都装有变比相同的电流互感器，并按环流法的原理将它们连接起来。

如图6-9所示为单母线完全差动保护的原理接线图。图中将电流互感器二次侧的对应端子互相连接（即分别将靠近母线侧的端子和远离母线侧的端子连接在一起），然后在两组连好的端子上再并联接入差动继电器1KD的线圈。这样，流进差动继电器的电流，就等于各连接支路二次电流的相量和。

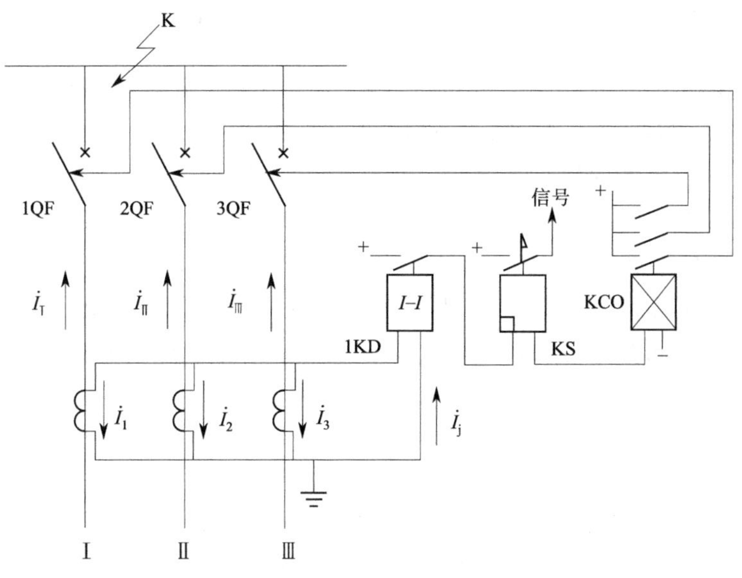

图 6-9 单母线完全差动保护原理接线图

正常运行及外部短路时，流入差动继电器的电流 $\dot{I}_j$ 为

$$\dot{I}_j=\dot{I}_1+\dot{I}_2+\dot{I}_3=\frac{1}{n}(\dot{I}_{\mathrm{I}}+\dot{I}_{\mathrm{II}}+\dot{I}_{\mathrm{III}})=0$$

式中 $\dot{I}_{\mathrm{I}}$，$\dot{I}_{\mathrm{II}}$，$\dot{I}_{\mathrm{III}}$——连接元件的一次电流；

$\dot{I}_1$，$\dot{I}_2$，$\dot{I}_3$——连接元件的二次电流。

由于电流互感器的特性不完全一致，此时流入差动继电器 1KD 中的电流并不为零，而是流过一个不平衡电流 $\dot{I}_{bp}$ 其值小于继电器的动作电流，故保护不动作。

当在母线上的 K 点发生短路时，所有与电源连接的元件都向 K 点供给短路电流，而不与电源连接的负荷支路中的电流为零。如图 6-9 中Ⅰ和Ⅱ为电源支路，Ⅲ为负荷支路，则当 K 点短路时，由于 $\dot{I}_{\mathrm{III}}$ 和 $\dot{I}_3$ 为零，故流进差动继电器 1KD 的电流为

$$\dot{I}_j=\dot{I}_1+\dot{I}_2=\frac{1}{n_l}(\dot{I}_{\mathrm{I}}+\dot{I}_{\mathrm{II}})=\frac{1}{n_l}\dot{I}_K$$

式中，$\dot{I}_K$ 为短路点的总电流。此时 $\dot{I}_j$ 的数值很大，差动继电器 1KD 将动作，并通过出口继电器 KCO 将母线的所有元件断开。

保护的动作路径：

+→1KD 常开触点→KS（线圈）→KCO（线圈）→－，启动 KCO；

KCO 常开触点闭合，接通 1QF～3QF 断路器跳闸回路，跳开 1QF～3QF 断路器。

6.4.2 元件固定连接的双母线差动保护的二次回路识图

对于双母线，经常是以一组母线运行的方式工作，在母线上发生故障后，将造成全部停电，需要把所连接的元件倒换至另一组母线上才能恢复供电，这是一个很大的缺点。因此，对于发电厂和重要变电所的高压母线，大多采用双母线同时运行（即母线联络断路器经常投入），每组母线上连接约1/2的供电和受电元件。这样当任一组母线上出现故障时，只需切除故障母线，而另一组母线上的连接元件可继续运行，所以大大提高了供电的可靠性。对于这种同时运行的双母线，要求母线保护能判断母线故障，并具有选择故障母线的能力。

元件固定连接的双母线电流差动保护单相原理接线图如图6-10所示。它主要由三部分组成：第一部分用于选择母线Ⅰ的故障；第二部分用于选择母线Ⅱ的故障；第三部分实际上是将母线Ⅰ、Ⅱ都包括在内的完全差动保护，它包括电流互感器TA1～TA6和差动继电器KD3作为整个保护的启动元件。

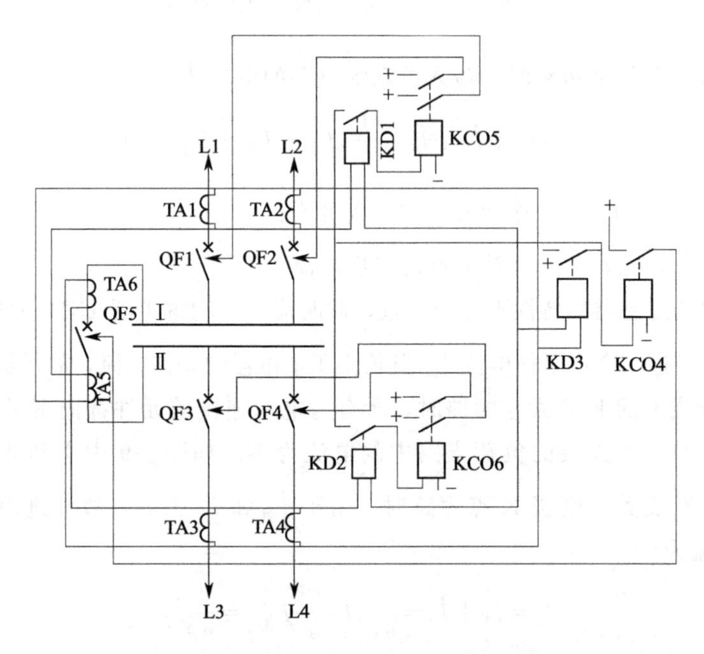

图6-10 元件固定连接的双母线电流差动保护单相原理接线图

第一组差动继电器KD1接入的是Ⅰ段母线上所有连接元件电流之和，并动作于切除Ⅰ段母线上的连接元件。第二组差动继电器KD2接入的是Ⅱ段母线上所有连接元件电流之和，并动作于切除Ⅱ段母线上连接的元件，启动元件KD3接的是两组选择元件KD1、KD2的电流相量之和，用来保护整个母线和直接动作于切除母线断路器。

保护的动作情况分析如下。

(1) 正常运行或外部发生故障时

正常情况下，Ⅰ段母线和Ⅱ段母线差动回路，由于连接元件的流入电流和流出电流平衡，故流入差动继电器 KD1、KD2、KD3 的电流为零，差动保护不动作。

若线路 L2 上的 k 点发生短路，如图 6-11 所示。线路 L1 的短路电流$\dot{I}_{k1}$经Ⅰ段母线和 L2 流入短路点 k；线路 L3、L4 的短路电流$\dot{I}_{k3}$、$\dot{I}_{k4}$流入Ⅱ段母线，再经母联断路器 QF5 流入Ⅰ段母线后进入 L2 上的故障点 k。也就是说非故障线路的三个电流是通过 L2 进入故障点。此时Ⅰ段母线电流差动回路的输出电流为零，差动继电器 KD1、KD3 不动作。同样，Ⅱ段母线电流差动回路输出电流也为零，差动继电器 KD2、KD3 不动作。

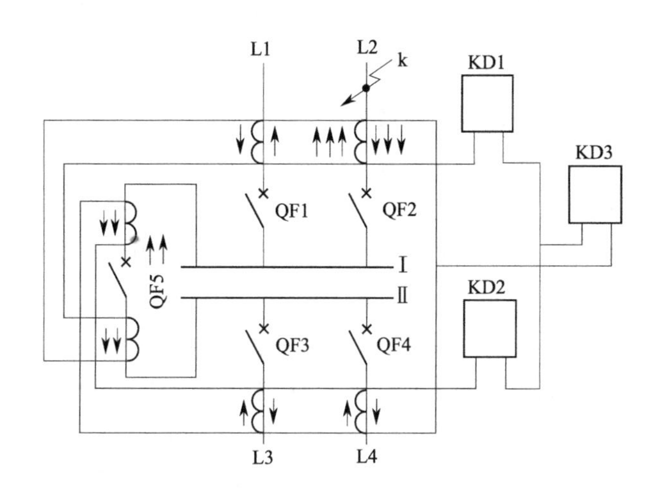

图 6-11　元件固定连接的母线差动保护在区外故障时的电流分布

(2) 母线故障时的情况

如图 6-12 所示为Ⅱ段母线故障时电流分布图。当Ⅰ段母线发生故障时，选择元件 KD1 和启动元件 KD3 中流过全部的故障时流，而故障电流未流经选择元件 KD2。所以，启动元件 KD3 和选择元件 KD1 都启动，KD2 则不动作。

从图 6-10 可知，启动元件 KD3 动作后，接通了 KD1、KD2 触点的直流“+”极，并启动了继电器 KCO4，而 KCO4 的触点闭合后，去跳开母联断路器 QF5。又由于选择元件 KD1 动作，其触点闭合，启动 KCO5，KCO5 的两对触点闭合。其第 1 对触点闭合后去跳开线路 L2 的断路器 QF2；第 2 对触点闭合后

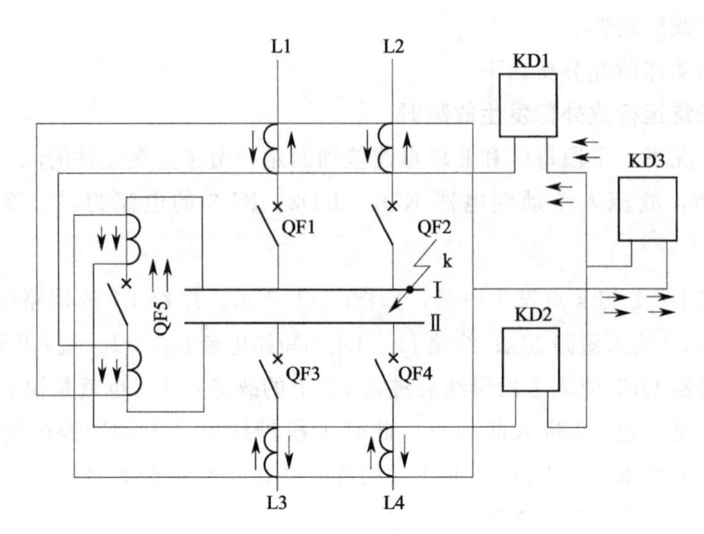

图 6-12　元件固定连接的母线差动保护在区内故障时的电流分布

去跳开线路 L1 的断路器 QF1。至此，已将Ⅰ段母线所连接的断路器均跳开，切除了故障母线，而非故障母线Ⅱ照常供电。

(3) 固定连接方式破坏后的情况

母线固定连接方式的优点是，任一母线故障时，能有选择地、迅速地切除故障母线，没有故障的母线继续照常运行，从而提高了电力系统运行的可靠性。例如，将线路 L2 从Ⅰ组母线切换至Ⅱ组母线时，如图 6-13 所示。由于差动保护的二次回路不跟着切换，从而失去构成差动保护的基本原则，按固定连接工作的两母线差动保护的选择元件，都不能反映该两组母线上实有设备的电流值。线路 L2 上外部故障时（k 点），差动电流继电器 KD1 和 KD2 都将流过较大的差电流而误动作。而 KD3 仅流过不平衡电流，不会动作。由于 KD1 和 KD2 触点的正电源受 KD3 触点所控制，而这时 KD3 若不动作，就保证了保护不会误跳闸。由此可见，启动元件 KD3，当固定连接破坏时，能够防止外部故障时差动保护误动作。

当固定连接方式破坏后，仍采用双母线同时运行时，若母线上发生故障，则会将母线上所连接的断路器全部跳掉。如图 6-14 所示。当Ⅰ段母线 k 点发生故障时，KD1、KD2、KD3 均有短路电流流过，并能动作起来，无选择性地将Ⅰ段和Ⅱ段母线上连接的断路器全部切除。

若固定连接方式受到破坏后，仍采用双母线运行，而保护区外部又发生故障时，选择元件 KD1 和 KD2 将流过全部故障电流，但启动元件 KD3 则未流过故障电流，所以不会造成整套保护装置的误动作。

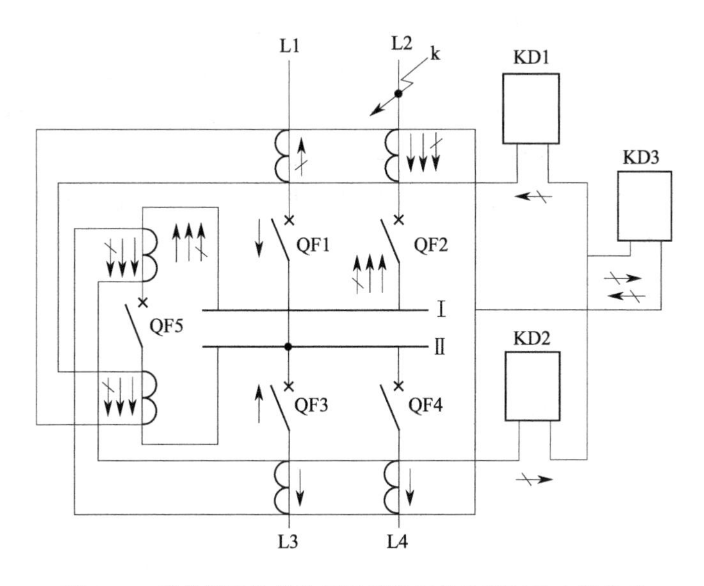

图 6-13　元件固定连接破坏后母线区外故障时的电流分布

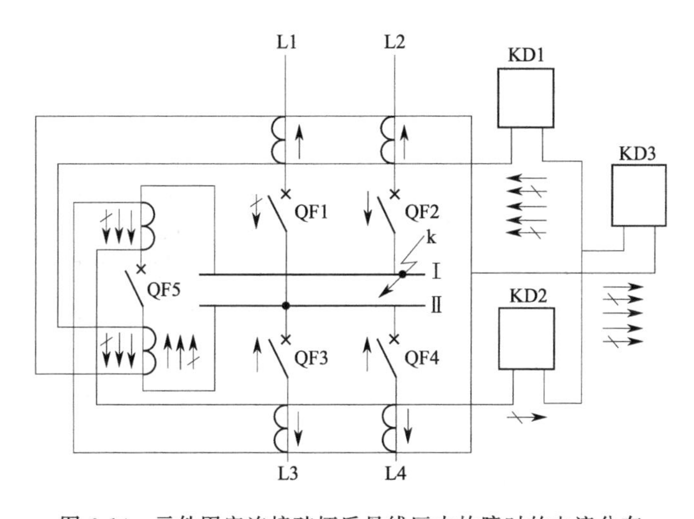

图 6-14　元件固定连接破坏后母线区内故障时的电流分布

6.4.3　母联相位差动保护的二次回路识图

母联相位差动保护解决了固定连接方式破坏时固定连接的双母线差动保护动作无选择性的问题，它不受元件连接方式的影响。保护的原理接线如图 6-15 所示。保护的主要部分由启动元件和选择元件组成。启动元件是一个接在差动回路的差动继电器 KD，它在母线保护范围内部故障时动作，而在母线保护范围外部故障时不动作。用它可以防止外部故障时保护误动作。选择元件 KPC 是一个电流相位比较继电器，它的两组线圈⑨-⑯和⑫-⑬分别接入差电流和母线联络断路器的电流。它比较两电流的相位而动作。实际上它是一个最大灵敏角为 0°和 180°的双方向继电器。不同的母线故障时，反映母线联络断路器上电流的相位随故障母线的不同而变化 180°，因此，比较母线联络断路器电流和差动回路电流相位，可以选择出母线故障。

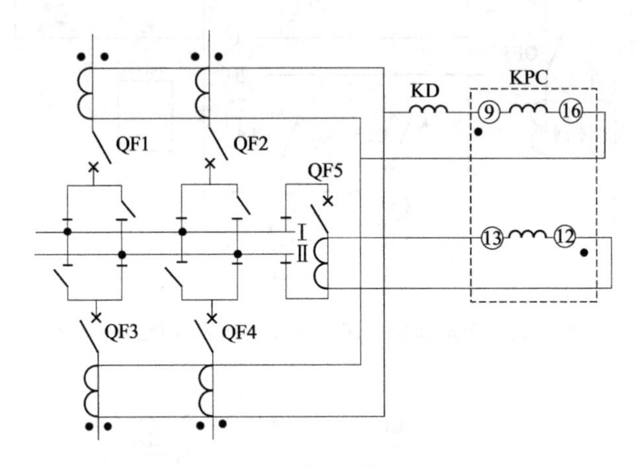

(a) 交流电流回路

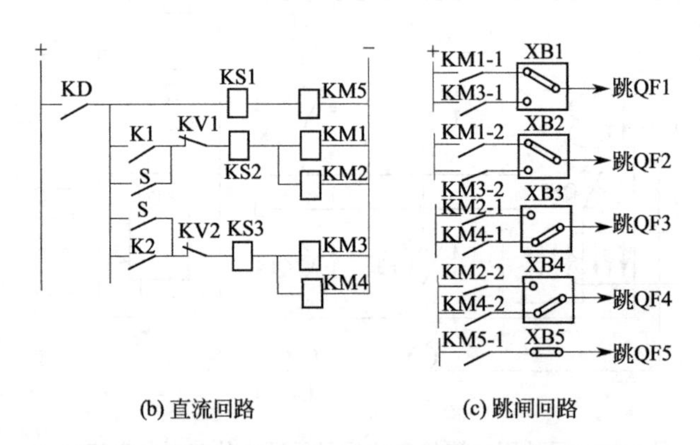

(b) 直流回路　　(c) 跳闸回路

图 6-15　母联电流比相式母线差动保护原理接线图

保护的动作情况分析如下。

(1) 正常运行和母线保护区外部故障时的电流分布

如图 6-16 所示为正常运行和母线保护区外部故障时的电流分布。此时差动电流回路仅流过很小的不平衡电流，故启动元件不会动作，整套母线保护不动作。

(2) Ⅰ母线故障时的电流分布

如图 6-17 所示为Ⅰ母线故障时的电流分布。此时差动回路流过全部故障

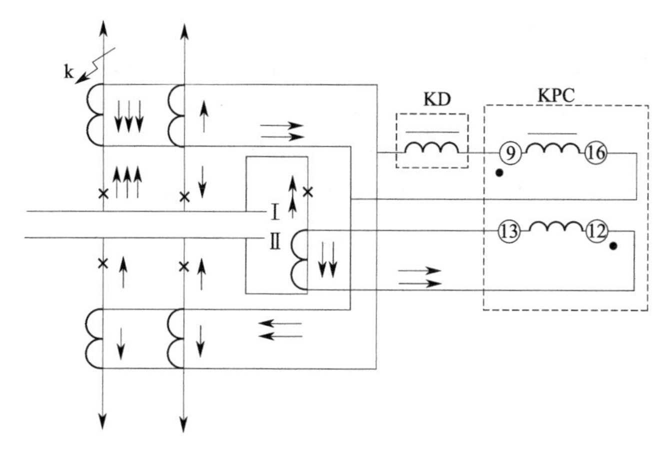

图 6-16 正常运行和母线保护区外部故障时的电流分布

电流，故启动元件 KD 动作。它一方面经信号 KS1 启动母线联络断路器的跳闸继电器 KM5；另一方面为启动跳闸继电器 KM1～KM4 准备好正电源。同时，母联回路流过Ⅱ母线连接元件供给的故障电流。这时差动回路和母联回路的故障电流分别从选择元件 KPC 的极性端子⑨和⑫流入。两个进行比较的电流的相位差接近于 0°，故相位比较继电器 KPC 处于 0°动作区的最灵敏状态，其执行元件 K1 动作，K1 的触点经电压闭锁继电器的触点 KV1 和信号继电器 KS2 去启动Ⅰ母线连接元件的跳闸继电器 KM1 和 KM2，使Ⅰ母线上所有连接元件跳闸。

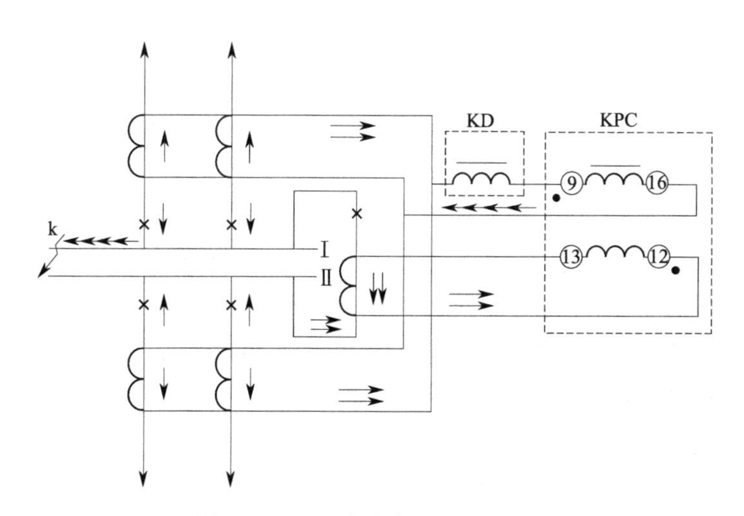

图 6-17 Ⅰ母线故障时的电流分布

(3) Ⅱ母线故障时的电流分布

如图 6-18 所示为Ⅱ母线故障时的电流分布。此时差动回路亦流过全部故障电流，故启动元件动作。同时，母联回路流过Ⅰ母线连接元件供给的故障电流。差动回路的故障电流仍从选择元件 KPC 的极性端子⑨流入，但母联回路的故障电流却从选择元件 KPC 的非极性端子⑬流入，两比较电流的相位差接近于 180°，故相位比较继电器 KPC 处于 180°动作区的最灵敏状态，其执行元件 K2 动作。K2 触点经电压闭锁继电器的触点 KV2 和信号继电器 KS3 去启动Ⅱ母线上连接元件的跳闸继电器 KM3 和 KM4，使Ⅱ母线所有连接元件跳闸。

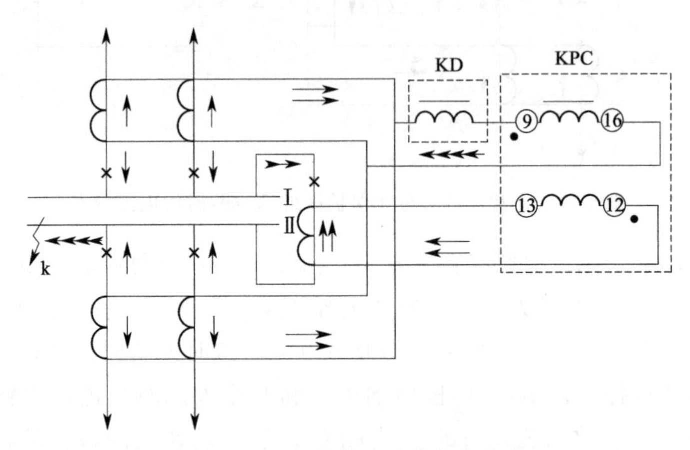

图 6-18　Ⅱ母线故障时的电流分布

由前面分析可知，对母线联络断路器上电流与差动回路电流进行相位比较，可以选择出故障母线。基于这种原理，当母线故障时，不管母线上的元件如何连接，只要母线联络断路器中有足够大的电流流过，选择元件就能正确动作。因此，对母线上的元件不必提出固定连接的要求。母线上连接元件进行倒闸操作时，只需将图 6-15(c) 中的连接片切换至相应母线的跳闸继电器触点回路即可。例如，当断路器 QF1 由Ⅰ母线切换至Ⅱ母线时，只需将连接片 XB1 从 KM1-1 触点侧切换至 KM3-1 触点侧即可。

本保护的动作原理是基于母联电流与差电流相位的比较，因此正常运行时，母线联络断路器必须投入运行。当母线联络断路器因故断开或单母线运行时，为了使整套母线保护仍能动作，可以将图 6-15(b) 中的刀开关 S 投入，以短接选择元件 K1 和 K2 的触点，解除 K1 和 K2 的作用。在这种情况下，可利用电压闭锁元件作为选择元件，以选出发生故障的母线。低电压闭锁元件为两组低电压继电器［图 6-15(b) 中的 KV1 和 KV2 分别为它们的触点］，其线圈分别接到两组母线的电压互感器的二次侧线电压上，以反映相应母线上的故障，当母联断开运行时，如某一组母线上发生故障，该组母线电压就会降低，而没有故障的另一组母线的电压则较高，因此利用低电压继电器可以选出故障母线。

6.4.4 失灵保护的二次回路识图

断路器失灵保护是指当故障线路的继电保护动作发出跳闸信号后，断路器拒绝动作时，能够以较短的时限切除同一发电厂或变电站内其他有关的断路器，将停电范围限制到最小的一种后备保护。

(1) 装设失灵保护的条件

① 线路保护采用近后备方式并当线路发生故障后，断路器可能发生拒动时，应装设断路器失灵保护，因为此时只有依靠断路器失灵保护才能将故障切除。

② 线路保护采用远后备方式并当线路发生故障后，断路器确有可能发生拒动，如由其他线路或变压器的后备保护来切除故障将扩大停电范围，并引起严重后果时，应装设断路器失灵保护。因为它能只切除与故障线路位于同一组（或同一段）母线上的有关断路器，将停电范围限制到最小。

③ 如断路器与电流互感器之间发生故障，不能由该回路主保护切除，而由其他断路器和变压器后备保护切除又将扩大停电范围并引起严重后果时，应装设断路器失灵保护。

④ 相邻元件保护的远后备保护灵敏度不够时应装设断路器失灵保护。

⑤ 对分相操作的断路器，允许只按单相接地故障来校验其灵敏度时，应装设断路器失灵保护。

⑥ 根据变电站的重要性和装设断路器失灵保护作用的大小来决定装设断路器失灵保护。

(2) 对断路器失灵保护的要求

① 失灵保护的误动和母线保护误动一样，影响范围广，必须有较高的可靠性，即不发生误动作。

② 失灵保护首先动作于母联断路器和分段断路器，此后相邻元件保护已能以相继动作切除故障时，失灵保护仅动作于母联断路器和分段断路器。

③ 在保证不误动的前提下，应以较短延时、有选择性地切除有关断路器。

④ 失灵保护的故障鉴别元件和跳闸闭锁元件，应对断路器所在线路或设备末端故障有足够的灵敏度。

(3) 工作原理

如图 6-19 所示为断路器失灵保护原理接线图。图中，1KM、2KM 为母线Ⅰ段上出线保护的出口中间继电器。时间继电器 KT 和中间继电器 3KM 构成Ⅰ段母线的断路器失灵保护。当 k 点短路时，相应的保护出口继电器 1KM 动作，其常开触点闭合后，一方面接通 1QF 的跳闸回路；另一方面启动断路器失灵保护的时间继电器 KT。正常情况下，1QF 跳闸，1KM 及 KT 随即返回。当 1QF 由于操作机构失灵或其他原因拒绝跳闸时，则经KT的整定时限后，其延时触点闭合启动中间继电器3KM，使Ⅰ段母线上相邻的全部断路器跳闸，从而切除了k点的故障，起到断路器1QF拒动时后备保护的作用。在故障元件的断路器跳闸之前，如果故障已经消除，则断路器失灵保护不应动作。因此失灵保护的动作时限，应大于断路器正常跳闸时间与其原保护返回时间之和。

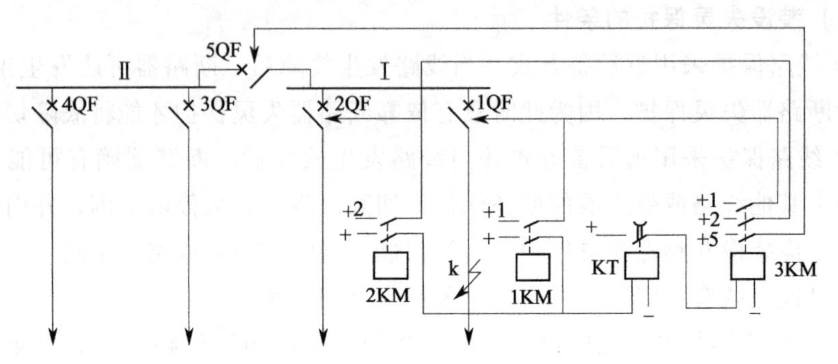

图6-19 断路器失灵保护原理接线图

6.5 发电机保护的二次回路识图

发电机是电力系统中重要的设备。它的安全运行，对电力系统工作的稳定性和对用户供电的可靠性，起着决定性的影响。发电机在运行过程中要承受短路电流和过电压的冲击，同时发电机本身又是一个旋转的机械设备，它的运行过程中还要承受原动机械力矩的作用和轴承摩擦力的作用。因此，发电机在运行过程中出现故障及不正常运行情况就不可避免。

6.5.1 发电机的故障、异常运行状态及应装设的保护

(1) 发电机的故障类型

① 定子绕组相间短路；

② 定子绕组单相匝间短路；

③ 定子绕组单相接地；

④ 转子绕组一点接地或两点接地；

⑤ 转子励磁回路励磁电流异常下降或完全消失。

(2) 发电机的不正常运行状态

① 外部短路引起的定子绕组过电流；

② 负荷超过发电机额定容量而引起的三相对称过负荷；

③ 外部不对称短路或不对称负荷（如单相负荷、非全相运行等）而引起的发电机负序过电流和过负荷；

④ 突然甩负荷而引起的定子绕组过电压；

⑤ 励磁回路故障或强励时间过长而引起的转子绕组过负荷；

⑥ 汽轮机主汽门突然关闭而引起的发电机逆功率运行等。

(3) 发电机应装设的保护

① 纵联差动保护。容量在1000kW以上的发电机，应装设纵联差动保护，作为发电机定子绕组及其引出线相间短路的主保护。

② 接地保护。对直接连于母线的发电机定子绕组单相接地故障，当发电机电压网络的接地电容电流大于或等于5A时（不考虑消弧线圈的补偿作用），应装设动作于跳闸的零序电流保护；当接地电容电流小于5A时，则装设作用于信号的接地保护。

对于发电机变压器组，一般在发电机电压侧装设作用于信号的接地保护；当发电机电压侧接地电容电流大于5A时，应装设消弧线圈。

容量在100MW及以上的发电机，应装设保护区为100%的定子接地保护。

③ 过负荷保护。由于过负荷引起发电机定子绕组过电流时，过负荷保护延时动作于信号。

④ 过电压保护。由于水轮机发电机突然甩负荷或励磁调节装置误强励时，会引起发电机定子绕组过电压，过电压保护带延时动作于跳闸和灭磁。

⑤ 过电流保护。作为发电机外部短路及纵联差动保护的后备保护，保护动作于跳闸和灭磁。过电流保护也可以分为单纯的过电流保护、低电压启动的过电流保护、复合电压启动的过电流保护、负序过电流保护等。

⑥ 励磁回路一点接地保护。励磁回路产生一点接地时，保护作用于信号。

⑦ 失磁保护。发电机励磁消失时，失磁保护作用于跳闸。

⑧ 横差动保护。对于定子绕组为双星形接法的大型机组，作为绕组匝间短路的保护作用于跳闸。

6.5.2 发电机保护二次回路识图

(1) 差动保护的二次回路

发电机纵差动保护与输电线路差动保护的基本原理相同，根据比较被保护发电机两端电流的相位和大小而工作。为了构成纵差动保护，发电机的中性点侧每相应有引出线，并且在该侧以及发电机出线侧均装设型号和变比完全相同的两组电流互感器，电流互感器二次回路按环流法接线，发电机纵差动保护的构成原理接线如图 6-20 所示。略去不平衡电流，则在发电机正常运行及外部短路时，由于电流互感器的二次电流仅在其二次绕组回路内环流，接于差动回路的继电器线圈内并无电流流过；而内部短路时，差动继电器内将通过很大的短路电流（二次值），使继电器动作。由于差动保护不反映外部短路，所以它不必与相邻元件保护作时限上的配合，可以实现在全部保护范围内的瞬时动作；但它也因此而不能同时作为下一元件的后备保护。纵差动保护的保护区，则包括两组电流互感器之间的全部一次电路，即发电机定子绕组及发电机的引出线等。

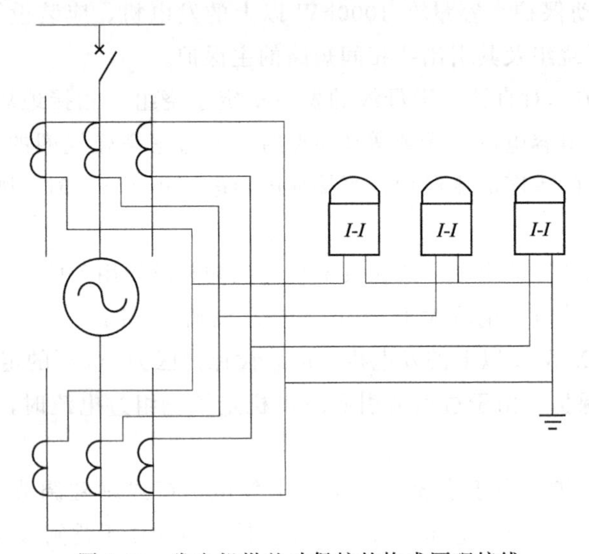

图 6-20　发电机纵差动保护的构成原理接线

发电机纵差动保护的二次回路如图 6-21 所示。图中，1KD、2KD、3KD 为差动继电器，KJS 为二次回路断线监视继电器，接在中性线上，KS 为信号继电器，KCO 为出口中间继电器，SH 为试验盒，XB 为连接片，R_f 为附加电阻。

动作过程如下。

当发电机或引出线上发生各种类型的相间短路时，交流回路中差动继电器的线圈就有短路电流（二次值）流过，当此电流超过差动继电器的动作值时，差动继电器动作。差动继电器在直流回路的常开触点闭合，如果连接片 XB 也在连接位置，则出口继电器 KCO 启动，跳开发电机的出口断路器 QF 及灭磁开关；同时信号继电器 KS 动作，一方面发出差动保护动作的掉牌信号；另一方面其接点闭合，将信号小母线的电源＋700 与 M716 接通，使“掉牌未复归”的光字牌亮。

动作路径为：

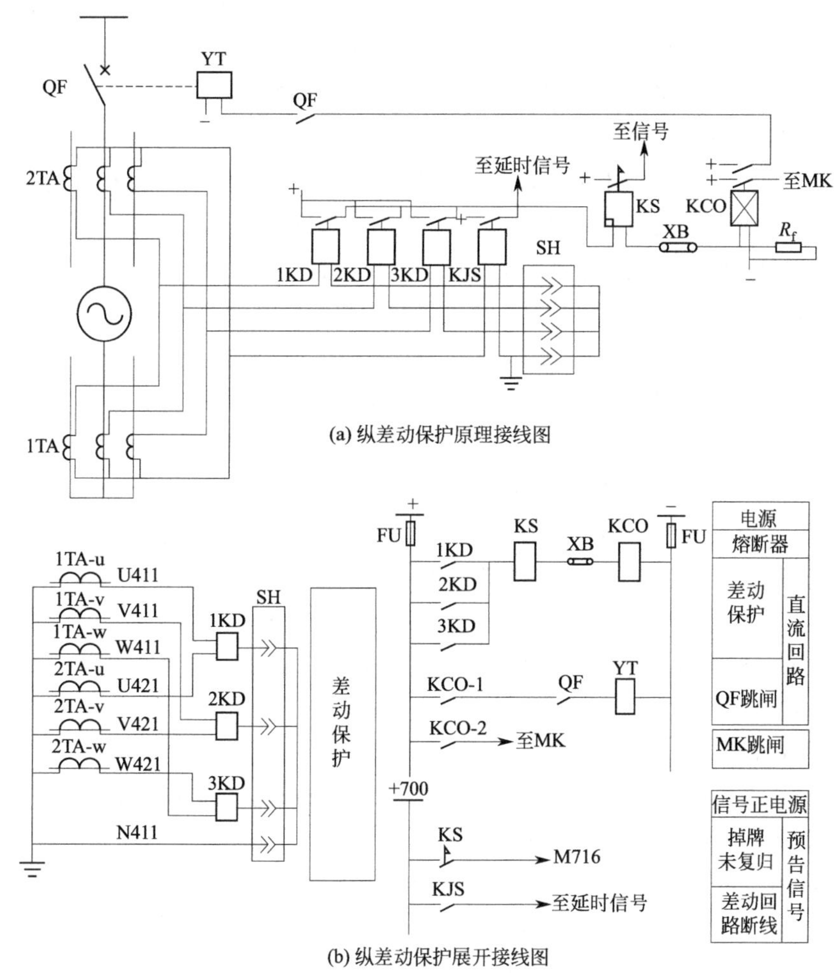

(a) 纵差动保护原理接线图

(b) 纵差动保护展开接线图

图 6-21　发电机纵差动保护二次回路图

+→1KD（2KD、3KD）触点→KS（线圈）→XB→KCO（线圈）→－，启动 KCO 和 KS；

+→KCO-1→QF（辅助常开触点）→YT→－，启动跳闸线圈 YT，使断路器 QF 跳闸；

+→KCO-2→灭磁开关（MK），跳灭磁开关。

在发电机中性点一侧的电流互感器二次回路，由于受到发电机运转时经常振动的影响，其接线端子很容易松动而造成二次回路的断线，因此需要进行监视。KJS 就是起监视作用的继电器。正常情况下，KJS 的线圈中只流过不大的不平衡电流，所以不动作；二次回路断线时，则 KJS 中将通过发电机的负荷电流（二次值）。于是，KJS 动作并发出相应的信号，使运行人员得以及时发现和处理。继电器 KJS 的动作电流应大于正常运行时差动保护中性线上的最大不平衡电流。为了防止外部短路时在不平衡电流的影响下误发信号，断线监视装置的动作应带一定的延时，动作时限通常按大于发电机后备保护的时限来整定。

为了在运行中便于测量差动回路的电流，在保护回路中还装有试验盒 SH。附加电阻 R_f 的作用是用来提高信号继电器的灵敏度。

(2) 发电机低电压启动的过电流保护二次回路

过电流保护主要用作发电机外部故障及内部短路时的后备保护。采用低电压启动的目的是为了提高过电流保护的灵敏度。

如图 6-22 所示为低电压启动的过电流保护的二次回路图。1KA～4KA 为电流继电器，其中 1KA 用作过负荷保护，2KA～4KA 用作过电流保护，采用三相星形接线，接于中性点侧的电流互感器 TA 上；1KV、2KV、3KV 为低电压继电器，接在机端电压互感器 TV 二次侧的相间电压上。这样即便在发电机并入系统前发生故障时，保护装置也能动作；KCB 为闭锁中间继电器，低电压继电器的作用是通过闭锁继电器来实现的；1KS～3KS 为信号继电器；1KT～3KT 为时间继电器；1XB～3XB 为连接片；KC 为中间继电器；KCO 为出口继电器。

动作过程如下。

当交流电流回路中的电流继电器线圈流过的电流超过其动作值时，电流继电器动作，其在直流回路中的常开触点闭合，如果此时交流电压回路中的低电压继电器线圈两端的电压小于其动作值，则低电压继电器也动作，其在直流回路中的常闭触点闭合，启动闭锁继电器 KCB，KCB 动作后，其常开触点 KCB 闭合，启动时间继电器 2KT 和 3KT；3KT 的延时闭合触点经整定时限后闭合，启动中间继电器 KC；KC 的常开触点 KC-1 和 KC-2 闭合分别去跳母联断路器和主变压器断路器；2KT 的延时闭合触点经整定时限后闭合，如果此时 1XB 也在连接位置，则出口继电器 KCO 启动，KCO 常开触点 KCO-1 闭合去跳发电机出口断路器 QF，KCO 常开触点 KCO-2 闭合去跳灭磁开关。

动作路径如下。

① 低电压启动的过电流保护

+→1KV（2KV、3KV）触点→KCB（线圈）→−，启动 KCB；

+→2KA（3KA、4KA）触点→KCB（常开触点）→ $\begin{bmatrix} \text{2KT} \\ \text{3KT} \end{bmatrix}$ （线圈）→−，启动 2KT 和 3KT；

+→3KT（延时闭合触点）→KC（线圈）→−；

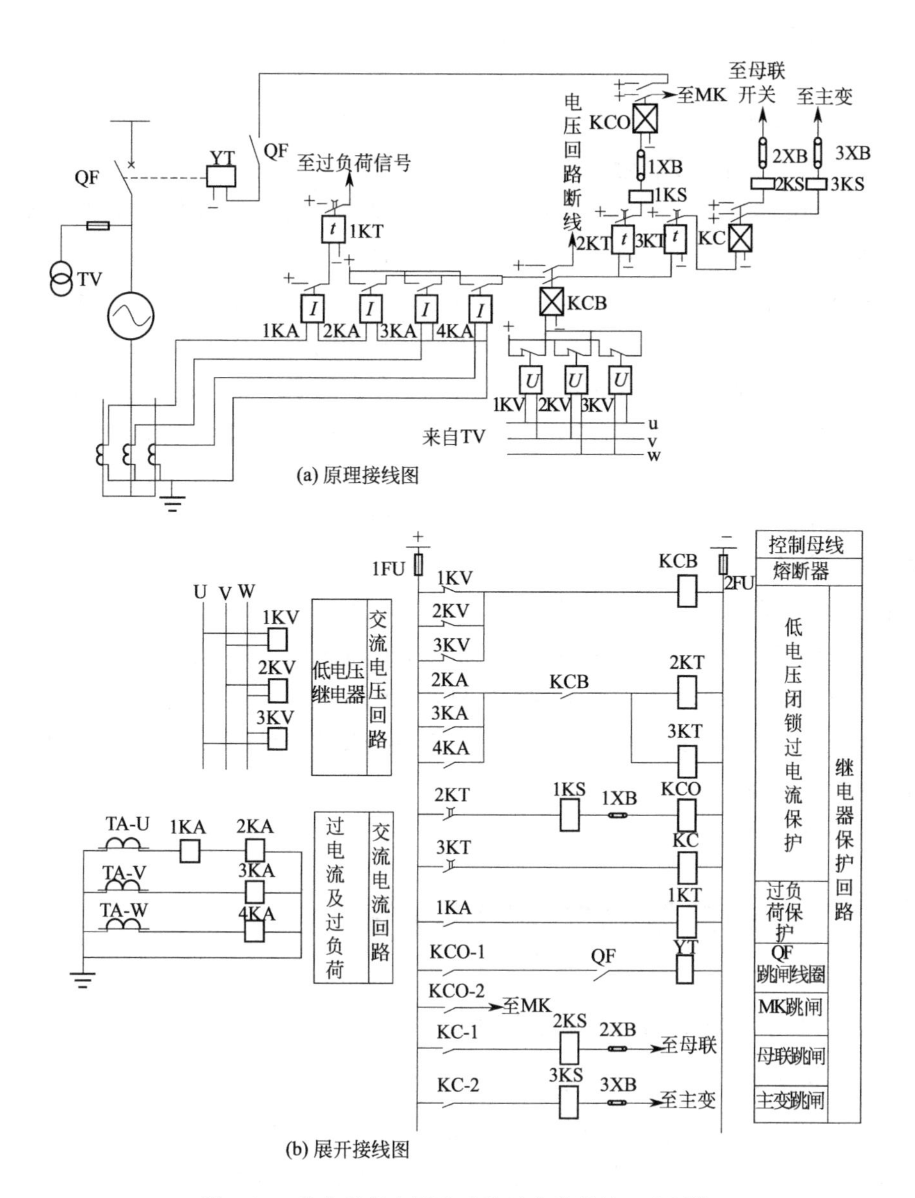

图 6-22　发电机低电压启动的过电流保护二次回路

+→KC-1→2KS（线圈）→2XB→跳母联断路器；

+→KC-2→3KS（线圈）→3XB→跳主变压器；

+→2KT（延时闭合触点）→1KS（线圈）→1XB→KCO（线圈）→－，启动 KCO；

+→KCO-1→QF（辅助常开触点）→YT→－，启动跳闸线圈 YT，使断路器 QF 跳闸；

+→KCO-2→灭磁开关（MK）跳灭磁开关。

② 过负荷保护

+→1KA 触点→1KT（线圈）→−，启动 1KT；

+→1KT（延时闭合触点）→发过负荷信号。

从上面的分析可以看出，在发生故障时，低电压继电器动作使 KCB 的常开触点闭合的情况下，才容许过电流保护动作于跳闸。当发电机过负荷时，虽然电流继电器也可能动作，但因低电压继电器不动作，保护被闭锁。所以采用了低电压启动后，保护的动作电流可以不必躲开最大负荷电流，而只需按发电机的额定电流来整定，从而提高了保护的灵敏度。当电压回路断线而造成低电压继电器动作时，中间继电器 KCB 动作并发出断线信号，使运行人员能够及时发现并加以处理，以防止过负荷时保护的误动作。

保护中的 2KT 和 3KT 两个时间继电器，3KT 的动作时限要小于 2KT 的动作时限，当保护动作时，能以较小的时限作用于主变压器断路器、母线分段断路器或联络断路器，而以较大的时限作用于发电机断路器和灭磁开关。当相邻的母线段或主变压器发生故障而相应的保护拒动时，保护装置就先将主变压器、分段断路器或母联断路器断开，从而使发电机及其所接母线与故障元件分开。随着故障的切除，保护装置即返回，从而保证了发电机及其母线得以继续工作，从而提高了供电的可靠性。

6.6 自动装置的二次回路识图

6.6.1 自动重合闸的二次回路识图

(1) 自动重合闸的基本知识

在电力系统发生的故障中有很多都属于暂时的，例如，由雷电引起的绝缘子表面闪络，大风引起的碰线等，在线路被继电保护迅速断开以后，电弧即行熄灭，故障点的绝缘强度重新恢复，外界物体也被电弧烧掉而消失。此时，如果把断开的线路断路器再合上，就能够恢复正常的供电，因而可以减小用户停电的时间，提高供电的可靠性。重新合上断路器的工作也可由运行人员手动操作进行，但手动操作时，停电时间太长，用户电动机多数可能停转，这样重新合闸取得的效果并不显著，对于高压和超高压线路而言，系统还可能失去稳定。为此，在电力系统中，往往采用自动重合闸装置来代替运行人员的手动合闸。自动重合闸就是把因故障而跳开的断路器自动投入的一种装置，称为自动重合闸，简称 ARD

(旧 ZCH)。自动重合闸在输、配电线路中，尤其是高压输电线路上，已得到极其广泛的应用。

① 自动重合闸的基本要求　根据生产的需要和运行经验，对线路的自动重合闸装置，提出了如下基本要求。

a. 动作迅速。自动重合闸动作的时间，一般采用0.5～1.5s。

b. 不允许任意多次重合。自动重合闸动作次数应符合预先的规定。因为发生永久性故障时，自动重合闸多次重合，将使系统多次遭受冲击，还可能会使断路器损坏，从而扩大事故。

c. 动作后应能自动复归。当自动重合闸成功动作一次后，应能自动复归，准备好再次动作。

d. 手动跳闸时不应重合。当运行人员手动操作或遥控操作使断路器断开时，自动重合闸装置不应自动重合。

e. 手动合闸于故障线路时自动重合闸不重合。因为在手动合闸前，线路上还没有电压，若合闸后就已存在故障，则故障多属永久性故障。

f. 用不对应原则启动。一般自动重合闸可用控制开关位置和断路器位置不对应启动，对综合重合闸宜用不对应原则和保护同时启动。

② 自动重合闸的类型　一般认为自动重合闸有以下三种类型。

a. 三相重合闸。指不论在输、配线上发生单相短路还是相间短路时，继电保护装置均将线路三相断路器同时跳开，然后启动自动重合闸同时合三相断路器的方式。

b. 单相重合闸。指线路上发生单相接地故障时，保护动作只断开故障相的断路器，然后进行单相重合。如果故障是暂时性的，则重合闸后，便可恢复三相供电；如果故障是永久性的，而系统又不允许长期非全相运行，则重合后，保护动作，使三相断路器跳闸，不再进行重合。

c. 综合重合闸。在线路上设计自动重合闸装置时，将单相重合闸和三相重合闸综合在一起，当发生单相接地故障时，采用单相重合闸方式工作；当发生相间短路时，采用三相重合闸方式工作。综合考虑这两种重合闸方式的装置称为综合重合闸装置。

(2) 自动重合闸的二次回路识图

如图6-23所示为单侧供电线路的三相一次后加速重合闸二次回路图。图中虚框内为重合闸继电器内部接线，它由一个时间继电器KT、带电流保持线圈的中间继电器KC、白色信号灯HW、电容器C和电阻R_4、R_5、R_6、R_{17}等组成。表6-1为LW2-W-2,2,40/F6型开关触点图表。

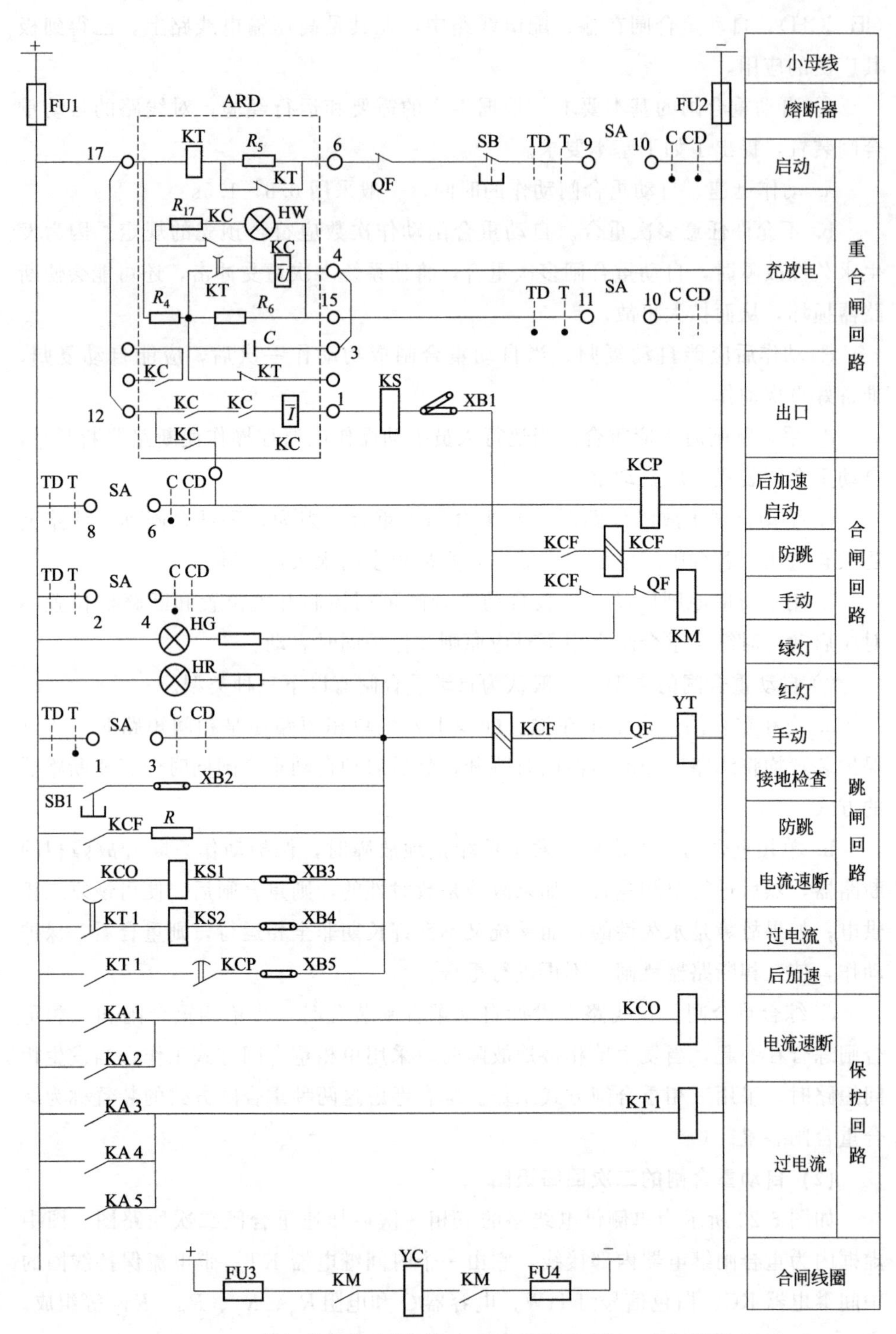

图 6-23　单侧供电线路的三相一次后加速重合闸二次回路图

表 6-1 LW2-W-2,2,40/F6 型开关触点图表

触点盒位置	2		2		40	
位置＼触点号	1-3	2-4	5-7	6-8	9-10	10-11
跳闸后	—	—	—	—	—	•
合闸操作	—	•	—	•	•	—
合闸后	—	—	—	—	•	—
跳闸操作	•	—	•	—	—	•

动作过程如下。

① 正常运行。正常运行时，QF 处于合闸位置，其辅助常开触点闭合，常闭触点断开，SA 在“合闸后”位置，$SA_{9\text{-}10}$ 触点通。ARD 投入运行，电容器 C 通过电阻 R_4 充电，经过 15～20s 的时间充到所需电压。同时正电源经 R_4→R_6→HW→R_{17}→KC 常闭触点和电压线圈至负电源形成通路，HW 亮，指示 ARD 处于准备工作状态。由于 R_4、R_6 和 R_{17} 的分压作用，KC 电压线圈虽然带电，但不足以启动。

② ARD 动作过程。当 QF 因线路故障跳开时，其辅助常闭触点闭合，常开触点断开，于是正电源经 ARD 中的 KT 线圈→QF 辅助常闭触点→SB→$SA_{9\text{-}10}$ 至负电源形成通路。KT 触点经整定时限（0.5～1.5s）动作闭合，接通电容器 C 和中间继电器 KC 电压线圈回路，电容器 C 对 KC 放电，KC 常开触点闭合。此时正电源经 KC 触点及电流线圈→KS→XB1→KCF 触点→QF 辅助常闭触点→KM 线圈至负电源形成合闸回路，于是 ARD 动作，使断路器重新合闸。KC 自保持，使 QF 合闸回路畅通，可靠合闸。QF 合闸后，其常闭触点断开合闸回路，KC 复归、C 又重新充电，经 15～20s 的时间，准备好下一次动作。

③ 保证一次动作分析。若 QF 重合到永久性故障时，则 QF 在继电保护作用下再次跳闸。这时虽然 ARD 的启动回路仍然接通，但由于 QF 自重合到跳闸的时间很短，远远小于 15～20s，不足以使 C 充电到所需电压，当 KT 的延时闭合触点延时闭合后，C 上的电压由 R_4 和 R_6 的分压决定，其值很小，所以 KC 不会动作，从而保证了 ARD 只动作一次。

当手动操作跳闸时，$SA_{9\text{-}10}$ 触点断开，$SA_{10\text{-}11}$ 触点闭合，一方面切断 ARD 启动回路；另一方面使 C 对 R_6 放电，KC 不会动作，从而保证了手动跳闸时 ARD 不会动作。

当某些保护装置动作跳闸，又不允许 ARD 动作时，可以利用其 KCO 触点短接 $SA_{10\text{-}11}$ 触点（图中未画出），使 C 在 QF 跳闸瞬间开始放电，尽管这时接通了 ARD 的启动回路，但由于 KT 的延时作用，在 KT 的常开触点延时闭合之前，

C 放电完毕或电压很低，KC 无法启动，ARD 不会动作合闸。

④ 后加速保护。图中用继电器 KCP 延时复归的常开触点来加速保护的动作。假如在线路过电流保护范围内发生短路时，电流继电器 KA3～KA5 动作，经整定时限，有选择性地使 QF 跳闸。接着 ARD 动作，一方面使 QF 重新合闸；另一方面通过 ARD 装置中的中间继电器 KC 的常开触点启动后加速继电器 KCP，KCP 的延时复归的常开触点闭合。如果线路故障未消除，KA3～KA5 再次启动，使 KT1 动作，其瞬时触点闭合，于是正电源经 KT1 触点→KCP 触点→XB5→KCF→QF 辅助常开触点→YT 至负电源形成通路，YT 带电使 QF 瞬时跳闸，实现了后加速保护。

如果在电流速断保护范围内故障，由于该保护不带时限，不需要接入后加速保护跳闸回路。

⑤ 接地检查。图中，SB1 为接地检查按钮，当同一母线上有两回及以上的线路时才设置，单回线路应取消。SB1 可快速查找出单相接地故障线路，当母线 TV 发出单相接地信号时，按下 SB1，使 QF 跳闸，释放 SB1 时，接通 ARD 启动回路，使 QF 合闸。这一操作过程很快，用户感觉不到供电瞬时中断。逐一检查线路，当接地信号消失时，则表明该回线路单相接地。

6.6.2 备用电源自动投入装置的二次回路识图

(1) 备用电源自动投入装置的基本知识

为了提高对重要用电负荷供电的可靠性，往往除有一套工作送电线路和变压器外，还有一套备用的送电线路和变压器。当工作送电线路或变压器因发生短路故障而被切除后，就把备用的送电线路或变压器自动投入，以保证对重要用户的供电。对工作送电线路和变压器来说，由于发生了短路故障，需要切除检修；对用户来说，并没有对它停电，只是把工作线路换成备用线路，把工作变压器换成备用变压器，转换时间一般不超过几秒钟，大大提高了对重要用户供电的可靠性。备用电源自动投入装置（AAT）在电力系统中获得广泛应用。

备用电源自动投入装置 AAT 应满足下列要求。

① 工作母线不论因何原因失去电压时，自动投入装置均应启动，但应防止电压互感器熔丝熔断时误动作。

② 备用电源应在工作电源确实断开后才投入。工作电源如为变压器，则其高、低压侧的断路器均应断开。

③ 备用电源只能自动投入一次。

④ 当备用电源自投于故障母线时，应使其保护装置加速动作，以防止扩大

事故。

⑤ 备用电源侧确有电压时才能自投。

⑥ 兼作几段母线的备用电源，当已代替一个工作电源时，必要时仍能作其他段母线的备用电源。

⑦ 备用电源自动投入装置的时限整定应尽可能短，可保证负载中电动机自启动的时间要求，通常为1～1.5s。

(2) 备用电源自动投入装置的二次回路识图

① 高压侧为内桥接线的桥断路器AAT的二次回路识图 如图6-24所示为高压侧内桥接线的断路器AAT的二次回路图。变压器低压侧为两段母线，低电压继电器分别接在两段母线的电压互感器上。图中，SA1～SA3为控制开关，型号为LW2-Z-1a,4,6a,40,20,20/F8；KV1～KV6为电压继电器；KT1、KT2为时间继电器；KC为中间继电器；KS为信号继电器；S为开关，型号为LW2-1.1/F4-X；KCF1～KCF3为中间继电器。

动作过程如下。

a. 正常工作。正常工作时，QF3在跳闸位置，QF1、QF2在合闸状态，变压器T1、T2分别通过QF1、QF2由两线路分别对其供电，此时以两组变-线组形式供电，SA1、SA2位于“合闸后”位置，SA3位于“跳闸后”位置，将S投入，准备好AAT的启动回路。

b. AAT自投过程。当Ⅰ（Ⅱ）段母线失电时，KV1、KV2（KV3、KV4）失电动作，其常闭触点闭合，若Ⅱ（Ⅰ）段母线带电，KV6（KV5）也带电，其常开触点闭合。此时正电源→KV1、KV2（KV3、KV4）→KV6（KV5）→KT1（KT2)→负电源形成回路。低电压启动KT1（KT2），KT1（KT2）延时闭合其触点启动QF1（QF2）的跳闸回路，使QF1（QF2）跳闸。此时，正电源→$SA1_{21\text{-}23}$ （$SA2_{21\text{-}23}$)→QF1（QF2）触点→$S_{1\text{-}3}$→KC、KS、HW→负电源形成回路。一方面HW亮、KS动作发信号，指示AAT动作；另一方面，KC动作并自保持，将QF3合闸。AAT动作完毕。此时T2与T1都由一条线路供电。

c. 回路分析。AAT动作后，由于SA1（SA2）与QF1（QF2）、SA3与QF3位置不对应，绿灯HG1（HG2）、红灯HR3闪光，操作SA1（SA2）到“跳闸后”位置；SA3到“合闸后”位置，AAT自投信号消失，同时SA1 $(SA2)_{21\text{-}23}$ 触点断开，因而保证了动作一次。

低电压启动回路中，KV6、KV5起闭锁作用，保证待投母线有压，被投母线失压才投AAT。KV1与KV2、KV3与KV4触点串联可防止TV单相熔丝熔断时AAT误动作。在AAT启动回路中，分别串入QF1、QF2辅助触点，是为了保证只有工作电源跳开，才能将桥断路器投入。

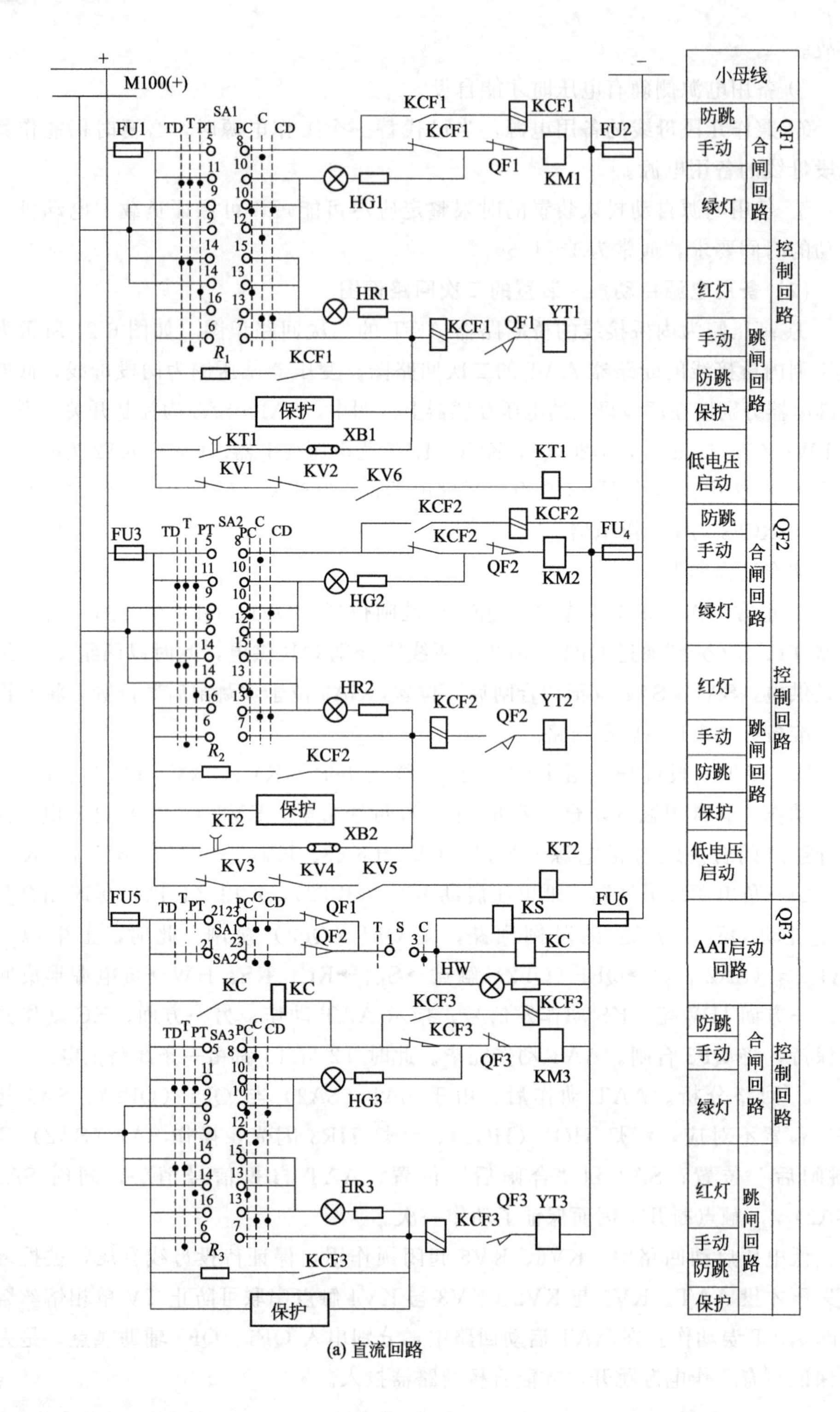

+
−
M100(+)
FU1
FU2
FU3
FU4
FU5
FU6
SA1
SA2
SA3
TD
T
PT
PC
C
CD
KCF1
KCF2
KCF3
QF1
QF2
QF3
KM1
KM2
KM3
HG1
HG2
HG3
HR1
HR2
HR3
YT1
YT2
YT3
R1
R2
R3
保护
KT1
KT2
XB1
XB2
KV1
KV2
KV3
KV4
KV5
KV6
KS
KC
HW
S
小母线
防跳
手动
绿灯
合闸回路
红灯
跳闸回路
保护
低电压启动
控制回路
AAT启动回路
QF1
QF2
QF3

(a) 直流回路

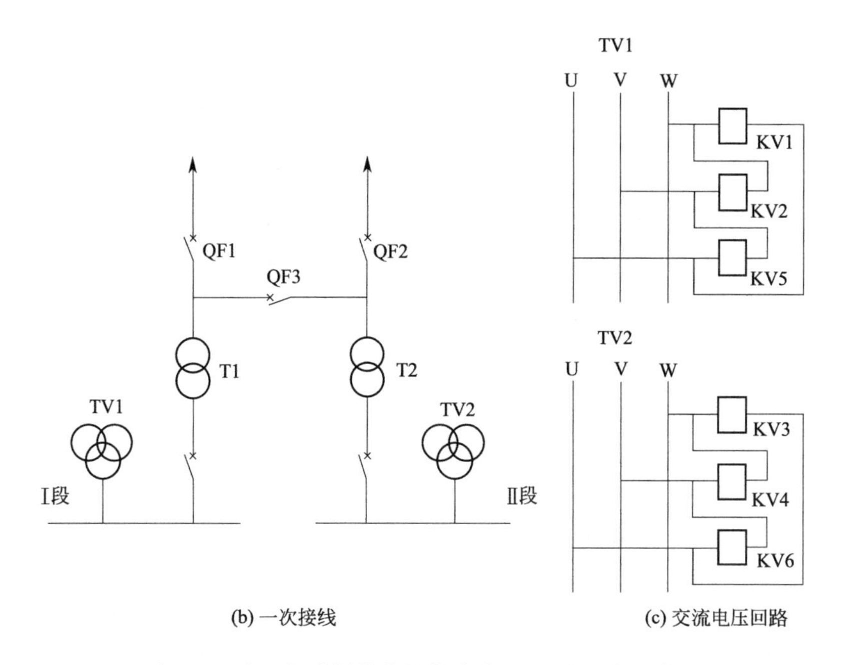

(b) 一次接线　　(c) 交流电压回路

图 6-24　高压侧内桥接线的断路器 AAT 的二次回路图

d. 复归。当工作电源恢复后，首先操作 SA3 至“跳闸后”位置，使桥断路器 QF3 跳闸；再操作 SA1（SA2）至“合闸后”位置，使 QF1（QF2）合闸。恢复正常供电方式，AAT 又自动复位准备下一次动作。

② 母线分段或联络断路器的 AAT 的二次回路识图　如图 6-25 所示为母线分段或联络断路器的 AAT 二次回路图。正常运行两组变-线组分别向两段母线供电，QF1 为分段或联络断路器，两段母线上各接有一组 TV。

动作过程如下。

a. 正常工作。正常工作时，两组变-线组分别向两段母线供电，QF2～QF5 合闸，分段或联络断路器 QF1 处于跳闸位置。

b. AAT 动作过程。当 T1（T2）内部故障时，使 QF2、QF4（QF3、QF5）跳闸；或线路故障，保护动作使 QF4（QF5）跳闸，使工作电源消失，TV1（TV2）失电，KV1、KV2（KV3、KV4）失电返回，而备用电源有电，KV6（KV5）带电，使低压启动回路接通，KT1（KT2）带电延时跳 QF2（QF3）；或工作电源消失，使 QF2（QF3）跳闸。QF2（QF3）跳闸后，其辅助常闭触点闭合，使回路正电源→KC1→KC2→KS、KC3、HW→QF2（QF3）触点→负电源接通，产生短时脉冲。一方面 HW、KS 指示 AAT 动作发信号；另一方面 KC3 带电启动 QF1 的合闸回路，使 QF1 合闸。

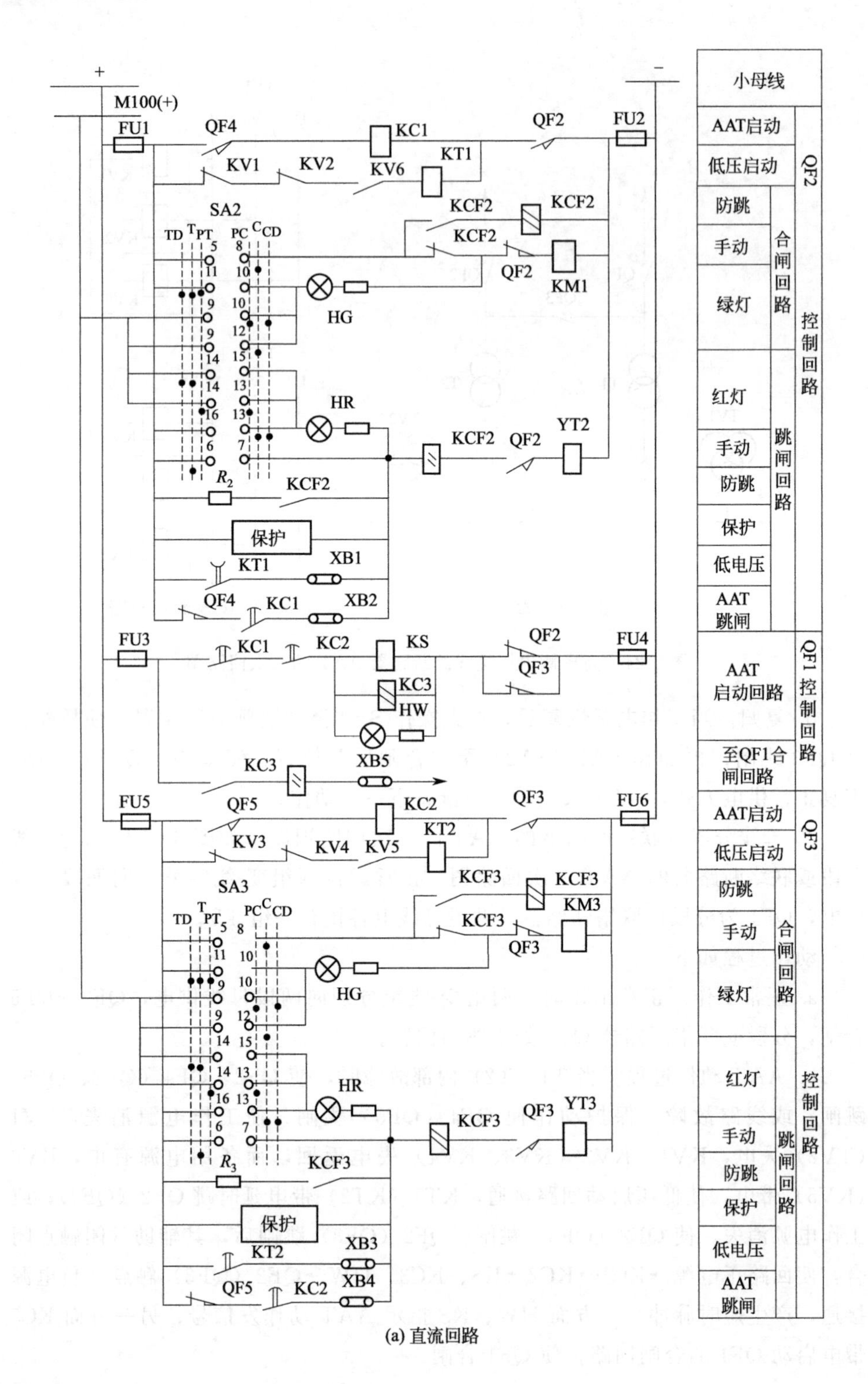
+
M100(+)
FU1
QF4
KC1
QF2
FU2
KV1
KV2
KV6
KT1
SA2
KCF2
KCF2
KCF2
QF2
KM1
HG
HR
KCF2
QF2
YT2
R2
KCF2
保护
KT1
XB1
QF4
KC1
XB2
FU3
KC1
KC2
KS
QF2
FU4
QF3
KC3
HW
KC3
XB5
FU5
QF5
KC2
QF3
FU6
KV3
KV4
KV5
KT2
SA3
KCF3
KCF3
KCF3
KM3
QF3
HG
HR
KCF3
QF3
YT3
R3
KCF3
保护
KT2
XB3
QF5
KC2
XB4
小母线
AAT启动
低压启动
QF2
防跳
手动
绿灯
合闸回路
控制回路
红灯
手动
防跳
保护
低电压
AAT跳闸
跳闸回路
AAT启动回路
至QF1合闸回路
QF1控制回路
AAT启动
低压启动
QF3
防跳
手动
绿灯
合闸回路
红灯
手动
防跳
保护
低电压
AAT跳闸
跳闸回路
控制回路

(a) 直流回路

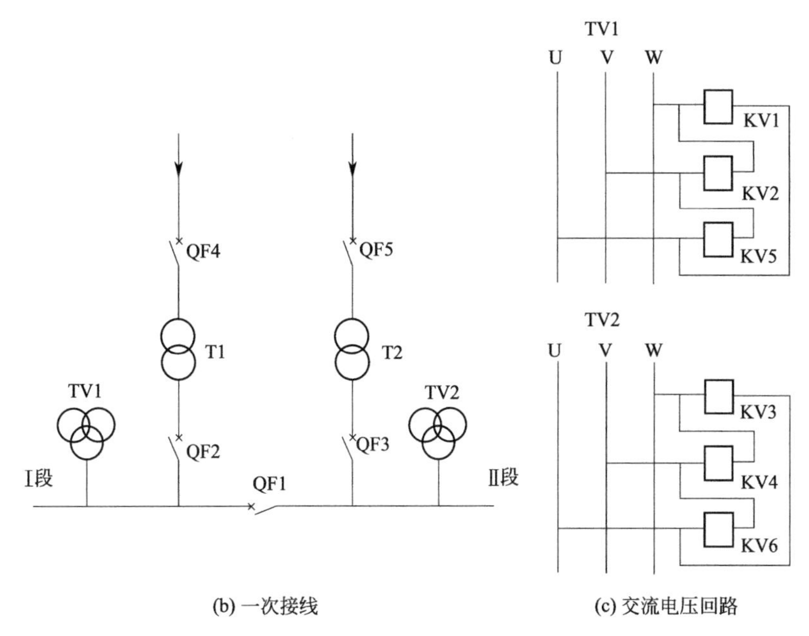

图 6-25 母线分段或联络断路器的 AAT 二次回路图

c. 回路分析。KV1、KV2、KV6 触点串联，保证工作电源消失，备用电源有电才能投备用电源。由于 AAT 启动回路由 QF2、QF4（QF3、QF5）的辅助常开触点与 KC1（KC2）串联，正常时 KC1（KC2）一直带电，QF2、QF4（QF3、QF5）跳闸时 KC1（KC2）失电，但 KC1（KC2）延时释放触点延时返回，使 AAT 启动回路只产生短时脉冲，同时 QF2、QF4（QF3、QF5）只要一台跳闸，KC1（KC2）不再启动，保证了 AAT 只动作一次。

d. 复归。QF2、QF4（QF3、QF5）跳闸，QF1 合闸后，其红、绿灯闪光，操作控制开关使之与断路器位置对应。排除故障后，使 QF1 跳闸，QF2、QF4（QF3、QF5）合闸，恢复正常工作方式。

第7章

测量回路识图

测量回路反映电气测量仪表电压、电流的接入方式。运行人员通过测量仪表和绝缘监察装置的指示数据，能够了解和监视电力系统的运行状态。因此说测量回路是发电厂和变电站的一个重要组成部分。

用于电气测量的仪表种类很多。按其工作原理可分为磁电式、电磁式、电动式、感应式等仪表。按其测量对象可分为电流表（A)、电压表（V)、频率表(Hz)、同步表（S)、有功功率表（W)、无功功率表（var)、有功电能表（Wh)、无功电能表（varh）等。

7.1 电流、电压测量回路

7.1.1 电流测量回路

(1) 直流电流的测量回路

如图 7-1 所示为直流电流测量回路。直流电流表串接在被测直流回路中。由于电流表本身有内阻 r_0，因此，当电流表串入被测电路之后，由于电路的总电阻值增大，会使被测电流略有减少，造成电流表的测量值和电流实际值不相等，为了减少这种测量误差，要求电流表的内阻要小。在测量较大电流时，需要在测量机构两端并联一组更小的分流电阻 r_d（即分流器)，如图 7-1(b）所示。这时通过测量机构的电流 I_0 仅仅是被测电流 I 的一小部分，而大部分电流流过分流器。根据并联电路的电流分配规律可以证明，I_0 与 I 仍成正比。因此，表盘上可以按比例均匀刻出被测电流的数值。

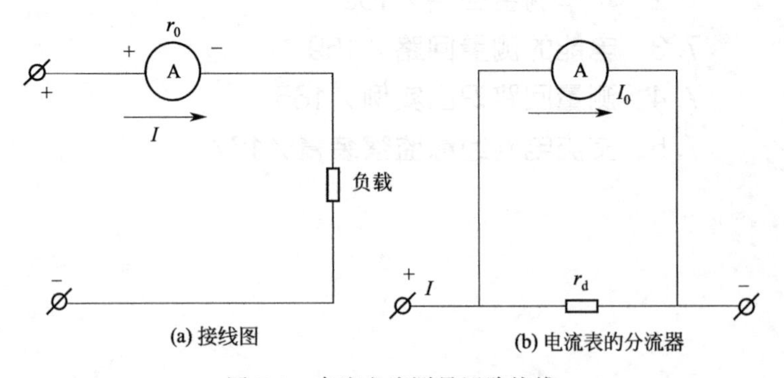

图 7-1　直流电流测量回路接线

注意事项如下。

① 直流电流表表头有两个接线柱，标有“+”、“−”，电流要从“+”端流

入，从“—”端流出。如果接反的话指针将反向指示，不能测量。

② 表的量程要略大于被测量。

③ 按表盘上的要求放置表头，表盘上标“↑”符号要求仪表表头垂直放置；“—”符号要求表头水平放置。

(2) 交流电流的测量回路

在 380V 及以下的电路中，当被测量电路中负荷电流在电流表量程允许范围以内，电流表可以直接接于电路中，称为直接测量。而电路中负荷电流超过电流表的允许量程值时，要配用电流互感器以扩大量程，称为间接测量。此时电流表反映的实际电路中的电流等于指示电流数乘以电流互感器的变比。在 6kV 及以上的高压电网中，都需要采用间接接入的方式。

对于直接测量方式，只要三相电流是对称的，就用一只电流表串接在任意一相上就可以。如果三相电流不对称，要采用三只电流表，分别串接于 U、V、W 三相中。电路如图 7-2 所示。

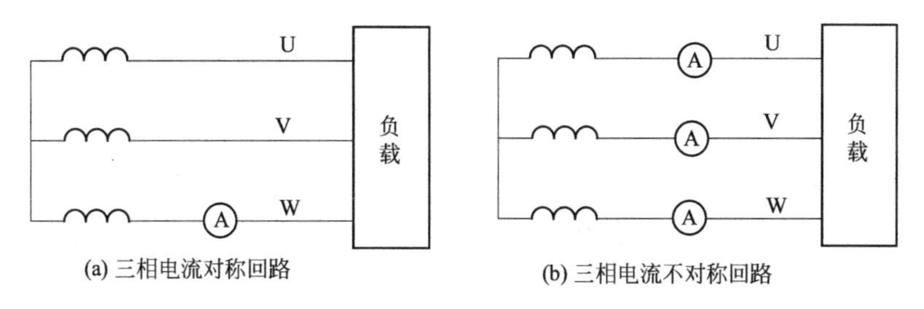

图 7-2　交流电流测量回路接线

对于间接测量方式的电路如图 7-3 所示。如果三相电流对称，采用一只电流互感器配一只电流表接入任意一相即可测量；如果是三相电流不对称，则采用 U、V、W 三相中每一相都接入电流互感器配一只电流表测量，此外还可用两只电流互感器配三只电流表进行测量，此种接线比三相都接入电流互感器节约一只互感器，但要求两只互感器的极性应有明显的标志，接线必须按要求，否则如果互感器的二次绕组极性接错，有可能会使两相二次电流相互抵消，其相量之和可能近似等于零。

7.1.2　电压测量回路

(1) 直流电压测量回路

电压表需与被测电路相并联，如图 7-4 所示为直流电压测量回路接线。图中的电压表接于 A、B 两点之间，当电压表接入电路后，由于电路的总阻值减小，导致电路中的总电流增大，造成电源电压下降，从而引起被测电路 A、B 两

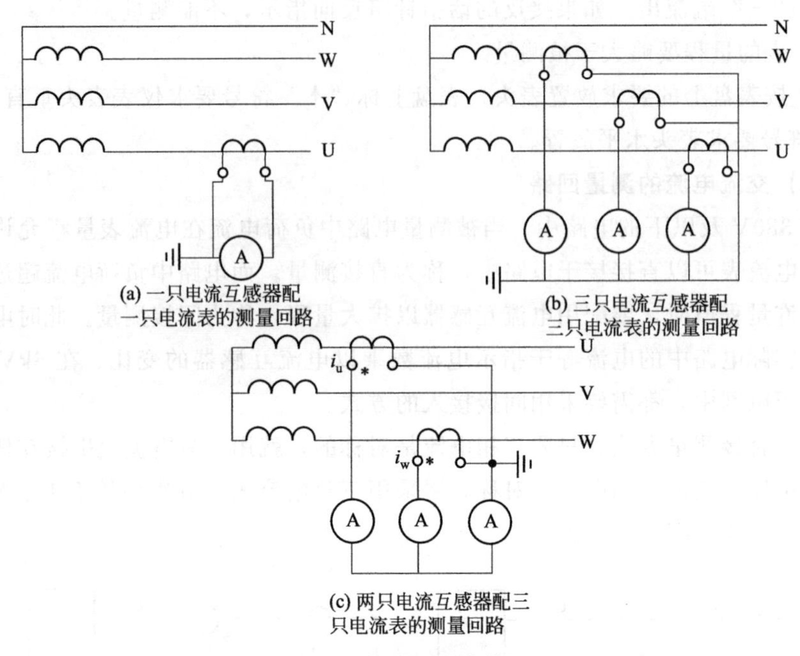

图 7-3　间接测量接线图

点之间的电压降低。为减小这种测量误差，要求电压表的内阻越大越好，如果在测量机构串联一个阻值很大的附加电阻 r_{01} 即可解决这个问题，串联附加电阻后的接线如图 7-4(b) 所示。

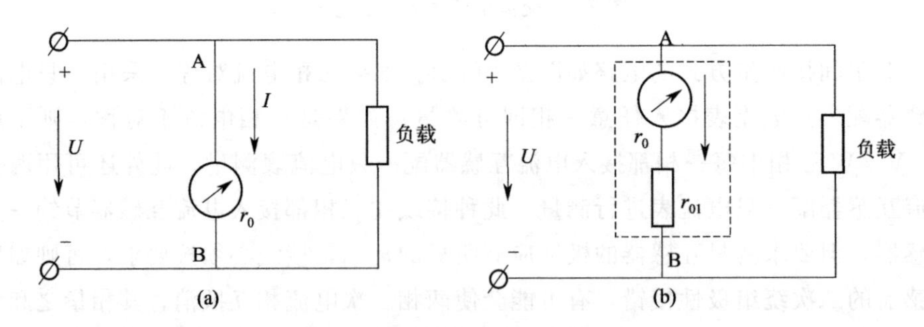

图 7-4　直流电压测量回路接线

电压表通常采用磁电式测量机构串联电阻的方法来扩大电压测量范围，这个串入的附加电阻称为倍压器（或称倍率器）。

(2) 交流电压测量回路

交流电压在 500V 以下的配电系统中，电压表通常可以满足测量电压的要求，因此一般都直接跨接在两相之间，以测量相电压。一般多采用一只电压表，配用一个转换开关，对三相切换检查，这样既满足测量要求，又达到了节约的效果。当电压超过500V，尤其在较高的电压等级中，电压表远远不能达到系统电压的耐压水平，需采用降压隔离的办法，即使用电压互感器，以满足测量的需要。

如图7-5所示为交流电压表的接线图。图中共用四只电压表，其中三只分别接于相线与零线之间，指示的是各相电压，另一只接于L1-630、L3-630之间，指示的是线电压。在中性点不直接接地系统中，当一相接地时，接地相对地电压为零，而非接地相的对地电压由原来的相电压升高到线电压，此时，电压互感器开口三角形接线的辅助二次绕组两端出现不平衡电压，接在开口三角形m、n之间的绝缘监察继电器启动，发出单相接地信号。

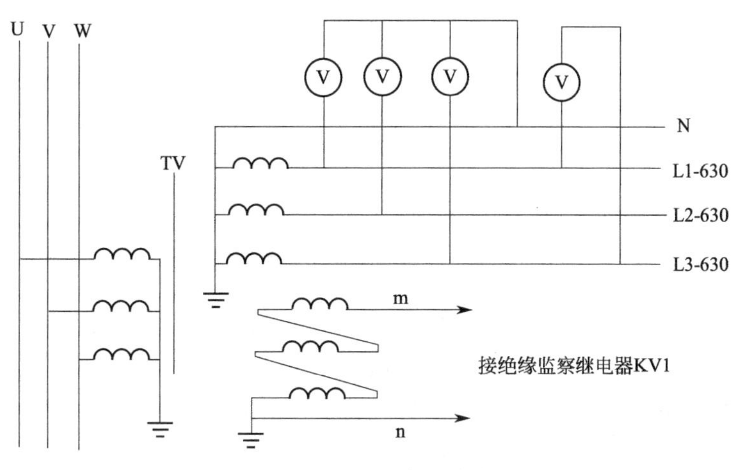

图7-5　交流电压表的接线图

7.2 功率测量回路

7.2.1 有功功率的测量

(1) 单相有功功率表的接线

如图7-6所示为单相有功功率表的接线，图中，圆圈内的水平粗实线“1”表示电流线圈，圆圈内的垂直细实线“2”为电压线圈。电压线圈的阻抗很小，因此需增加一个附加电阻R_f。电压线圈与附加电阻R_f相串联后接入被测电路的电压U上。电压线圈本身的阻抗与附加电阻R_f之和称为电压线圈的内阻抗。

功率表指针的偏转方向是由两组线圈里电流的相位关系所决定的，如果改变

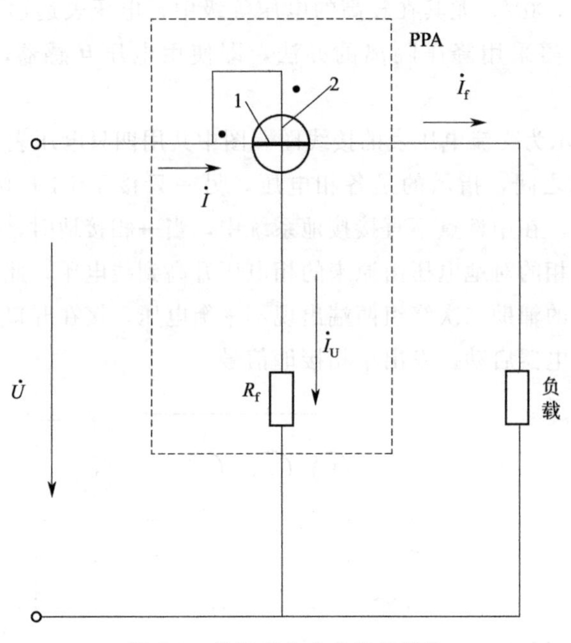

图 7-6　单相有功功率表的接线

任一个线圈电流的流入方向，则功率表将向相反的方向偏转。为了使接线不会发生错误，通常在仪表的引出端钮上将电流线圈与电压线圈接电源的一端标有“·”或“*”标志，并把此端称为发电机端。正确的接线方法：将电流线圈与电压线圈标有“·”或“*”标志的一端接在电源侧，电流线圈的另一端接负载侧；电压线圈的另一端则跨接到负载的另一端。

功率表接入电路的方法有直接接入电路和经互感器接入电路两种。如图 7-7 所示为单相有功功率接线图。图 7-7(a) 为单相功率表直接接入电路，图 7-7(b) 为经电流互感器和电压互感器接入电路。如果互感器及测量仪表的端子标志正确无误的话，则按图 7-7(b) 的方法连接，二次回路中功率的正方向将与一次回路中功率的正方向一致，如同将仪表按图 7-7(a) 直接接入电路中一样，仪表的指针将向正方向偏转，相量图如图 7-7(c) 所示。

(2) 三相电路有功功率的测量

① 三相四线制电路中有功功率的测量　如图 7-8 所示为用三只功率表测量三相四线制电路有功功率的接线。三相电路的有功功率为各相有功功率之和，用有效值表示时为

$$P=U_U I_U \cos\varphi_U + U_V I_V \cos\varphi_V + U_W I_W \cos\varphi_W \tag{7-1}$$

当三相电路完全对称时有

$$U_U=U_V=U_W=U_\phi$$

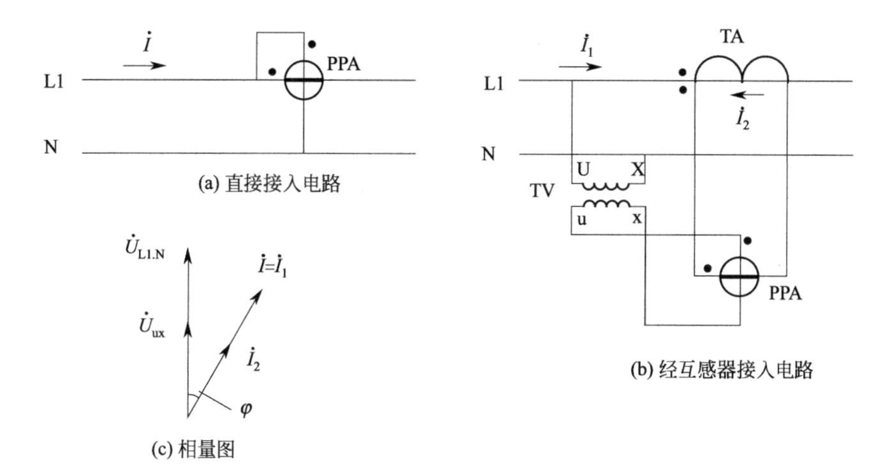

图 7-7　一只单相有功功率表的接线图

$$I_U = I_V = I_W = I_\phi$$

$$\cos\varphi_U = \cos\varphi_V = \cos\varphi_W = \cos\varphi$$

因此，式(7-1) 可写成

$$P = 3U_\phi I_\phi \cos\varphi = \sqrt{3}UI\cos\varphi \tag{7-2}$$

式中　U_U，U_V，U_W——U、V、W 三相电压的有效值，V；

I_U，I_V，I_W——U、V、W 三相电流的有效值，A；

U_ϕ，U——相电压、线电压的有效值，V；

I_ϕ，I——相电流、线电流的有效值，A；

$\cos\varphi$——功率因数。

从图 7-8 可以看出，每一单相功率表测量一相的功率，三只功率表读数之和就是三相总有功功率。这种接线方法不管三相负载是否平衡，测量结果都是正确的。

如果三相四线制电路中的三相电压对称、负载完全平衡，可用图 7-8 中的任一只单相功率表进行测量，然后将表计读数乘以 3，即可得三相的总有功功率。

② 三相三线制电路中有功功率的测量　在三相三线制电路中可采用三相两元件式功率表测量有功功率。接线方式如图 7-9 所示。

由图 7-9(c) 的相量图可知，各元件所测功率用有效值表示为

$$\mathrm{PPA}_1: P_1 = U_{UV} I_U \cos(30^\circ + \varphi_U) \tag{7-3}$$

$$\mathrm{PPA}_2: P_2 = U_{WV} I_W \cos(30^\circ - \varphi_W) \tag{7-4}$$

当三相电路对称时，三相负载平衡，各相电流、电压有效值相等，同相电压与电流相位相同，总功率

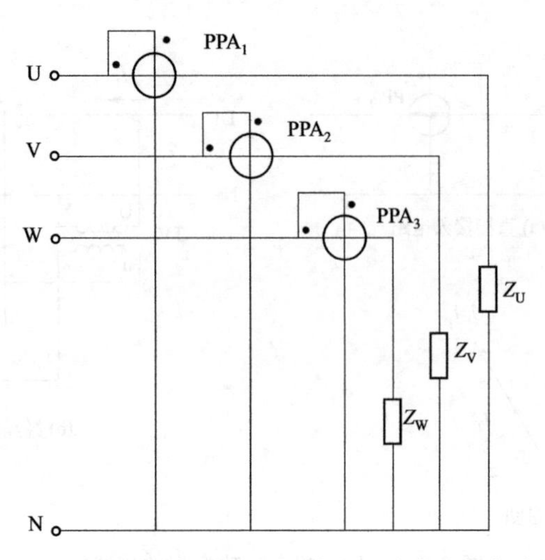

图 7-8　三只功率表测量三相四线制电路有功功率的接线

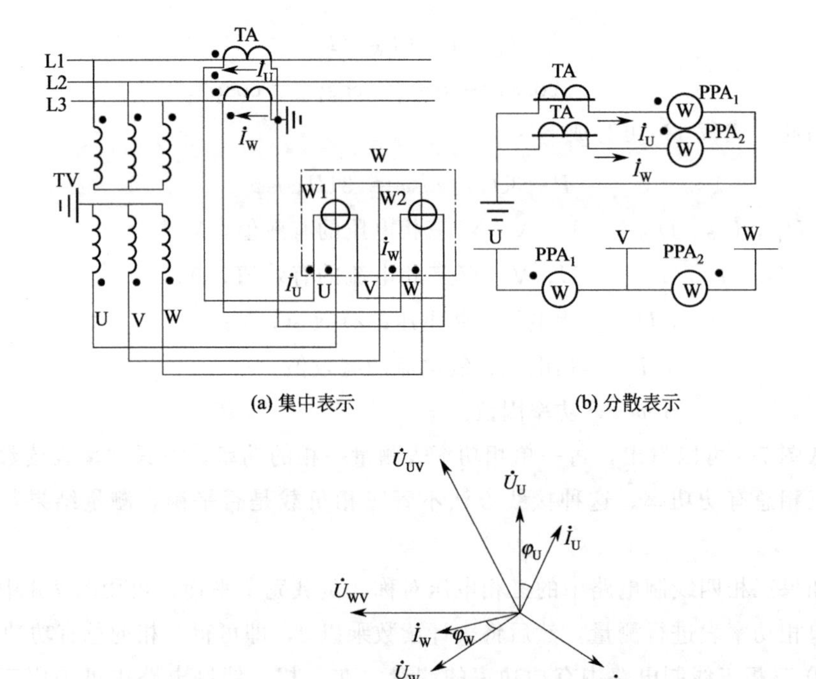

图 7-9　三相两元件式功率表测量的三相三线制电路有功功率接线图

$$
\begin{aligned}
P &= P_1 + P_2 = UI\cos(30^\circ + \varphi) + UI\cos(30^\circ - \varphi) \\
&= \frac{\sqrt{3}}{2}UI\cos\varphi - \frac{1}{2}UI\sin\varphi + \frac{\sqrt{3}}{2}UI\cos\varphi + \frac{1}{2}UI\sin\varphi \qquad (7\text{-}5) \\
&= \sqrt{3}UI\cos\varphi
\end{aligned}
$$

所以，三相两元件的测量总功率为三相总功率。

测量三相有功功率的接线方式还有如图 7-10 所示的两种方式。图 7-10(a) 是把两个电流线圈分别串入 U 相和 V 相电路中，两个电压线圈分别并入 U 相和 W 相和 V 相和 W 相电路中。图 7-10(b) 是把两个电流线圈分别串入 V 相和 W 相电路中，两个电压线圈分别并入 U 相和 V 相和 U 相和 W 相电路中。图 7-9 和图 7-10 三种接线方式满足同一规律：即电流线圈不论接在哪一相上（电流从“·”流入），同一元件的电压线圈带“·”的一端也应接在该相上，而将其另一端接在没有接入功率表电流线圈的那一相上。

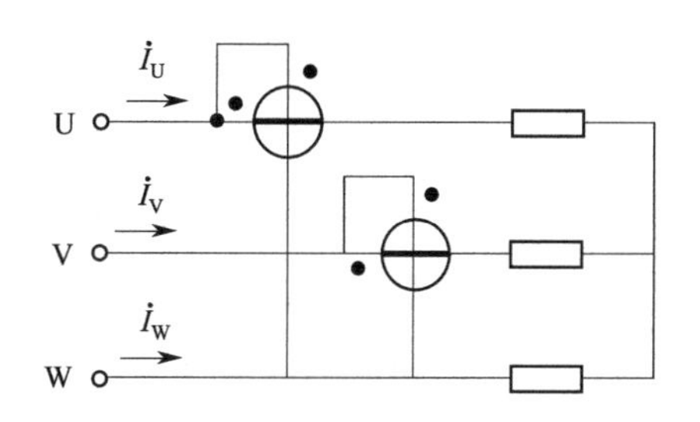

(a) 两个电流线圈分别串入U相和V相

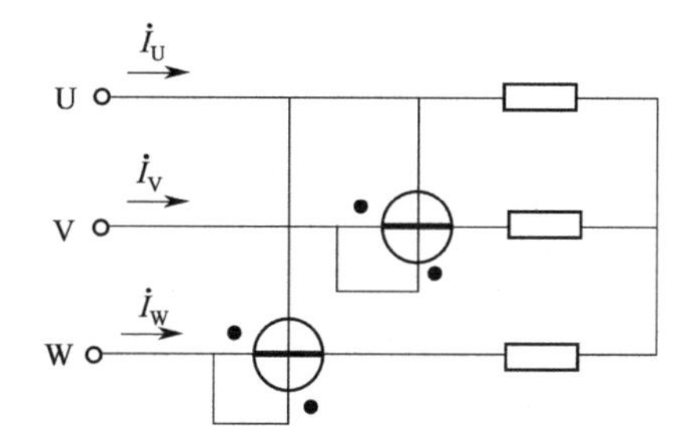

(b) 两个电流线圈分别串入V相和W相

图 7-10 测量三相三线制有功功率的另外两种接线方式

7.2.2 无功功率的测量

(1) 采用跨相 90°的接线方式测量无功功率

三相电路中的无功功率用有效值表示时为

$$Q=U_U I_U \sin\varphi_U+U_V I_V \sin\varphi_V+U_W I_W \sin\varphi_W \tag{7-6}$$

当三相电路完全对称时，可写成

$$Q=3U_\phi I_\phi \sin\varphi=\sqrt{3}UI\sin\varphi \tag{7-7}$$

式中 U_ϕ，U——相电压和线电压的有效值，V；

I_ϕ，I——相电流和线电流的有效值，A。

如果将式(7-6) 改写成余弦形式，则得

$$Q=U_U I_U \cos(90°-\varphi_U)+U_V I_V \cos(90°-\varphi_V)+U_W I_W \cos(90°-\varphi_W) \tag{7-8}$$

从上式看出，可以像测量三相四线电路有功功率那样，利用三只有功功率表测量无功功率。方法是将有功功率表的电流线圈分别接入 I_U、I_V、I_W 三相电流回路，而电压线圈的两端不是接于 U_U、U_V、U_W 三个相电压上，而是接入滞后原来相电压 90°的电压。由图 7-11(b) 所示的相量图中可以看出，如果三相电压对称，是可以实现的。

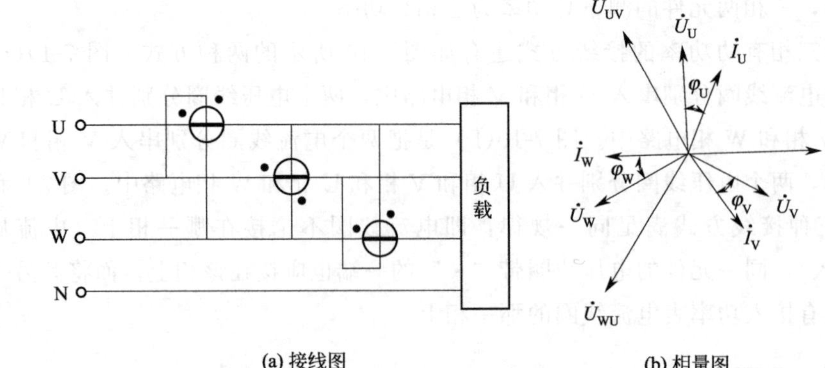

图 7-11　用跨相 90°的接线法测量无功功率

从相量图中可以看到$\dot{U}_{VW}$正好滞后于$\dot{U}_U$90°，$\dot{U}_{VW}$与$\dot{I}_U$间的相角差为$90^\circ-\varphi_U$，同样$\dot{U}_{WU}$滞后$\dot{U}_V$90°，$\dot{U}_{UV}$滞后$\dot{U}_W$90°，如果用$\dot{U}_{VW}$代替$\dot{U}_U$；用$\dot{U}_{WU}$代替$\dot{U}_V$；用$\dot{U}_{UV}$代替$\dot{U}_W$，并注意极性，则其接线图如图 7-11(a) 所示。三只有功功率表读数之和为

$$P_1+P_2+P_3=U_{VW}I_U\cos(90^\circ-\varphi_U)+U_{WU}I_V\cos(90^\circ-\varphi_V)+U_{UV}I_W\cos(90^\circ-\varphi_W) \tag{7-9}$$

上式也可以改为

$$P_1+P_2+P_3=U_{VW}I_U\sin\varphi_U+U_{WU}I_V\sin\varphi_V+U_{UV}I_W\sin\varphi_W$$

当电源电压对称时

$$\begin{aligned}P_1+P_2+P_3&=\sqrt{3}(U_UI_U\sin\varphi_U+U_VI_V\sin\varphi_V+U_WI_W\sin\varphi_W)\\&=\sqrt{3}Q\end{aligned} \tag{7-10}$$

从上式可以看出，三只功率表读数之和为$\sqrt{3}$倍的三相无功功率。前面的系数$\sqrt{3}$是因为利用线电压代替了相电压接入表计的缘故。因此，测量结果必须除以$\sqrt{3}$，才是三相的总无功功率。

这种接线方法，可以在完全对称的三相电路中应用，也可以在三相电压对称，但负载不平衡的三相三线制电路或三相四线制电路中应用。

(2) 利用人工中性点的接线方式测量无功功率

采用跨相 90°的接线测量三相电路无功功率的方法是如果能找到一个相应的电压，它滞后于原来电压 90°，用这个滞后 90°的电压代替原来测量有功功率时接入仪表的电压，则所得的结果正比于三相电路的总无功功率。

由于三相三线制电路没有中性线，因而得不到相电压，如果想得到相电压$\dot{U}_U$和$-\dot{U}_W$就应制造一个人工中性点。

人工中性点的制造方法是取一个附加电阻 R_f，使其电阻值正好等于每只功率表电压线圈的内阻，如果功率表的内阻不是纯电阻，那么 R_f 应换成与其等值的阻抗。将 R_f 与两只功率表的电压线圈组成星形接线，如图 7-12(a) 所示，图中，O 点即为人工中性点。第一只功率表所流入的电流为 U 相电流，电压为 $-\dot{U}_W$；第二只功率表通入的是 W 相电流，电压为 $\dot{U}_U$。其相量关系如图 7-12(b) 所示。

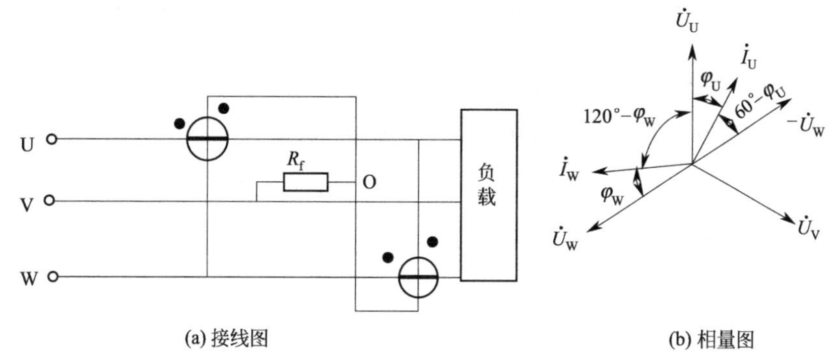

(a) 接线图　　(b) 相量图

图 7-12　利用人工中性点接线测量三相电路无功功率

两只功率表所测得的功率分别为

$$P_1=-U_W I_U\cos(60°-\varphi_U) \tag{7-11}$$

$$P_2=U_U I_W\cos(120°-\varphi_W) \tag{7-12}$$

假设三相电路完全对称，即 $U_U=U_V=U_W=U_\phi$，$I_U=I_V=I_W=I_\phi$，$\varphi_U=\varphi_V=\varphi_W=\varphi$，则可写为

$$\begin{aligned}P_1+P_2&=U_\phi I_\phi\cos(60°-\varphi)+U_\phi I_\phi\cos(120°-\varphi)\\&=U_\phi I_\phi[\cos(60°-\varphi)+\cos(120°-\varphi)]\\&=2U_\phi I_\phi\sin60°\sin\varphi\\&=\sqrt{3}U_\phi I_\phi\sin\varphi=\frac{1}{\sqrt{3}}Q\end{aligned} \tag{7-13}$$

可见，只要将表计的读数乘以$\sqrt{3}$，即可得三相电路的总无功功率。这种方法同样只能用在三相完全对称，或只有负载电流不对称的情况下，否则将产生附加误差。

用两只有功功率表测量三相电路的无功功率与测量有功功率一样，也有三种不同的接线方式，但其原理是相同的。

7.3 电能的测量回路

交流电路中测量电能的表计是电能表。电能表是将功率表和时间的乘积累计起来的仪表。电能表有单相电能表和三相电能表，三相电能表中又根据用途的不同分为三相有功电能表和三相无功电能表。

7.3.1 有功电能的测量

交流电路单相有功电能可用下式表示：$A=Pt=UI\cos\varphi \cdot t$。式中，$U$ 为电网线电压；I 为负荷电流；t 为通电时间；$\cos\varphi$ 为负荷的功率因数。电能的常用单位为 kW·h,简称度。

(1) 三相四线制电路有功电能的测量

三相四线制电路的有功电能测量，可以采用三相三元件有功电能表，电能表由三个独立元件构成，电能表的读数即为三相电路的总电能。测量电路如图 7-13 所示。

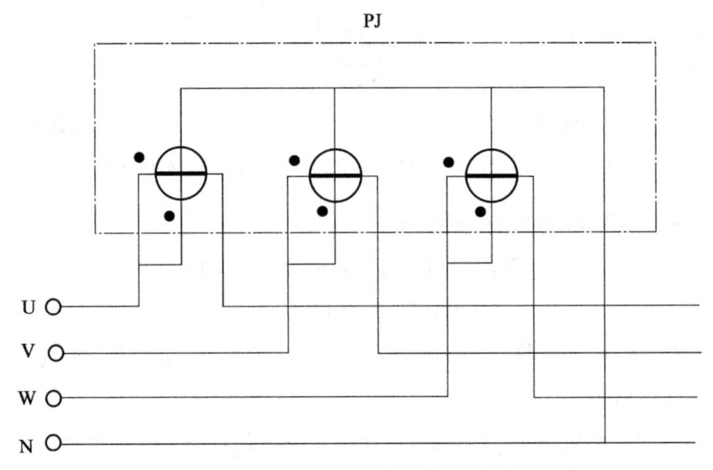

图 7-13　三相三元件有功电能表的测量电路

用三相三元件有功电能表测量三相四线制电路的有功电能时，不论电压是否对称，负载是否平衡，都能正确测量三相四线制电路所消耗的有功电能。

也可用三相二元件有功电能表测量三相四线制电路的有功电能，三相二元件电能表与三相三元件电能表相比少其中一个元件，因而体积小，但使用范围与三相三元件电能表相同。如图 7-14(a) 所示为三相二元件有功电能表的接线。其接线特点是：不接 V 相电压，V 相电流线圈分别绕着 U、W 相电流线圈的电磁铁上，但其方向相反。

由 7-14(b) 所示的相量图可知，各元件所测得的电能为

第一个元件：

$$P_1=U_U I_U\cos\varphi_U-U_U I_V\cos(120°+\varphi_V)$$
$$=U_U I_U\cos\varphi_U+\frac{1}{2}U_U I_V\cos\varphi_V+\frac{\sqrt{3}}{2}U_U I_V\sin\varphi_V \qquad (7\text{-}14)$$

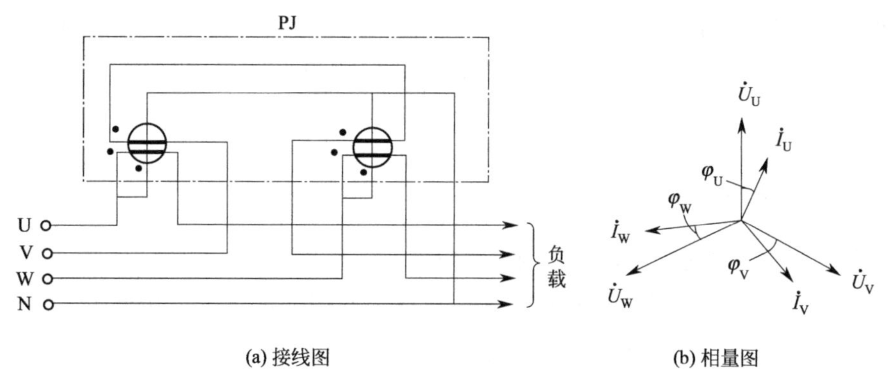

(a) 接线图 (b) 相量图

图 7-14 三相二元件有功电能表的测量电路

第二个元件：

$$P_2=U_W I_W \cos\varphi_W - U_W I_V \cos(120^\circ-\varphi_V)$$

$$=U_W I_W \cos\varphi_W + \frac{1}{2}U_W I_V \cos\varphi_V - \frac{\sqrt{3}}{2}U_W I_V \sin\varphi_V \quad (7\text{-}15)$$

如果三相对称，$U_U=U_V=U_W$，则得

$$P_1+P_2=U_U I_U \cos\varphi_U + U_V I_V \cos\varphi_V + U_W I_W \cos\varphi_W \quad (7\text{-}16)$$

由式(7-16) 可以看出，只要三相电压对称，不论负载是否平衡，用三相两元件式有功电能表能够正确测量三相四线制电路总的有功电能。

(2) 三相三线制电路有功电能的测量

对三相三线制电路有功电能的测量，既可以采用两只单相电能表测量电能，也可以用一只三相两元件电能表来测量电能。三相两元件电能表在发电厂及变电站被普遍采用。

如图 7-15 所示为三相两元件电能表的接线图。第一个元件的电流线圈串接在

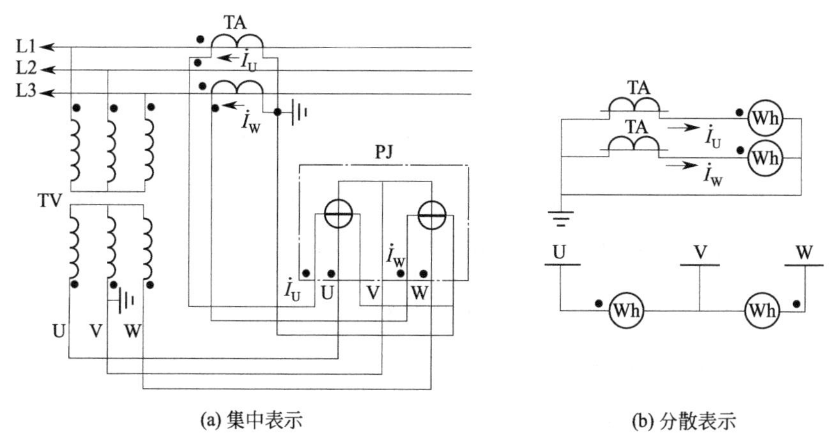

(a) 集中表示 (b) 分散表示

图 7-15 三相两元件电能表的接线图

U相上，电压线圈跨接在UV两相上；第二个元件的电流线圈接在W相上，电压线圈跨接在WV两相上。接线原理图与三相三线电路中的有功功率表相同。

7.3.2 无功电能的测量

(1) 利用有功电能表测量三相无功电能

① 用三只单相电能表，计量三相三线或三相四线电路的无功电能，接线图与图7-11相同，但应将其测量结果乘以$1/\sqrt{3}$，才是该电路实际所传送的无功电能。这种方式只要三相电压对称，不论负荷是否对称都可。

② 如果三相电路的电压和负荷都对称，即可用一只单相有功电能表测量三相无功电能，接线图如图7-16。测得的电能为

$$P=U_{VW}I_U\cos\beta=U_{VW}I_U\cos(90°-\varphi_U)$$

$$=U_{VW}I_U\sin\varphi_U=\frac{1}{\sqrt{3}}Q \tag{7-17}$$

由上式可知，采用一只单相电能表测量三相无功电能时，只要将电能表的读数乘以$\sqrt{3}$即可得三相总无功电能。

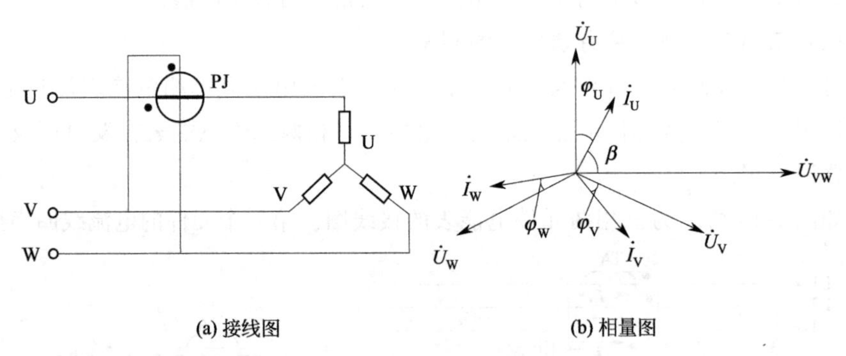

(a) 接线图　　(b) 相量图

图7-16　用一只单相有功电能表测量三相无功电能

③ 如果三相完全对称，还可利用一只三相两元件有功电能表测量三相无功电能，接线图如图7-17所示。所测电能（用有功功率表示）为

$$P=P_1+P_2=U_{VW}I_U\cos(90°-\varphi_U)+U_{VU}I_W\cos(90°+\varphi_W)$$

式中　P_1——第一个元件的读数；

P_2——第二个元件的读数。

由于三相电路完全对称，因此上式可写成

$$P=2UI\cos(90°-\varphi)=2UI\sin\varphi \tag{7-18}$$

由上式可知，用三相两元件有功电能表测量三相无功电能时，只要将电能表的读数乘以$\sqrt{3}/2$，即为三相负荷总无功电能。

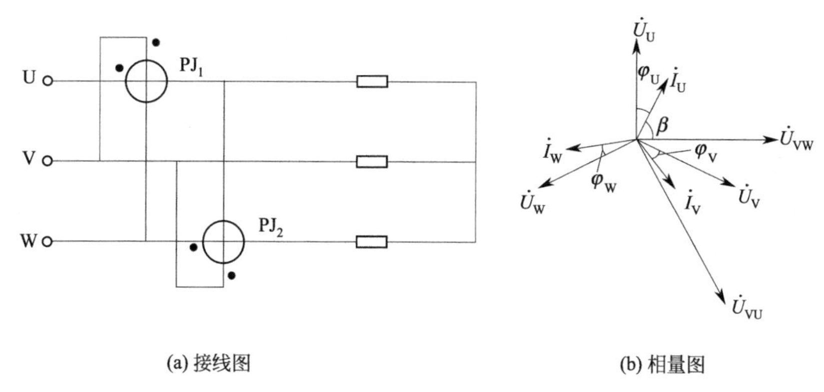

(a) 接线图　　(b) 相量图

图 7-17　用一只三相两元件有功电能表测量三相无功电能

(2) 利用无功电能表测量三相无功电能

三相电路普遍采用三相无功电能表计量，常见的有两种类型：一种是带有附加电流线圈的（DX1 型），用在三相三线制电路中，也可以用在三相四线制电路中；另一种是电压线圈接线带 60°相角差的（DX2 型），通常只用在三相三线制电路中。两种都是三相二元件的无功电能表，都是采用跨相的接线方法。

① 带有附加电流线圈的三相无功电能表　这种无功电能表的构造和三相二元件有功电能表相似，每个元件有两个电流线圈，分别接入不同相别的电流回路中，其接线图如图 7-18(a) 所示。下面根据图 7-18(b) 中的相量关系，对两个元件所计量的电能分别加以分析（以功率表示）。

第一个元件：

$$\begin{aligned}P_1&=U_{VW}I_U\cos(90°-\varphi_U)-U_{VW}I_V\cos(30°+\varphi_V)\\&=U_{VW}I_U\sin\varphi_U-\frac{\sqrt{3}}{2}U_{VW}I_V\cos\varphi_V+\frac{1}{2}U_{VW}I_V\sin\varphi_V\end{aligned} \tag{7-19}$$

第二个元件：

$$\begin{aligned}P_2&=U_{UV}I_W\cos(90°-\varphi_W)-U_{UV}I_V\cos(150°+\varphi_V)\\&=U_{UV}I_W\sin\varphi_W+\frac{\sqrt{3}}{2}U_{UV}I_V\cos\varphi_V+\frac{1}{2}U_{UV}I_V\sin\varphi_V\end{aligned} \tag{7-20}$$

如果三相电压对称，则有

$$U_{UV}=U_{VW}=U_{WU}=U$$

因此，两元件测量的总功率为

$$\begin{aligned}P&=P_1+P_2=UI_U\sin\varphi_U+UI_V\sin\varphi_V+UI_W\sin\varphi_W\\&=\sqrt{3}(U_UI_U\sin\varphi_U+U_VI_V\sin\varphi_V+U_WI_W\sin\varphi_W)\\&=\sqrt{3}Q\end{aligned} \tag{7-21}$$

如果在仪表设计中预先考虑$\sqrt{3}$倍的比例关系，则可直接读出三相电路总的无功电能。此种无功电能表，不论负载是否平衡，只要三相电压对称，都能正确地计量三相电路的无功电能。

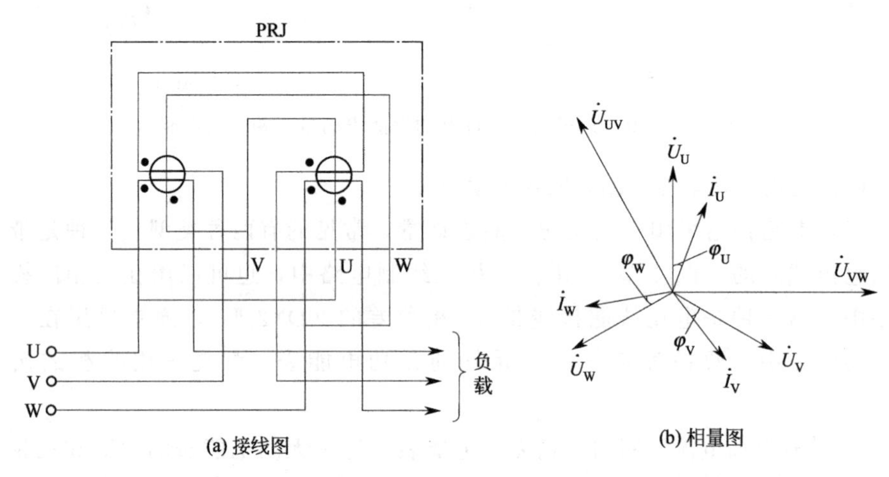

(a) 接线图　　(b) 相量图

图 7-18　带有附加电流线圈的三相无功电能表测量回路

② 带 60°相角差的三相无功电能表　如图 7-19(a) 所示为带 60°相角差的三相无功电能表接线图。这种三相无功电能表的结构与三相二元件有功电度表相同。特点是：通过在电压线圈上串联接入电阻 R_1 和 R_2，使电流线圈中流过的电流 I_U 不是滞后于电压 U 90°，而是滞后 U 60°，相当于把加入电压线圈的电压($\dot U_{VW}$、$\dot U_{UW}$) 超前旋转了 30°，第一个元件接入 U 相电流和 VW 相电压，第二个元件接入 W 相电流和 UW 相电压。相量关系如图 7-19(b) 所示。

每个元件测量的电能如下。

第一个元件：

$$\begin{aligned}P_1&=U_{VW}I_U\cos[90°-(\varphi_U+30°)]\\&=U_{VW}I_U\cos(60°-\varphi_U)\\&=\frac{1}{2}U_{VW}I_U\cos\varphi_U+\frac{\sqrt{3}}{2}U_{VW}I_U\sin\varphi_U\end{aligned} \tag{7-22}$$

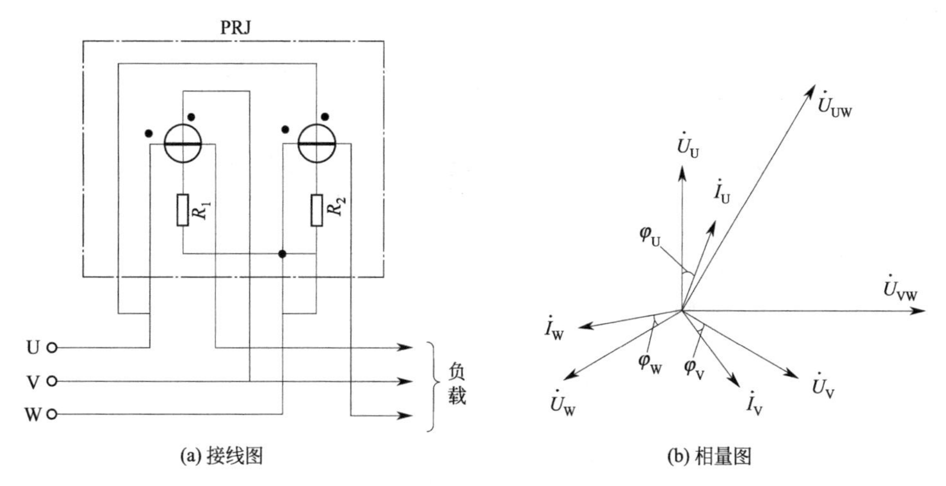

图 7-19 带 60°相角差的三相无功电能表测量电路

第二个元件：

$$\begin{aligned}P_2&=U_{UW}I_W\cos[150^\circ-(\varphi_W+30^\circ)]\\&=U_{UW}I_W\cos(120^\circ-\varphi_W)\\&=-\frac{1}{2}U_{UW}I_W\cos\varphi_W+\frac{\sqrt{3}}{2}U_{UW}I_W\sin\varphi_W\end{aligned}\tag{7-23}$$

当三相电路完全对称时，则

$$U_{UV}=U_{VW}=U_{WU}=U$$
$$I_U=I_V=I_W=I$$
$$\varphi_U=\varphi_V=\varphi_W=\varphi$$

两元件测量电能之和为

$$\begin{aligned}P&=P_1+P_2=2\times\frac{\sqrt{3}}{2}UI\sin\varphi\\&=\sqrt{3}UI\sin\varphi=Q\end{aligned}$$

可以看出，带 60°相角差的三相无功电能表能够测量三相三线电路的总无功电能。

7.4 测量回路识图实例

如图 7-20 所示为水轮发电机定子测量回路。图中包括一次回路、交流电流回路和交流电压回路。

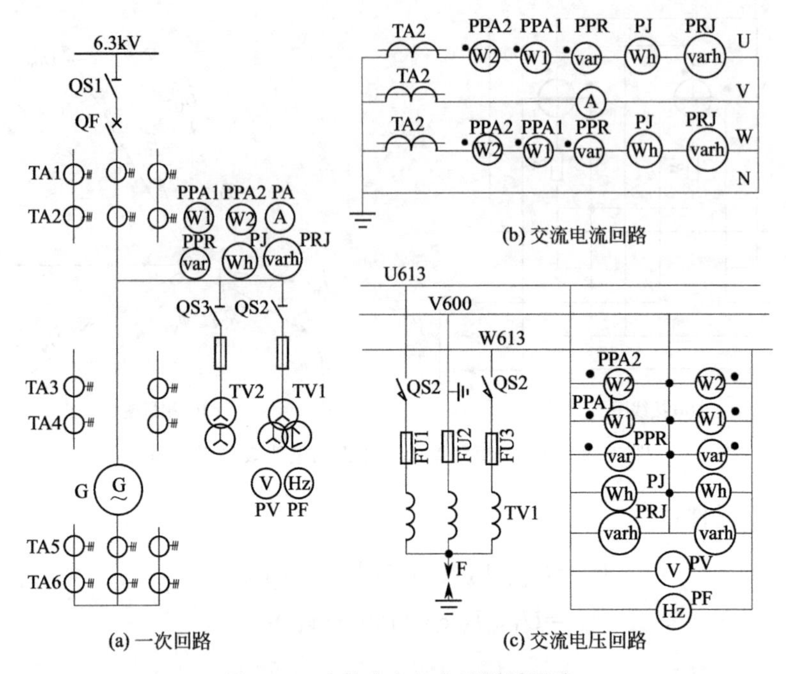

图 7-20　水轮发电机定子测量回路

由图 7-20(a) 可以看出，测量仪表有电流表 PA、有功功率表 PPA1 和 PPA2、无功功率表 PPR、有功电能表 PJ、无功电能表 PRJ、电压表 PV 和频率表 PF。且测量回路的电流取自电流互感器 TA2 的二次绕组，电压取自电压互感器 TV1。

由图 7-20(b) 可知，有功功率表、无功功率表、有功电能表、无功电能表采用的是三相两元件仪表，两个电流线圈分别接于 U、W 相。电流表接于 V 相。

由图 7-20(c) 可知，电压互感器 TV1 二次侧接地方式为 V 相接地。功率表和电能表的两个电压线圈接于 UV 相间和 WV 相间，电压表和频率表接于 U、W 相。

各仪表的功能如下。

① 电流表。用来监视发电机的负荷，图中采用一只电流表，适合小型水轮发电机，如果所连接的线路有可能非全相运行或长期三相不平衡时，应每相都装一只电流表。

② 有功功率表和无功功率表。用来监视发电机并网运行后，某一瞬间发出的有功和无功功率，并根据读数进行功率因数计算。

③ 有功电能表和无功电能表。计量发电机某一时段内发出的有功电能和无功电能。

④ 电压表、频率表。用于当机组进行手动准同期操作时监视发电机的电压和频率，仪表装在机旁，便于手动调节。

7.5 交流电网绝缘监察装置

在35kV及以下中性点不直接接地系统中，正常运行时，各相对地电压等于相电压，当发生一相接地故障时，接地相对地电压为零。其他两相（非故障相）的对地电压为其正常运行时对地电压的$\sqrt{3}$倍。由于此时系统只有一点接地，没有构成短路回路，因此故障点只流过很小的电容电流，中性点不直接接地系统由于接地电流小所以又叫接地电流系统。由于此时相间电压的对称性没有被改变，因此可以继续运行一段时间，但是这种不正常的运行状态不能持续时间过长，一般规定在2h以内。如果一相接地的情况没有被及时发现和处理，由于其他两个非故障相对地电压的升高，可能使另外一相对地绝缘薄弱处被击穿而造成相间短路。因此，需装设绝缘监察装置，以便在电网发生一相接地时能够被及时发现和处理。

7.5.1 中性点不直接接地系统单相接地时电压和电流的变化

(1) 正常运行时的电压和电流

如图7-21(a) 所示为小电流接地系统的接线图。在正常运行时，各相导线中除流过负荷电流外，由于三相导线与地之间存在着分布电容，所以在导线中引起了容性的附加电流。每相对地的分布电容用一个集中电容C_U、C_V、C_W来代替，在三相对称的电网中，如果三相绝缘良好，三相导线的对地电容相等，即$C_U=C_V=C_W$，因此可视为对称性负荷，所以此时中性点电位与大地电位相等，三相导线的对地电压分别等于三个相电压，并且对称。同时各相导线中流过的电容电流在相位上超前相应的相电压90°，三相电容电流也是对称的，其相量和为零，因此没有电流流入大地。

(2) 一相金属性接地时的电压和电流

当电网中任何一相绝缘损坏而发生接地时，各相对地电压和对地电容电流都要发生变化。假设U相发生了单相金属性接地时，U相对地电压为零，其他非故障相（V相、W相）对地电压变为该相与U相之间的电压，此时线电压不发

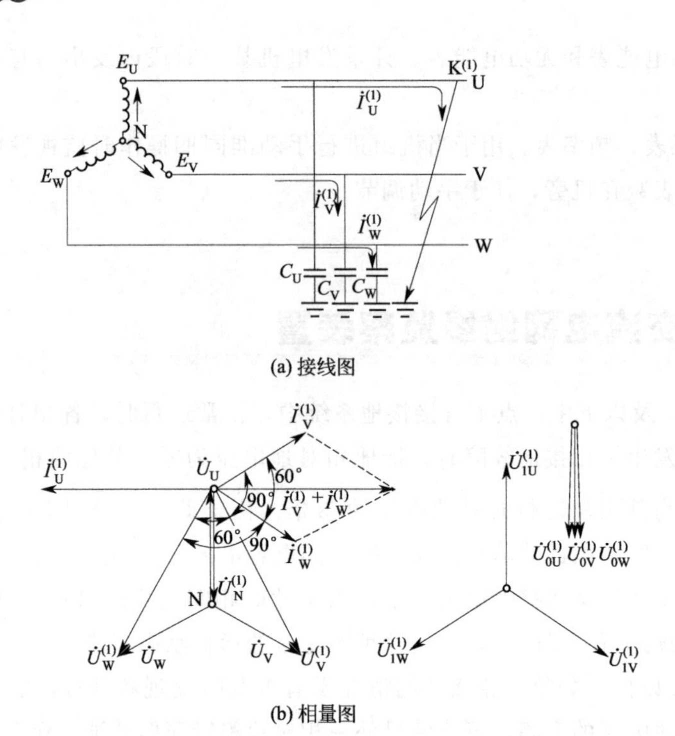

图 7-21　小电流接地系统单相接地

生变化，V 相、W 相的对地电压都升高为$\sqrt{3}$倍。此时中性点 N 的对地电压不再是零，而变成了 U 相故障前的电压，但是符号相反，即 $\dot{U}_N=-\dot{U}_U$。

U 相接地时，其电压降为零，U 相的对地电容 C_U 中不再有电流流过，流经电容 C_V、C_W 的电流之和经过大地及接地相的导线流回，接地点处的电流为

$$\dot{I}_U^{(1)}=-[\dot{I}_V^{(1)}+\dot{I}_W^{(1)}]$$

由于 $\dot{U}_W^{(1)}+\dot{U}_V^{(1)}=-3\dot{U}_U$，得

$$\dot{I}_U^{(1)}=3\dot{I}_0^{(1)}$$

式中，$3\dot{I}_0$ 是单相接地时的零序分量电流，而非故障相的电流增大了$\sqrt{3}$倍，三相电容电流之和不再为零，有流入大地的零序电流。接地点的电流在数值上等于原来每相电容电流的 3 倍，在相位上超前故障相电压 $\dot{U}_U$ 的相角 90°。

上面分析的情况属于金属性接地，当经过渡电阻接地时，接地相电压将不降至零，非故障相的电压升高，其数值在相电压和线电压之间变化。

7.5.2　绝缘监察装置的原理及接线图

根据以上的分析可知，在小接地电流系统中发生单相接地时，接地相的对地电

压降低，其他两相对地电压升高，系统中出现零序电压和零序电流，电网的单相接地保护装置就是根据这一原理实现的。利用有方向性的零序电流构成有选择性的接地保护，利用零序电压构成无选择的接地保护。由于在小电流接地电网中任何一点发生单相接地时都会出现零序电压。所以通常将无选择性的接地保护装置称为绝缘监察装置。

绝缘监察装置的构成有两种形式：①利用接于母线电压互感器二次侧的相电压上的三个低电压继电器构成；②利用接于开口三角形侧的反映零序电压的一个过电压继电器构成。由于第一种形式不能区分电压互感器二次回路断线和电网中单相接地故障，而且需要设备较多，因此第二种形式应用比第一种形式广泛。在接线简单的电网中，绝缘监察装置是唯一的单相接地保护装置，不论在该电压等级电网中任何一条线路上发生单相接地，它都能发出预告信号。

由继电器构成的绝缘监察装置，只能发出预告信号，但是不能指示是哪一相发生了接地。为了判断接地相，在发电厂和变电站的中央信号屏上还装有三只接于相电压上的绝缘监察电压表。正常运行时，三只电压表读数相同，当出现一相接地时，故障相的电压表读数降低，其他两相的电压表读数升高。值班人员听到电铃响并根据中央信号屏上的光字牌知道哪一级电网发生了接地故障后，可由绝缘监察电压表的指针判断故障相及故障程度，然后通过顺序拉闸的办法寻找故障线路。如拉开某条线路时，绝缘监察继电器返回（在室内配电装置有灯光和音响信号），绝缘监察电压表指示恢复正常，则所断开的线路就是故障线路。找到接地点后，可以在规定时间内将负荷转移，以便对故障线路进行检修。

在设计绝缘监察装置接线图时，为了使绝缘监察继电器和电压表能正确反映电网的接地故障，还必须注意与电压互感器接线及结构有关的下述两个问题。

① 为了要反映每相对地的电压，电压互感器高压侧的每相绕组必须接在相与地之间，即电压互感器的高压侧绕组必须接成星形，并且将中性点接地，同时电压互感器低压侧应有一个绕组接成星形，一个绕组接成开口三角形。为了人身安全，每个低压绕组也必须有一点接地（星形接线侧可使中性点接地，或V相接地而中性点加击穿保险器），以免在高低压绕组间绝缘击穿时造成设备和人身危险。

② 电压互感器可以用三个单相电压互感器，或者用一个三相五柱式电压互感器，切不可用三相三柱式电压互感器。因为要测量相对地的电压，必须使电压互感器一次侧的中性点接地，而一般三相三柱式电压互感器是不能将一次侧的中性点抽出接地的。

(1) 绝缘监察装置的构成

如图7-22所示是小电流接地系统绝缘监察装置的原理接线图，电压互感器为三相五柱式。互感器二次侧星形绕组上每相接入一只电压表，以测量母线电压；在二次侧的开口三角形绕组上接入一只过电压继电器，通过继电器再接信号装置。

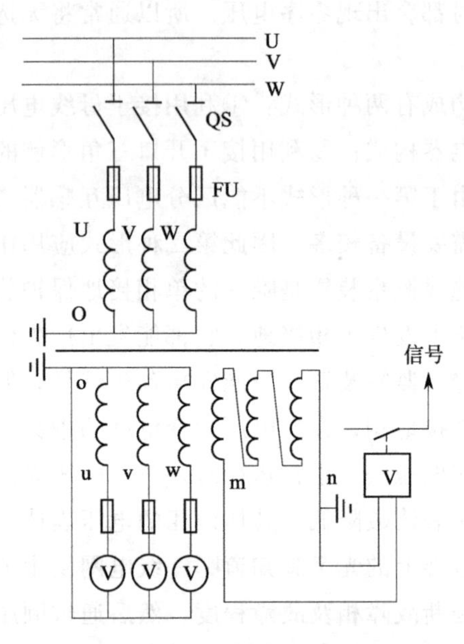

图 7-22 小电流接地系统绝缘监察装置原理接线图

(2) 绝缘监察装置的工作原理

① 在正常情况下，二次侧星形绕组三相上的电压表显示三相母线的电压(相电压)；而开口三角形绕组在三相对称时其引出端子上没有电压，过电压继电器不动作。

② 当发生单相接地时，如 U 相发生金属性接地，此时 $\dot{U}_{u}=0$，$U_{v}=U_{w}=\sqrt{3}U_{ph}$（$\sqrt{3}U_{ph}$ 为线电压)，由图 7-23 可知，此时开口三角形的继电器上电压不再为零，而开口三角形三绕组的总电压为

$$\dot{U}_{j}=\dot{U}_{u}+\dot{U}_{v}+\dot{U}_{w}=3\dot{U}_{0}$$

即三倍零序电压，其值为 100V。当接地是非金属性、经过渡电阻接地时，故障电压不降至零，继电器上的电压也低于 100V，但当此电压高于继电器启动电压（一般整定为 15V）时，继电器动作，发出单相接地报警信号（灯光及音响)，运行人员到中央信号屏上三只电压表处查看电压指示，则故障相电压降低，而非故障相电压升高。然后采用传统的顺序拉闸法或目前已有的小电流接地系统

自动选线装置，找出接地线路。

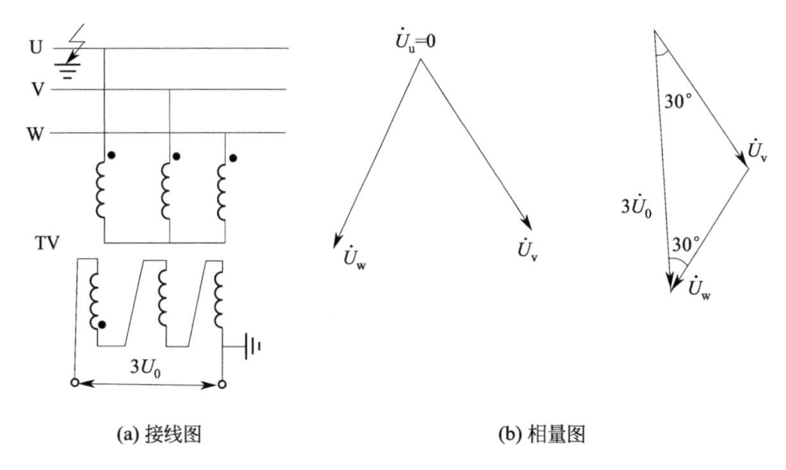

(a) 接线图　　(b) 相量图

图 7-23　单相接地时开口三角形绕组的电压分析

第8章

操作电源识图

8.1 概述

发电厂和变电站中的控制、信号、测量、继电保护、自动装置等设备的用电，要求有可靠和稳定的电源系统，即使在发电厂和变电站全部停电的情况下，也要保证上述负荷的可靠供电。在发电厂和变电站中有直流电源和交流电源两种，为了保证供电的可靠性，最好装设独立的直流操作电源，避免交流系统故障而影响操作电源的正常供电。本章主要介绍直流操作电源。

8.1.1 对直流操作电源的基本要求

① 保证供电质量。在正常运行时，供控制负荷用电的直流电源母线电压，允许电压波动范围－15％～＋10％额定电压；供动力和事故照明负荷用电的直流电源母线电压，允许电压波动范围－10％～＋10％额定电压。事故时的直流电源母线电压不低于90％额定值；失去浮充电源后，在最大负荷下的直流电源母线电压不低于80％额定值。

② 纹波系数小于5％。

③ 操作、运行维护使用方便；使用寿命长；设备投资、布置面积等应合理。

8.1.2 直流操作电源的分类

直流操作电源分为独立操作电源和非独立操作电源。独立操作电源包括蓄电池和电源变换式直流操作电源两种。非独立操作电源包括复式整流和硅整流电容储能直流操作电源两种。如按电压等级分可分为强电电源（220V和110V）和弱电电源（48V以下）。

(1) 蓄电池直流电源

蓄电池是一种可以重复使用的化学电源，充电时，将电能转化为化学能储存起来，放电时，又将储存的化学能转变为电能送出。若干个蓄电池连接成蓄电池组。这种电源是由蓄电池组、充电器及直流屏等构成的。即便在全厂（站）事故停电时，交流电源消失的情况下，仍能在一定时间内维持可靠供电。

(2) 电源变换式直流电源

如图8-1所示为电源变换式直流电源框图。由可控整流装置U1、48V蓄电池 GB、逆变装置 U2 和整流装置 U3 组成。

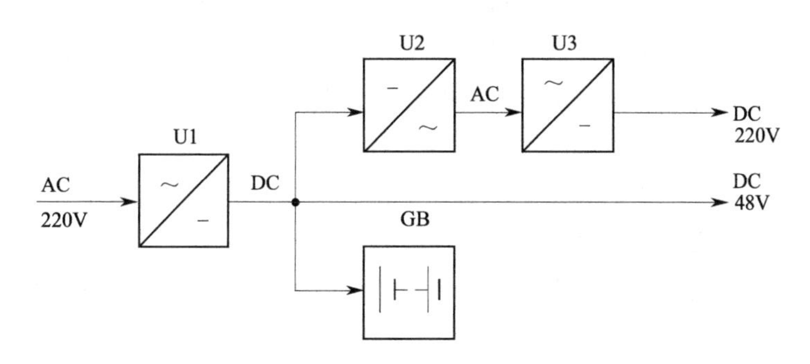

图 8-1 电源变换式直流电源框图

正常运行时，220V 交流电源，经过可控整流装置 U1 变换为 48V 的直流电源，作为全厂（站）的 48V 直流电源；并对蓄电池 GB 进行充电或浮充电；同时经过逆变装置 U2 将 48V 直流电源变为交流电源，再经过整流装置 U3 变换为 220V 直流输出。

事故情况下，交流 220V 电源电压下降或消失，蓄电池 GB 向逆变装置 U2 供电，使可控整流装置 U3 能够输出 220V 直流，从而保证了重要负荷的连续供电，供电时间的长短取决于 48V 蓄电池组的容量。

(3) 复式整流直流电源

如图 8-2 所示为复式整流直流电源框图。复式整流装置由电压源Ⅰ和电流源Ⅱ两部分组成。

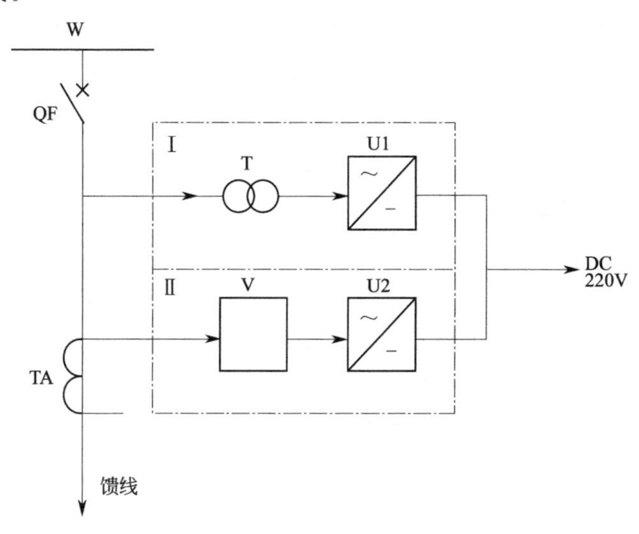

图 8-2 复式整流直流电源框图

正常运行状态下，由厂（站）用变压器 T 的输出电压（电压源Ⅰ）经整流装置 U1 整流输出直流电源向控制、信号和保护等操作电源供电。

事故状态下，由电流互感器的二次短路电流，通过铁磁谐振稳压器变为交流电压，经整流装置 U2 整流输出直流电压作为事故电源，给保护装置、断路器跳闸等重要负荷提供紧急电源。

复式整流直流电源依靠系统的交流电源，所以是非独立电源。

(4) 硅整流电容储能直流电源

硅整流电容储能直流电源是一种非独立式的直流电源。由硅整流设备和电容器组组成。

在正常运行时，厂（站）用交流电经硅整流设备变换为直流电源，作为全厂的操作电源并向电容器充电。

事故情况下，可利用电容器正常运行存储的电能，向重要负载（继电保护、自动装置和断路器跳闸回路）供电。

8.2 蓄电池直流系统

8.2.1 概述

(1) 蓄电池的分类

蓄电池按电解液不同可分为酸性蓄电池和碱性蓄电池两种。

酸性蓄电池常采用铅酸蓄电池。酸性蓄电池的端电压较高（2.15V），冲击放电电流较大，适用于断路器跳、合闸的冲击负载。但是酸性蓄电池寿命短，充电时溢出有害的硫酸气体。因此蓄电池室需设较复杂的防酸和防爆设施。碱性蓄电池占地面积小，寿命长，维护方便，无酸气腐蚀，但事故放电电流小。碱性蓄电池有铁镍、镉镍等几种。

(2) 蓄电池的容量

蓄电池的容量（Q）是蓄电池蓄电能力的重要标志，单位用 A·h(安·时)表示。容量的安时数就是蓄电池放电到某一最小允许电压的过程中，放电电流的安培数和放电时间的乘积，即 $Q=It$。蓄电池容量一般分为额定容量和实际容量两种。

① 额定容量　额定容量是指充足电的蓄电池在 25℃时，以 10h 放电率放出的电能，即

$$Q_N=I_N t_N \tag{8-1}$$

式中　Q_N——蓄电池的额定容量，A·h；

I_N——额定放电电流，即 10h 放电率的放电电流，A；

t_N——放电至终止电压的时间，一般 t_N 等于 10h。

② 实际容量　蓄电池的实际容量 Q 为

$$Q=It \tag{8-2}$$

式中　Q——蓄电池的实际容量，A·h；

I——实际放电电流，A；

t——放电至终止电压的实际时间，h。

蓄电池的容量与极板的面积、电解液的密度及数量、放电电流、充电程度及环境温度等有关。

(3) 放电率

蓄电池放电到终止电压的时间称为放电率。电力系统规定，以 10h 放电率为标准放电率，此时的容量为蓄电池的额定容量。采用不同放电率的蓄电池，其容量是不同的。蓄电池 10h 放电到终止电压时的容量约是 1h 放电到终止电压时容量的 2 倍。蓄电池不允许用过大电流放电，但在需要时允许在几秒内承担较大的冲击电流。冲击放电时间一般限定为 5s。

8.2.2　蓄电池直流系统的运行方式

蓄电池直流系统是由充电设备、蓄电池组、浮充电设备和相关的开关及测量仪表组成，一般采用单母线或单母线分段的接线方式。蓄电池组的运行方式有两种，即充电-放电方式和浮充电运行方式。

(1) 充电-放电方式

充电-放电运行方式是将充好电的蓄电池组接在直流母线上对直流负荷供电，除充电时间外，充电装置是断开的。为了保证直流系统供电的可靠性，在蓄电池放电到容量的 75%～80%时，即应停止放电，准备充电。蓄电池在充电时，直流负荷应由已充好电的另一组蓄电池供电。如果没有第二组蓄电池，则当充电时，充电装置应兼供直流负荷。

(2) 浮充电运行方式

浮充电运行方式是除专门充电用硅整流装置外，另外装设一台容量较小的硅整流器作为浮充电整流器，将充好电的蓄电池与浮充电整流器并联工作，除供给直流母线上经常性负荷外，并以不大的电流向蓄电池浮充电，使蓄电池处于满充电状态，浮充电运行的蓄电池主要承担短时冲击负荷。

8.2.3　浮充电式直流系统识图

如图 8-3 所示是按浮充电运行方式工作的直流系统接线图。浮充电整流器

U2经常给蓄电池组进行浮充电，采用了双母线接线，供电的可靠性大为提高，蓄电池组回路装有两组刀开关，可以切换至任一组母线上。蓄电池组GB左端为基本电池，其右端为可调节接入蓄电池个数的端电池组，可通过调整器任意接入或退出部分电池，以保持直流母线电压在220V。每组母线上各装一套电压监察装置和闪光装置，信号部分各装一套，而绝缘监察装置的表计为两组母线共用。为便于蓄电池放电，充电整流器宜采用能实现逆变的整流装置。

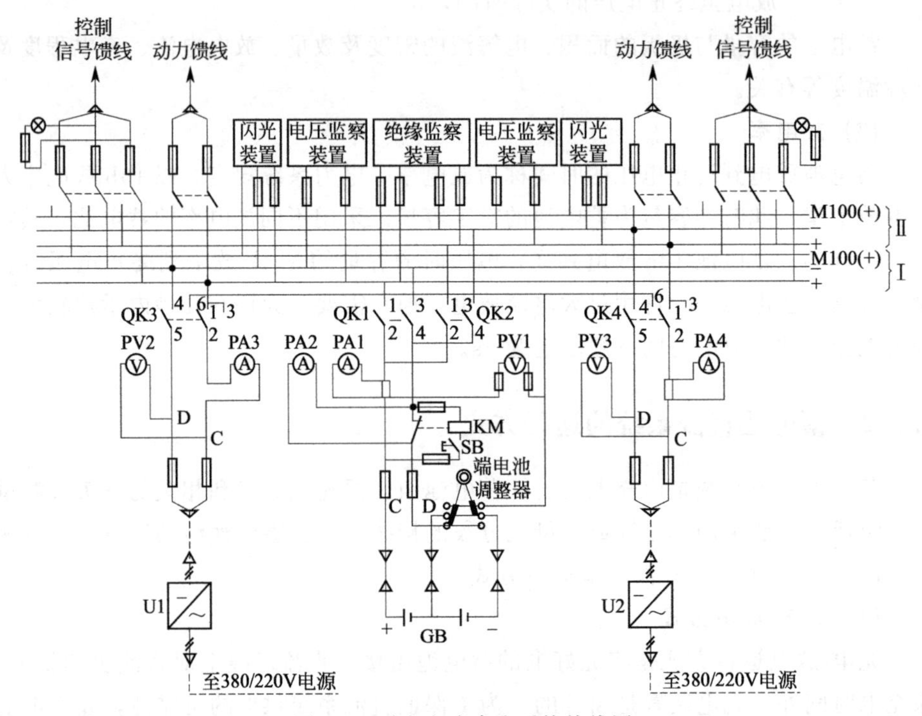

图8-3　浮充电式直流系统接线图

工作原理如下。

当刀开关QK3投向右侧，触点2-3、5-6接通，QK1接通。U1的正极经QK3的2-3→Ⅰ母线的+→QK1的1-2至GB的正极，U1的负极经QK3的5-6至端电池的负极，从而对GB整组电池充电。当刀开关QK3的1-2、5-4分别接通，U1对Ⅰ母线上直流负荷供电，同时经QK1向GB的基本电池组浮充电。PV2和PA3监视U1的输出电压和电流。

刀开关QK4投向右侧，其触点2-3、5-6接通，U2的正极经QK4的2-3触点→Ⅱ母线的+→QK2的1-2至GB的正极；U2的负极经QK4的5-6至端电池的负极，实现对整组蓄电池的充电。当刀开关QK4的2-1、5-4触点分别接通，对Ⅱ母线上直流负荷供电，同时经QK2向GB的基本电池组浮充电。PV3和

PA4是监视U2的输出电压和电流的。

蓄电池组回路装有两组开关QK1和QK2，熔断器，两只电流表PA1、PA2和一只电压表PV1。熔断器作为短路保护。电流表PA1为双向5A—0—5A式，用以测量充电和放电电流；电流表PA2正常被短接，当测量浮充电电流时，可利用按钮SB使接触器KM的触点断开后测读。电压表PV1用来监视蓄电池组的电压。

为了提高直流系统供电的可靠性，往往采用两组220V蓄电池组，分别接在一组母线上，浮充电设备也采用两套，各对一组蓄电池组进行浮充电。专用充电设备则可共用一套。

8.3 硅整流电容储能直流系统识图

硅整流电容储能直流系统是通过硅整流设备，将交流电源变换为直流电源，作为发电厂和变电站的直流操作电源。为了在交流系统发生短路故障时，仍然能使控制、保护及断路器可靠动作，系统还装有一定数量的储能电容器。

8.3.1 硅整流电容储能直流系统

硅整流电容储能直流系统通常由两组整流器U1和U2、两组电容器C_{I}和C_{II}、两台隔离变压器T1、T2及相应的开关、电阻、二极管、熔断器等组成。如图8-4所示为硅整流电容储能直流系统回路图。

图中设计有380V两路交流电源，分别经隔离变压器T1、T2，通过桥式整流器U1、U2向合闸和控制母线供电。合闸母线与控制母线经二极管V3隔离，V3起逆止阀的作用，只允许合闸母线向控制母线供电，电阻R_1用来限制控制母线发生短路时，流过V3的电流，起保护V3的作用。FU1、FU2为快速熔断器，作为U1、U2的短路保护。在整流器U2的输出回路中，还装有电阻R_2，用以保护U2。并且装有低电压继电器KV，当U2输出电压降低到一定程度或消失时，KV动作发信号。串接二极管V4，作用是U2输出电压消失后，防止合闸母线向电压继电器KV供电。

在正常情况下，合闸和控制母线上的所有直流负载均由整流器U1和U2供电，并给储能电容器C_{I}和C_{II}充电，即C_{I}和C_{II}处于浮充电状态。

在事故情况下，电容器C_{I}和C_{II}所存储的电能作为继电保护和断路器跳闸回路的直流电源。其中一组向6～10kV馈线继电保护和跳闸回路供电；另一组向主变压器保护、电源进线保护及其跳闸回路供电。这样，当6～10kV馈线上

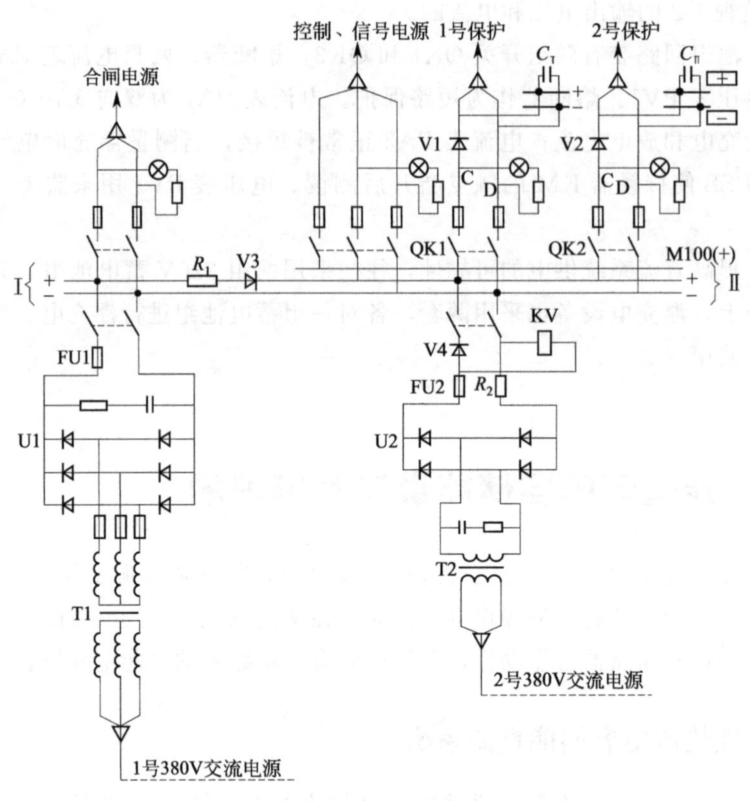

图 8-4　硅整流电容储能直流系统回路图

发生故障，继电保护装置虽然动作，但因断路器操作机构失灵而不能跳闸（此时由于跳闸线圈长时间通电，已将电容器 C_{I} 储存的能量耗尽）时，使起后备保护作用的上一级主变压器过流保护，仍可利用电容器 C_{II} 存储的能量，将故障切除。C_{I}、C_{II} 充电回路二极管 V1 和 V2 起止逆阀作用，用来防止事故情况下，电容器 C_{I} 和 C_{II} 向接于控制母线上的其他回路供电。

8.3.2　储能电容器的检查装置回路识图

为了防止储能电容器老化、失效及回路断线等原因造成电容器容量降低，应定期检查电容器的电压、泄漏电流和容量。检查装置回路图如图 8-5 所示。

储能电容器检查装置是由继电器（KT、KV 和 KS）、转换开关（SM1、SM2）、按钮（SB1、SB2）和测量仪表（PA1、PA2、PV）组成。

电压表 PV 经转换开关 SM1 的切换可用来监测电容器 C_{I} 和 C_{II} 两端电压。

毫安表 PA1（或 PA2）和试验按钮 SB1（或 SB2），用来检查 C_{I}（或 C_{II}）的泄漏电流。正常工作时，毫安表 PA1（或 PA2）被试验按钮 SB1（SB2）短

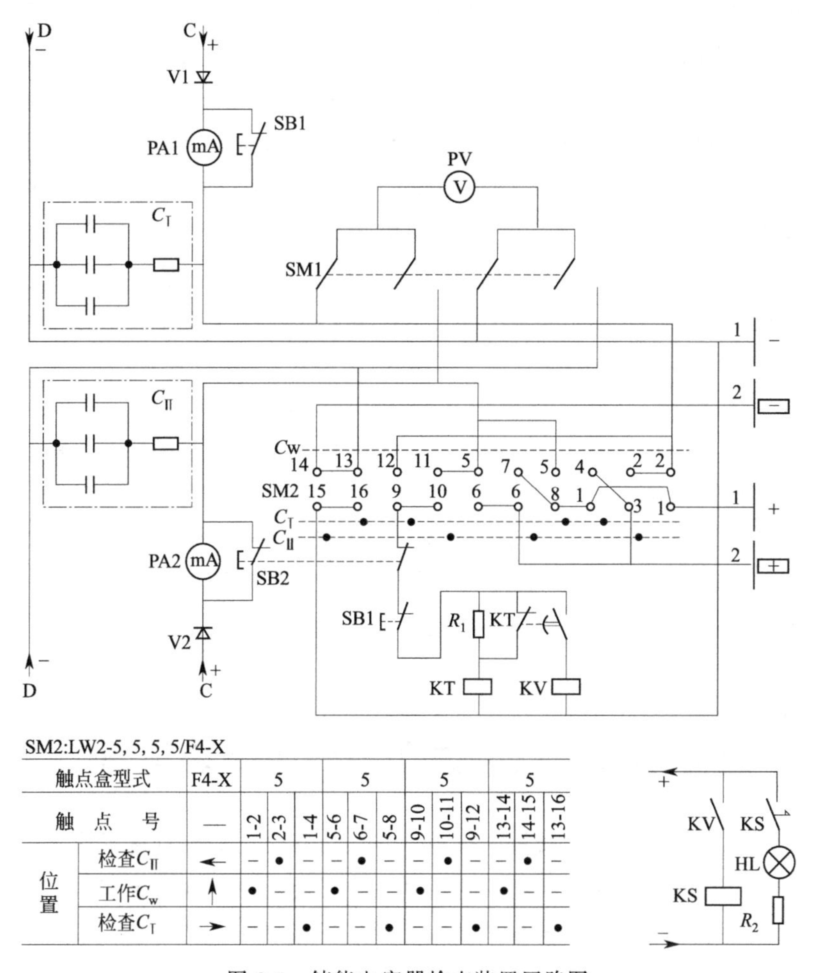

SM2:LW2-5, 5, 5, 5/F4-X

触点盒型式		F4-X	5			5			5			5		
触　点　号		—	1-2	2-3	1-4	5-6	6-7	5-8	9-10	10-11	9-12	13-14	14-15	13-16
位置	检查C_{II}	←	–	•	–	–	•	–	–	•	–	–	•	–
	工作C_w	↑	•	–	–	•	–	–	•	–	–	•	–	–
	检查C_{I}	→	–	–	•	–	–	•	–	–	•	–	–	•

图 8-5　储能电容器检查装置回路图

接；测量时，按下试验按钮，其动断触点断开，就可测得泄漏电流，同时解除电容器检查回路。

继电器KT、KV和KS和转换开关SM2用来检查电容器的容量。SM2选用LW2-5,5,5,5/F4-X型转换开关，它有三个位置："工作（C_w）"位置、"检查（C_{I}）"位置、"检查（C_{II}）"位置。其工作原理如下。

① 正常运行时转换开关SM2置于"工作（C_w）"位置，其触点1-2、5-6接通，则储能电容器C_{I}经触点1-2向母线Ⅰ供电；储能电容器C_{II}经触点5-6向母线Ⅱ供电。

② 将转换开关SM2置于"C_{I}"位置时，其触点1-4、5-8、9-12、13-16接通，此时电容器C_{II}继续运行，并经触点1-4、5-8和13-16向母线Ⅰ和母线Ⅱ供

电。而电容器 C_{I} 处于被检查的放电状态，即 C_{I} 经 SM2 的触点 9-12 接至时间继电器 KT 线圈上（C_{I} 通过 KT 线圈进行放电），使 KT 动作，其动断触点断开，电阻 R_1 串入（以减少时间继电器能量消耗）；KT 延时闭合的动合触点经延时 t（考虑可靠性，放电时间 t 应比保护装置的动作时间大 0.5～1s）后，接通过电压继电器 KV 线圈。若 C_{I} 经 t 放电后，其残压大于过电压继电器 KV 的整定值，KV 就动作，其动合触点闭合，使信号继电器 KS 动作并掉牌，同时点亮信号灯 HL，表明电容器 C_{I} 的电容量正常。如果时间继电器 KT 或过电压继电器 KV 不能启动，则表明电容器 C_{I} 的电容值下降或有开路现象，应逐一检查和更换损坏的电容器。

③ 当将转换开关 SM2 置于“C_{II}”位置时，其触点 2-3、6-7、10-11、14-15 接通，此时电容器 C_{I} 承担Ⅰ、Ⅱ母线上的负载，而电容 C_{II} 则处于被检查的放电状态，动作情况同前。

采用硅整流电容储能直流操作电源时，在控制回路中，原来接控制小母线（即＋、－）的信号灯及自动重合闸继电器，改接至信号小母线＋700 上，使发生故障时，不消耗电容器所储存的能量。

8.4 直流系统监察装置和电压监视装置回路识图

直流系统的绝缘水平直接影响直流回路的可靠性，如果直流系统中发生两点接地可能引起严重的后果。例如在直流系统中已有一点接地，再在保护装置出口继电器或断路器跳闸线圈另一极接地时，则将使断路器误动作。

为了防止由于两点接地可能发生的误跳闸，必须在直流系统中装设连续工作且足够灵敏的绝缘监察装置。当 220V（110V）直流系统中任何一极的绝缘下降到 15～20kΩ（2～5kΩ）时，绝缘监察装置应发出灯光和音响信号。

为了监视直流的电压状况，直流系统设有电压监视装置，当系统出现低电压或过电压时，发出信号。

(1) 绝缘监察装置

① 简单的绝缘监察装置　简单的绝缘监察装置是由电压表（PV1）和转换开关（SA）组成，如图 8-6 所示。根据 PV1 测得的电压值，粗略地估算正、负母线对地的绝缘电阻，从而达到绝缘监察的目的。

图中，SA 为 LW2-W-6a,6,1/F6 型转换开关，它有“m（母线）”、“－对地”、“＋对地”三个位置，见表 8-1。开关平时置于“m（母线）”位置，其触点 1-2、5-8 接通，使电压表测量正、负极母线电压 U_{m}。当 SA 切换至“＋对地”

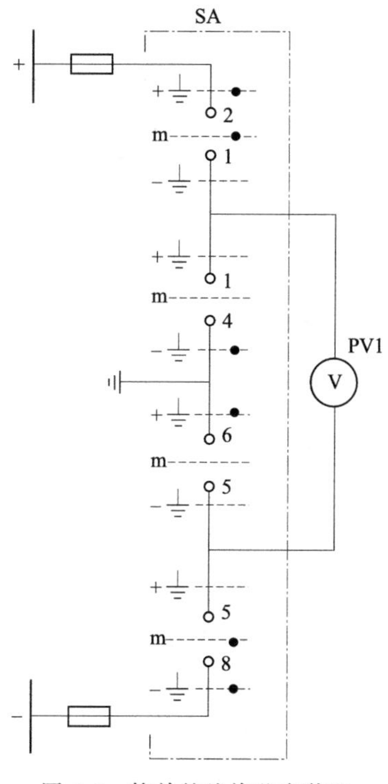

图 8-6 简单的绝缘监察装置

位置时，触点1-2、5-6接通，可测得正电源母线对地电压$U_{(+)}$。当SA切换至“−对地”位置时，触点5-8、1-4接通，可测得负电源母线对地电压$U_{(-)}$。正、负电源母线绝缘电阻可用下式估算：

$$\left.\begin{aligned}R_{(+)}&=R_{\mathrm{V}}\left[\frac{U_{\mathrm{m}}-U_{(+)}}{U_{(-)}}-1\right]\\R_{(-)}&=R_{\mathrm{V}}\left[\frac{U_{\mathrm{m}}-U_{(-)}}{U_{(+)}}-1\right]\end{aligned}\right\}\tag{8-3}$$

式中 $R_{(+)}$，$R_{(-)}$——正、负母线对地绝缘电阻，Ω；

$U_{(+)}$，$U_{(-)}$——测得的正、负母线对地电压，V；

U_{m}——直流母线电压，V；

R_{V}——电压表PV1的内阻，Ω。

可见，若测得的$U_{(+)}=U_{(-)}=0$，表明直流系统绝缘良好，因为母线没有接地，母线电压表PV1构不成回路；若测得的$U_{(+)}=0$，$U_{(-)}=U_{\mathrm{m}}$，表明正母线接地；若测得的结果相反，表明负母线接地；若测得的$U_{(+)}$和$U_{(-)}$在$0\sim U_{\mathrm{m}}$之间，可根据式(8-3)估算正、负母线对地绝缘电阻$R_{(+)}$和$R_{(-)}$。

表 8-1　LW2-W-6a,6,1/F6 型转换开关图表

在"断开"位置手把(正面)样式和触点盒(背面)		1 2 4 3		5 6 8 7		9 10 11 12	
手把和触点盒的型式	F6	6a		6		1	
触点号 / 位置	—	1-2	1-4	5-6	5-8	9-11	10-12
m(母线)		·	—	—	·	·	—
一对地		—	·	—	·	—	—
＋对地		·	—	·	—	—	—

这种绝缘监察装置主要用于小型变电站，在发电厂和大、中型变电站中作为辅助的绝缘监察装置，用来粗略估算哪个母线绝缘性能降低。

② 电磁型继电器构成的绝缘监察装置　如图 8-7 所示为电磁型继电器构成的绝缘监察装置，由信号部分和测量部分组成，信号部分用来判断直流系统绝缘是否下降或接地，若下降或接地，则发出灯光及音响信号；测量部分用来判断直流系统哪一极绝缘下降或接地，为查找接地点提供依据。装置适用于单母线供电的直流系统，是发电厂和变电站广泛采用的一种绝缘监察装置。

图中，SM 为 LW-2,2,2,2/F4-8X 型转换开关，有"Ⅰ"、"Ⅱ"两个位置；SM1 为 LW-2,1,1,2/F4-8X 型转换开关，有测量"Ⅰ"、测量"Ⅱ"和信号"S"三个位置；SA 为 LW2-W-6a,6,1/F6 型转换开关。

在图 8-7(a) 中，当 SM 置"Ⅱ"位置时，第Ⅰ组母线装有信号部分；第Ⅱ组母线装有信号部分和测量部分，其测量部分为两组母线公用。

第Ⅰ组母线信号部分的工作原理如图 8-7(b) 所示。电路由信号继电器 K1 和电阻 R_1、R_2 组成。R_1 等于 R_2（均为 1kΩ），并与直流系统正、负母线对地绝缘电阻 $R_{(+)}$ 和 $R_{(-)}$ 组成电桥的四个臂。继电器 K1 接于电桥的对角线上，相当于直流电桥中检流计。正常运行时，直流母线正、负两极对地电阻 $R_{(+)}$ 和 $R_{(-)}$ 相等，继电器 K1 线圈中只有微小的不平衡电流流过，继电器 K1 不动作。当某一极的绝缘电阻下降至低于允许值时，电桥失去平衡，当继电器 K1 线圈中流过的电流足够大时，K1 动作，其动合触点闭合，点亮光字牌 H1，显示"Ⅰ母线接地"字样，并发出预告音响信号。

继电器 K1 通过蓄电池出口回路的两组开关的辅助动断触点 QK1 和 QK2 并联后接地。当两组母线并列运行时，开关 QK1 和 QK2 全部投入，其辅助动断触

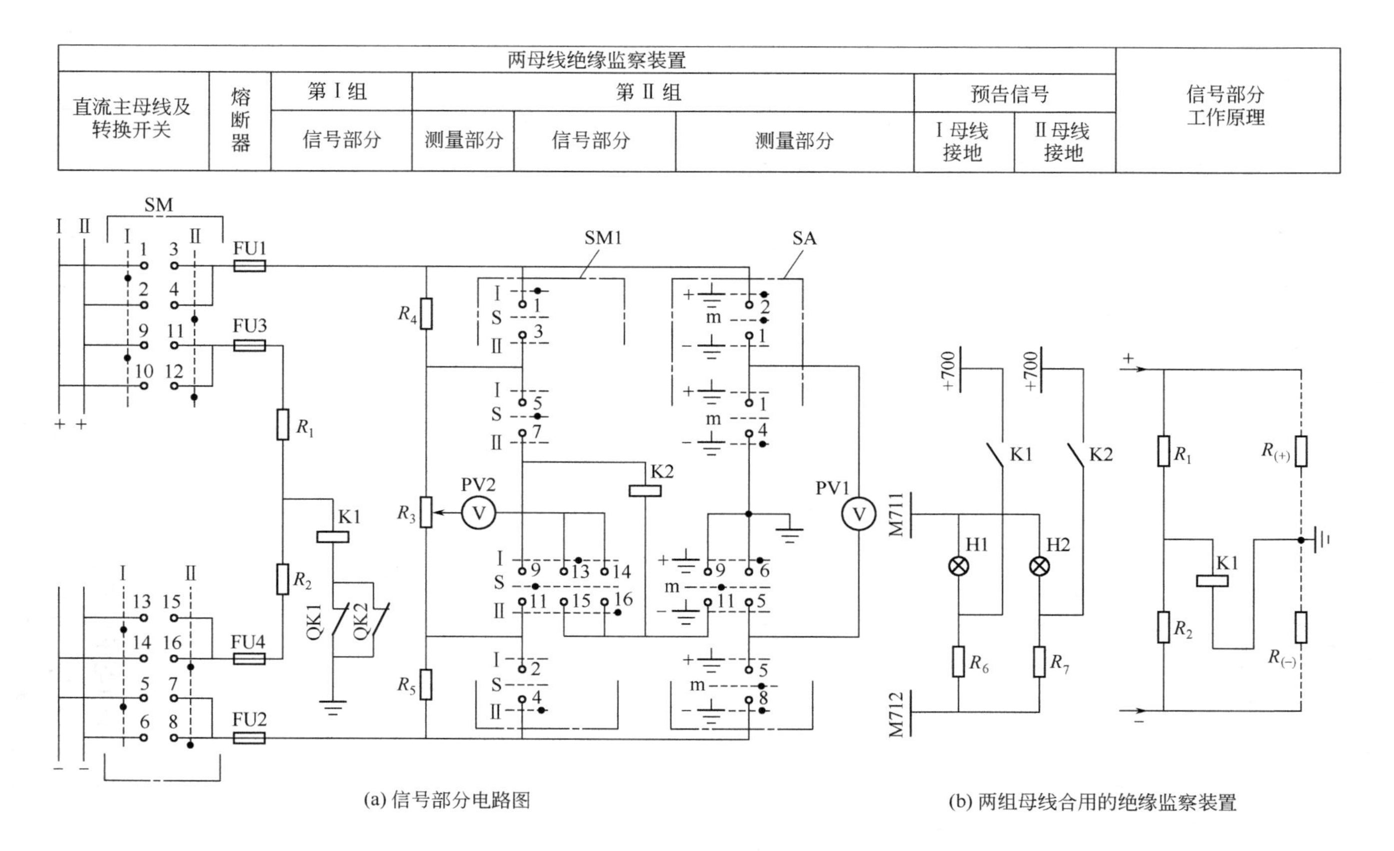

图 8-7 电磁型继电器构成的绝缘监察装置

点都断开，使第Ⅰ组母线绝缘监察装置退出工作。因为此时只需要一套绝缘监察装置即可满足要求，否则将影响绝缘监察装置的灵敏度。

第Ⅱ组母线绝缘监察装置装有信号部分和测量部分，信号部分由继电器K2和电阻R_4、R_5组成。其工作原理与K1、R_1、R_2电路相同。测量部分由母线电压表PV1、绝缘电压表PV2、转换开关SM1及SA组成。PV1用于检测正、负母线之间或正、负母线对地电压；PV2用于测量直流系统对地或正、负母线对地的绝缘电阻。

如果发出"Ⅱ母线接地"信号时，首先利用SA和PV1分别测量出正、负母线间电压U_m、正母线对地电压$U_{(+)}$、负母线对地电压$U_{(-)}$，再根据式(8-4)判断Ⅱ母线哪个绝缘电阻降低；然后将SA置"m"位置，使其触点9-11接通；再利用SM1和PV2测量绝缘电阻，其测量方法如下。

a. 判断为正母线绝缘性能降低时。将SM置"Ⅰ"位置，此时触点1-3、13-15接通，接入电压表PV2并将R_4短接。调节电阻R_3，使PV2指示为零，读取R_3的百分数X值。

再将SM置"Ⅱ"位置，此时触点2-4、14-16接通，接入电压表PV2并将R_5短接，PV2指示的数值为直流系统对地总的绝缘电阻R，则正、负母线对地绝缘电阻为

$$\left.\begin{aligned} R_{(+)} &= \frac{2R}{2-X} \\ R_{(-)} &= \frac{2R}{X} \end{aligned}\right\} \tag{8-4}$$

b. 判断为负母线绝缘性能降低时。将SM置"Ⅱ"位置，接入电压表PV2并将R_5短接，调节电阻R_3，使PV2指示为零，读取R_3的百分数X值。

再将SM置"Ⅰ"位置，接入电压表PV2并将R_4短接。PV2指示的数值为R，则正、负母线对地绝缘电阻为

$$\left.\begin{aligned} R_{(+)} &= \frac{2R}{1-X} \\ R_{(-)} &= \frac{2R}{1+X} \end{aligned}\right\} \tag{8-5}$$

式中　R——直流系统对地总的绝缘电阻，Ω；

　　　X——R_3电阻刻度的百分值。

(2) 直流母线的电压监察装置

直流母线电压应保持在规定的范围内，从而保证控制装置、信号装置、继电保护和自动装置可靠动作和正常运行。如果直流母线上的电压过高，对长期带电的设备（如继电器、信号灯等）会造成损坏或缩短使用寿命；如果电压过低，可

能使继电保护装置和断路器操动机构拒绝动作。如图 8-8 所示为直流母线电压监察装置电路，用来监视直流系统母线电压。

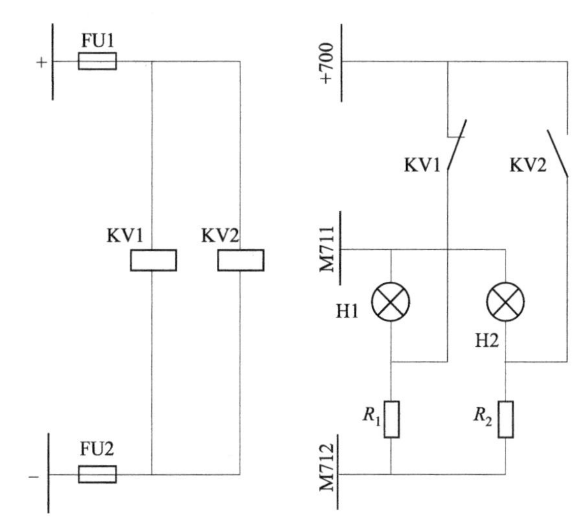

图 8-8 直流母线电压监察装置电路

图中，KV1 为低电压继电器，KV2 为过电压继电器。当直流母线电压低于或高于允许值时，电压继电器 KV1 或 KV2 动作，点亮光字牌 H1 或 H2，发出预告信号。

通常低电压继电器 KV1 的动作电压整定为直流母线额定电压的 75%，过电压继电器 KV2 的动作电压整定为直流母线额定电压的 1.25 倍。

(3) 闪光装置

发电厂和变电站的直流系统通常装有闪光装置，作为断路器控制回路的闪光电源。闪光装置接线如图 8-9 所示，由 DX-3 型闪光继电器、试验按钮 SB 和信号灯 HL 组成；M100（+）为闪光小母线。

正常运行时，信号灯 HL 亮，说明直流电源和熔断器完好；此时，闪光小母线 M100（+）不带电，闪光继电器不动作。

按下试验按钮 SB 后，直流小母线正电源经闪光继电器的常闭触点 K、电容器 C、电阻 R、按钮 SB 的动合触点、信号灯 HL 和电阻 R_1 与小母线负电源相连，电容器 C 开始充电；闪光小母线 M100（+）电位降低，信号灯 HL 因两端电压降低而变暗。随着并联在闪光继电器线圈两端的电容 C 因充电电压不断升高，当达到闪光继电器的动作电压时，闪光继电器动作；其常开触点闭合，信号灯 HL 两端因电压升高而变亮，闪光小母线 M100（+）电位升高；同时闪光继电器的常闭触点 K 打开，电容器 C 停止充电。电容 C 开始对闪光继电器线圈放电，电容 C 两端电压降到闪光继电器 K 返回电压时，闪光继电器 K 返回，其常开

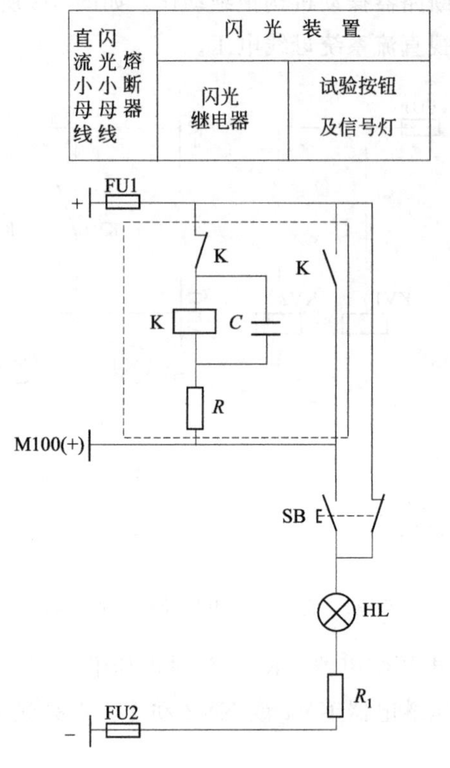

图 8-9 闪光继电器构成的闪光装置

触点打开，HL 又变暗；常闭触点 K 闭合，又开始对电容 C 充电。这样周而复始，信号灯 HL 一暗一亮连续闪光，同时闪光小母线 M100（+）电位一低一高。

放开试验按钮 SB 后，信号灯 HL 由闪光变为平光。

对中小容量机组发电厂一般采取主控制室的控制方式，其闪光装置由直流屏配套供应，一段母线设一套。对大容量机组的发电厂采用集中控制方式，要按不同系统或控制地点分开装设两组以上的闪光装置；闪光装置可装设在直流屏上、中央信号屏上或相关的控制继电器屏上。

8.5 事故照明切换电路识图

对于中小型水电站和变电所，事故照明正常时由交流电源供电，当交流电源消失时，经事故照明切换装置自动切换为直流电源供电。如图 8-10 所示为事故照明切换回路。看图可知，整个回路分为两大部分，即正常照明部分和事故照明部分，电压继电器 KV1、KV2 和 KV3 为电源监视继电器，分别接于 U、V、W 三相上。

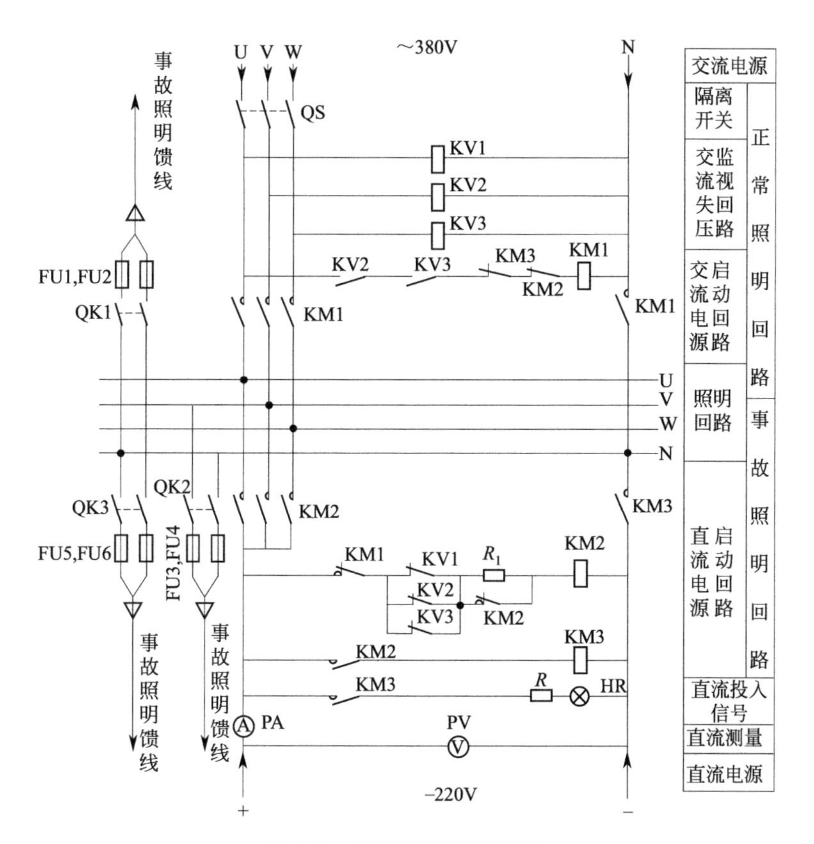

图 8-10 事故照明切换回路

正常情况下，由于交流电源正常供电，因此，KV1、KV2 和 KV3 均在启动状态，其常开触点闭合、常闭触点断开。此时，交流电源启动回路中的 KV2 和 KV3 串联触点闭合，而此时 KM2 和 KM3 均未动作，因此其在交流电源启动回路中的常闭触点也闭合，所以 KM1 线圈有电流流过，KM1 启动。KM1 动作后，一方面主触点闭合，使照明回路由交流电源供电；另一方面其在直流电源启动回路中的常闭触点断开，使直流电源启动回路退出。

当交流电源消失后，KV1、KV2 和 KV3 失电，KV2 和 KV3 在交流电源启动回路中的常开触点断开，KM1 线圈失电，KM1 在 U、V、W 相和中性线 N 的主触点随即断开，即断开了交流电源，同时其常闭触点闭合；KV1、KV2 和 KV3 的常闭触点闭合，启动接触器 KM2，KM2 带电启励后常开触点闭合，同时启动接触器 KM3，自动投入直流电源，供给事故照明负荷。

第9章

二次回路识图实例

某一35kV变电站的主接线图见附录4。35kV侧和10kV侧都采用单母线经隔离开关分段的接线形式。二次回路包括主变高（低）压侧回路、35kV分路回路、10kV馈线回路、10kV电容器回路、35(10)kV PT回路、中央信号回路等。变电站主要设备的保护配置情况如下。

(1) 主变保护

① 按照变压器的配置原则：a. 对于容量为800kV·A及以上的油浸式变压器,均应装设气体保护；b. 并列运行的变压器以及2000kV·A及以上用电流速断保护,灵敏性不符合要求的变压器，应装设纵联差动保护。因此主变主保护采用差动保护和重瓦斯保护。

② 主变后备保护：主变过流、主变限时速断、主变过负荷、主变过温、主变轻瓦斯保护。

(2) 35kV分路保护

过流保护（含方向过流），速断保护（含方向速断），检同期、检无压及自动重合闸。

(3) 10kV馈线保护

过流保护（含方向过流），速断保护（含方向速断），检同期、检无压及自动重合闸，低周减载，小电流接地。

(4) 10kV电容器回路保护

过流保护，速断保护，检同期，过压保护，欠压保护，平衡及零序电压保护。

9.1 主变的二次回路识图

主变二次回路图的内容包括高、低压侧的交流回路图，高低压侧控制与保护回路图，主变信号回路图，主变高低压侧端子排图以及设备表。下面以1＃主变为例对各回路做详细分析，2＃主变的回路图与1＃主变回路图相同。

9.1.1 主变的交流回路

如图9-1所示为主变交流回路图，内容包括一次系统图、高压侧交流电流回路图和低压侧交流电流回路图以及低压侧交流电压回路图。

如图9-1(a) 所示为一次系统图，图9-1(b) 为主变高压侧交流电流回路图，图9-1(c) 为主变低压侧交流电流回路图，图9-1(d) 为主变低压侧交流电压回路图。

交流电流回路图由保护部分和测量部分组成，保护部分有差动保护、限时速断、

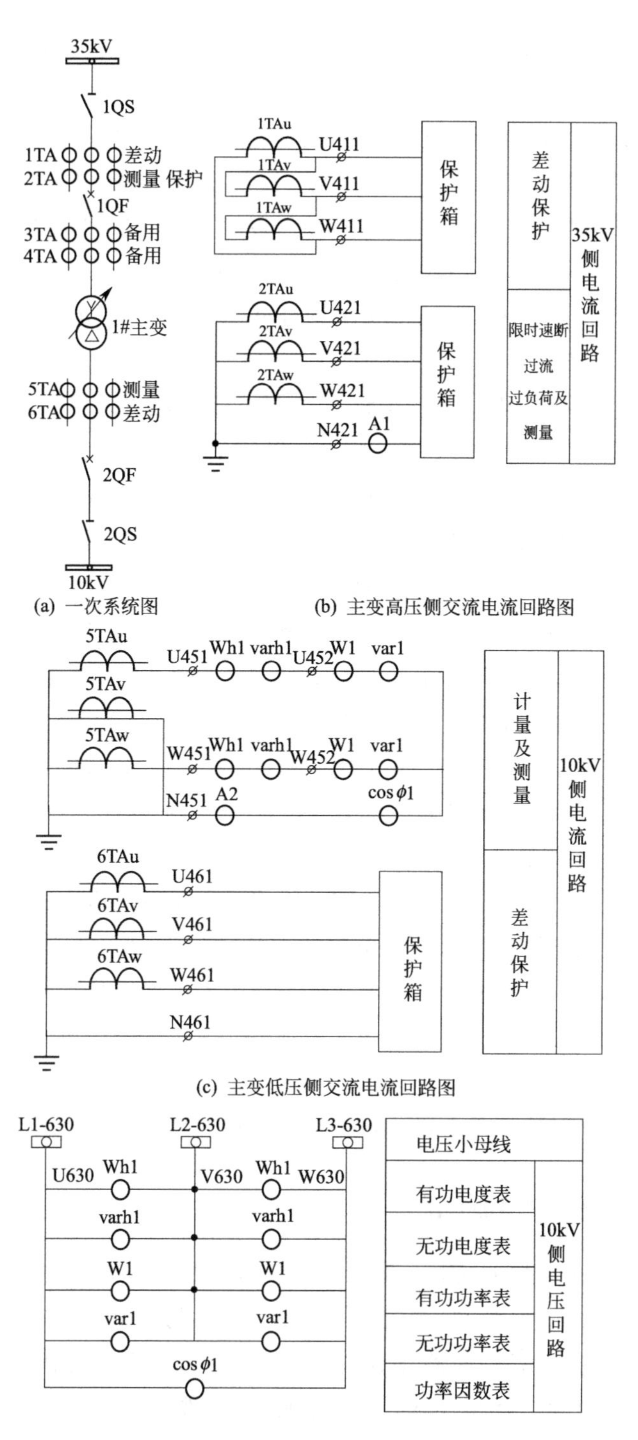

(a) 一次系统图 (b) 主变高压侧交流电流回路图

(c) 主变低压侧交流电流回路图

(d) 主变低压侧交流电压回路图

图 9-1 主变交流回路图

过流、过负荷，测量部分有高、低压侧的电流、低压侧有功功率和无功功率、低压侧有功电能和无功电能、低压侧功率因数。

看一次系统图中可知，差动保护电流引自电流互感器 1TA 和 6TA，高压侧的测量和后备保护电流引自电流互感器 2TA，变压器低压侧没有配置后备保护，低压侧测量电流引自电流互感器 5TA，电流互感器 3TA、4TA 为备用电流互感器。

交流电流回路中 U411、V411、W411 为电流回路编号，其中 U、V、W 为三相的新文字符号，分别对应于旧文字符号 A、B、C；411 中间的 1 对应 1TA，如果 2TA，则为 421。

看图 9-1(b)、(c) 可知，1TA 和 6TA 的二次电流流入保护箱内差动保护测量元件，2TA 的二次电流流入保护箱的高压侧限时速断、过流、过负荷保护的测量元件，5TA 为测量和计量仪表的电流线圈提供电流。测量和计量表计有有功功率表、无功功率表、有功电能表、无功电能表，电流表 A2 和功率因数表 $\cos\phi 1$，功率表和电能表采用三相三线制接线方式。

图 9-1(d) 为交流电压回路，电压互感器的二次电压分别引到电压小母线 L1-630、L2-630、L3-630，有功、无功功率表，有功、无功电能表和功率因数表的电压线圈分别接在各相电压小母线上。

对于差动保护回路，由于主变采用 Yd11 的接线方式，因此，其两侧电流的相位差 30°，即星形侧电流滞后三角形侧电流 30°。此时，如果两侧的电流互感器仍采用通常的接线方式，则二次电流由于相位不同，也会有一个差电流流入继电器。为了消除这种不平衡电流的影响，就将变压器星形侧的三个电流互感器接成三角形，而将变压器三角形侧的电流互感器接成星形。因此电流互感器 1TA 二次侧就采用了三角形接线，这样流入保护箱内差动保护测量元件的电流就是两相的差电流，相位超前主变高压侧一次电流 30°，而 6TA 二次侧采用星形接线，流入保护箱内差动保护测量元件的电流相位与主变低压侧一次电流同相位，这样从高、低压侧电流互感器二次流入差动保护测量元件的电流就实现了同相位。

9.1.2 主变的保护控制回路

图 9-2(a)、(b) 为主变高、低压侧保护控制回路图。图中＋、－为控制回路电源小母线，尽管文字符号相同，但是高、低压侧控制回路电源分别引自不同的小母线；＋700 为信号回路电源小母线，M100（＋）为闪光信号小母线，1FU～6FU 为熔断器；1SA、2SA 分别为主变高压侧和低压侧的控制开关；KCF 为防跳继电器；1GN、2GN 为主变高低压侧绿灯；1RD、2RD 为主变高低压侧红灯；1LP～8LP 为连接片，1QP 为切换片；KS 为信号继电器；KCO 出口继电

器；1TWSJ为调压气体继电器；1WSJ为气体继电器；1R～4R为电阻；1QF、2QF分别为主变高低压侧断路器辅助常开常闭触点；1YC、2YC为主变高低压侧断路器的合闸线圈；1YT、2YT为主变高低压侧断路器的跳闸线圈。各元件型号见图中设备表。保护控制回路的分析按照手动合闸和手动跳闸及保护动作跳闸这三方面进行分析。

(1) 手动合闸

如图9-2(a) 所示为主变高压侧保护控制回路。如果要手动操作使断路器合闸，则需把控制开关1SA打到合闸位置，此时触点5和8接通，电流的路径为+→1FU→(101)$1SA_{5\text{-}8}$→(103)KCF-3(KCF-2)→(107)1QF-1→1YC→(102)2FU→－；合闸回路接通，合闸线圈启动，断路器1QF合闸。

断路器合闸后，1SA在合闸后位置，其触点5-8断开，触点16-13接通，断路器辅助常闭触点1QF-1断开，合闸回路断开，1YC失电；同时1QF-2闭合，此时电流的路径为+700→3FU→(701)$1SA_{16\text{-}13}$→(135)1RD→(133)KCF（电流线圈)→(137)1QF-2→YT→(102)2FU→－；红灯1RD亮。尽管此时1YT线圈有电流流过，但由于回路中有红灯，所以回路电流减小从而不足以启动跳闸线圈1YT。

如图9-2 (b) 所示为主变低压侧保护控制回路。如果要手动操作使断路器合闸，则需把控制开关2SA打到合闸位置，此时触点5和8接通，电流的路径为+→4FU→(201)$2SA_{5\text{-}8}$→(203)2QF-1→2YC→(202)5FU→－；合闸回路接通，合闸线圈启动，断路器2QF合闸。

断路器合闸后，2SA在合闸后位置，其触点5-8断开，触点16-13接通，断路器辅助常闭触点2QF-1断开，合闸回路断开，2YC失电；同时2QF-2闭合，此时电流的路径为+700→6FU→(703)$2SA_{16\text{-}13}$→(235)2RD→(233)2QF-2→2YT→(202)5FU→－；红灯2RD亮。尽管此时2YT线圈有电流流过，但由于回路中有红灯，所以回路电流减小从而不足以启动跳闸线圈2YT。

(2) 手动跳闸

如果要手动操作使断路器1QF跳闸，则需把控制开关1SA打到跳闸位置，此时触点6和7接通，电流的路径为+→1FU→(101)$1SA_{6\text{-}7}$→(133)KCF（电流线圈)→(137)1QF-2→1YT→(102)2FU→－；跳闸回路接通，跳闸线圈启动，断路器跳闸。

断路器跳闸后，1SA在跳闸后位置，其触点6-7断开，触点11-10接通，断路器辅助常开触点1QF-2断开，跳闸回路断开，YT失电；同时1QF-1闭合，此时电流的路径为+700→3FU→(701) $1SA_{11\text{-}10}$→(105)1GN→(107)1QF-1→

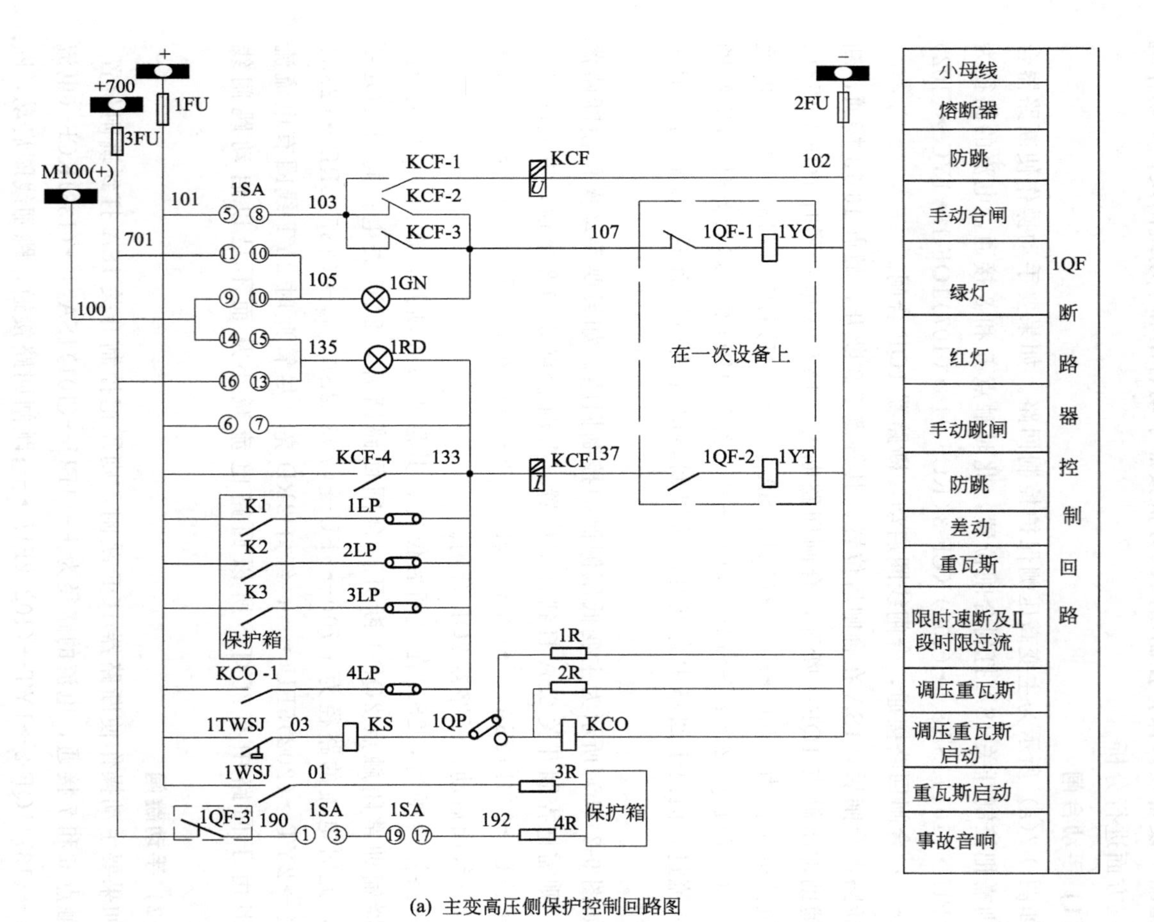

(a) 主变高压侧保护控制回路图

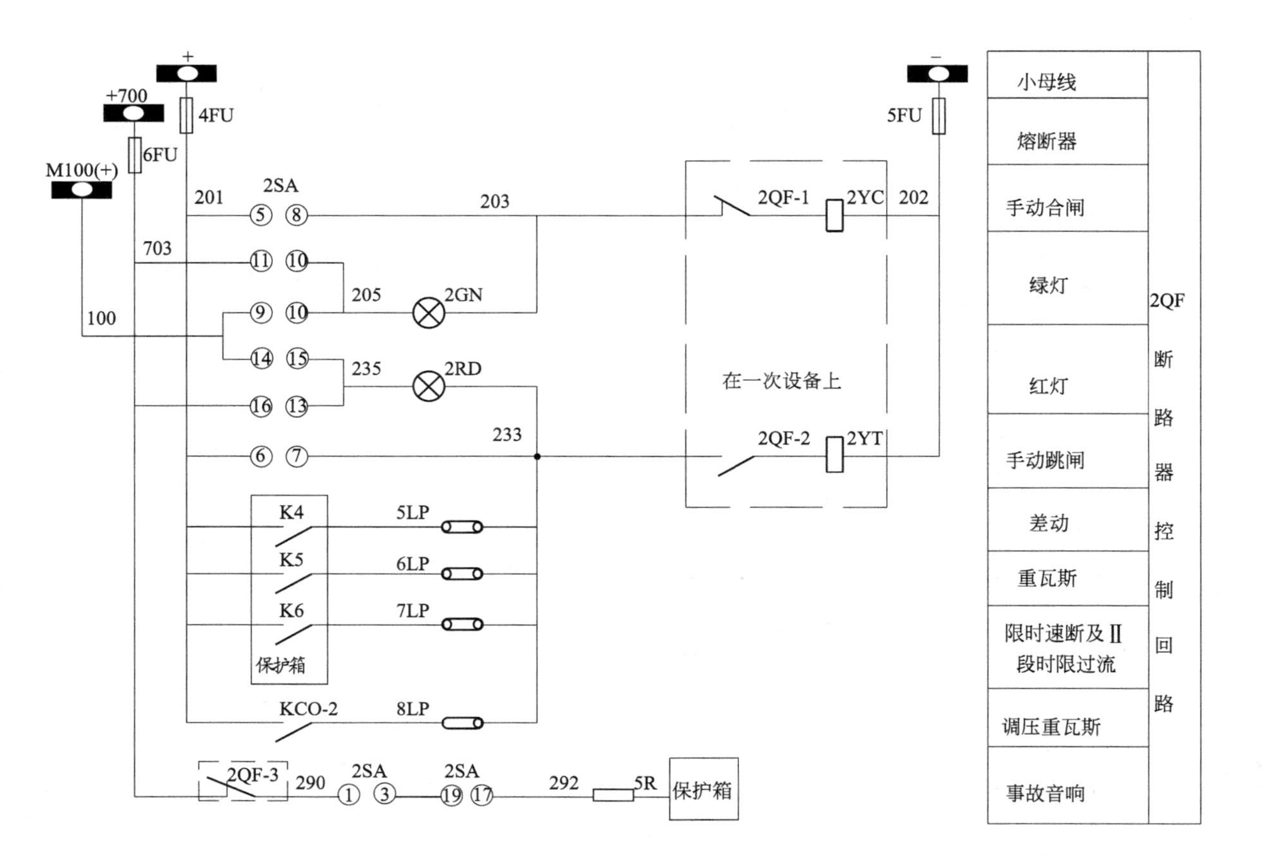

(b) 主变低压侧保护控制回路图

图 9-2 主变高、低压侧保护控制回路图

1YC→(102)2FU→－；绿灯 1GN 亮。尽管此时 1YC 线圈有电流流过，但由于回路中有绿灯，所以回路电流减小从而不足以启动合闸线圈 1YC。

如果要手动操作使断路器 2QF 跳闸，则需把控制开关 2SA 打到跳闸位置，此时触点 6 和 7 接通，电流的路径为＋→4FU→(201)$2SA_{6\text{-}7}$→(233)2QF-2→2YT→(202)5FU→－；跳闸回路接通，跳闸线圈启动，断路器跳闸。

断路器跳闸后，2SA 在跳闸后位置，其触点 6-7 断开，触点 11-10 接通，断路器辅助常开触点 2QF-2 断开，跳闸回路断开，2YT 失电；同时 2QF-1 闭合，此时电流的路径为＋700→6FU→(703)$2SA_{11\text{-}10}$→(205)2GN→(203)2QF-1→2YC→(202)5FU→－；绿灯 2GN 亮。尽管此时 2YC 线圈有电流流过，但由于回路中有绿灯，所以回路电流减小从而不足以启动合闸线圈 2YC。

(3) 保护动作跳闸

如果主变在运行过程中出现故障或是变压器外部出现故障，主变的主保护或后备保护会动作使断路器跳闸。看图 9-2 可知，主变配置的保护有差动保护、重瓦斯保护、限时速断、过流保护及调压重瓦斯保护，K1～K6 为保护箱中分别对应差动保护、重瓦斯和限时速断及过流保护的动作出口触点，KCO 为调压重瓦斯出口继电器，下面分别对各种保护的动作情况进行分析。

① 差动保护　当变压器油箱内部或套管和引出线发生故障，见图 9-2 (a)、(b)，主变高压侧和低压侧电流互感器 1TA、6TA 二次侧会有差电流流入保护箱内差动保护的测量元件，使差动保护装置动作，其动作出口触点 K1、K4 闭合，接通主变高低压侧断路器的跳闸回路，高压侧的电流路径为：＋→1FU→(101)K1→1LP→(133)KCF(电流线圈)→(137)1QF-2→1YT→(102)2FU→－，此时跳闸线圈 1YT 启动，断路器 1QF 跳闸；低压侧的电流路径为：＋→4FU→(201) K4 →5LP→(233)2QF-2→2YT→(202)5FU→－，此时跳闸线圈 2YT 启动，断路器 2QF 跳闸。

② 限时速断及Ⅱ段时限过流保护　当变压器外部发生相间短路时，见图 9-1 (a)，就会有外部短路电流流入电流互感器 2TA 一次侧，当其二次侧流出的电流超过保护箱内限时速断或Ⅱ段时限过流保护中测量元件的整定值时，限时速断和Ⅱ段时限过流保护的共同动作出口触点 K3、K6 闭合，接通主变高压侧断路器的跳闸回路，高压侧的电流路径为：＋→1FU→(101)K3→3LP→(133)KCF（电流线圈)→(137)1QF-2→1YT→(102)2FU→－，此时跳闸线圈 1YT 启动，断路器 1QF 跳闸；低压侧的电流路径为：＋→4FU→(201)K6→7LP→(233)2QF-2→2YT→(202)5FU→－，此时跳闸线圈 2YT 启动，断路器 2QF 跳闸。

③ 重瓦斯保护　当在变压器油箱内部发生故障时，由于故障点电流和电弧的作用，将使变压器油及其他绝缘材料因局部受热而分解产生气体，因气体比较

轻，它们将从油箱流向油枕的上部。如果故障严重时，油会迅速膨胀并产生大量的气体，此时将有剧烈的气体夹杂着油流冲向油枕的上部。

瓦斯保护中的主要元件气体继电器安装在油箱与油枕之间的连接管道上，这样油箱内的气体必须通过气体继电器才能流向油枕。当气体含量大而使气体继电器的触点 1WSJ 闭合后，启动保护箱内的重瓦斯保护，电流的路径为：＋→1FU→(101)1WSJ→(01)3R→保护箱，使保护箱内的重瓦斯保护动作，其动作出口触点 K2、K5 闭合，接通主变高低压侧断路器的跳闸回路，高压侧的电流路径为：＋→1FU→(101)K2→2LP→(133)KCF（电流线圈）→(137)1QF-2→1YT→(102)2FU→－，此时跳闸线圈 1YT 启动，断路器 1QF 跳闸；低压侧的电流路径为：＋→4FU→(201)K5→6LP→(233)2QF-2→2YT→(202)5FU→－，此时跳闸线圈 2YT 启动，断路器 2QF 跳闸。

④ 调压重瓦斯动作情况　当有载调压故障时，有载调压机构内的油温度升高，分解产生气体，触发有载调压重瓦斯继电器 1TWSJ 动作，其触点回路中的 1QP 为切换片，当切换片与电阻 1R 连接时，只发信号，电流的路径为：＋→1FU→(101)1TWSJ→(03)KS→1QP→1R→(102)2FU→－，启动信号继电器，发信号。当切换片与出口继电器 KCO 线圈连接时，启动出口继电器 KCO，1TWSJ 触点闭合启动 KCO 的电流路径为：＋→1FU→(101)1TWSJ→(03)KS→1QP→KCO（线圈）→(102)2FU→－，启动 KCO，KCO 的触点闭合接通主变高低压侧断路器的跳闸回路，高压侧的电流路径为：＋→1FU→(101)KCO-1→4LP→(133)KCF（电流线圈）→(137)1QF-2→1YT→(102)2FU→－，启动跳闸线圈 1YT，使断路器 1QF 跳闸；低压侧的电流路径为：＋→4FU→(201)KCO-2→8LP→(233)2QF-2→2YT→(202)5FU→－，启动跳闸线圈 2YT，使断路器 2QF 跳闸

由上述保护动作使断路器跳闸后，断路器的辅助常开触点 1QF-2、2QF-2 断开，辅助常闭触点 1QF-1 和 1QF-3 及 2QF-1 和 2QF-3 闭合，由于此时控制开关 1SA、2SA 仍处于合闸后位置，所以其触点 9-10、16-13、1-3、19-17 闭合，16-13 与跳闸回路相连，跳闸回路由于 1QF-2 的断开而断开，因此，9-10 所在回路与 1-3 和 19-17 串联回路分别有电流流过，电流的路径分别为：M100(＋)→(100)$1SA_{9\text{-}10}$($2SA_{9\text{-}10}$)→(105)1GN[(205)2GN]→(107)1QF-1[(203)2QF-1]→1YC(2YC)→(102)2FU[(202)5FU]→－；主变高低压侧断路器分别对应的绿灯闪光，＋700→3FU(6FU)→(701)1QF-3[(703)2QF-3]→(190)$1SA_{1\text{-}3}$[(290)$2SA_{1\text{-}3}$]→$1SA_{19\text{-}17}$($2SA_{19\text{-}17}$)→(192)4R[(292)5R]→保护箱，启动事故音响回路，发出音响，提示有断路器因事故跳闸。

9.1.3 主变的信号回路、端子排及设备表

(1) 信号回路

主变的信号回路有中央信号回路和遥信回路两部分，见图 9-3(a) 和 9-3(b)。

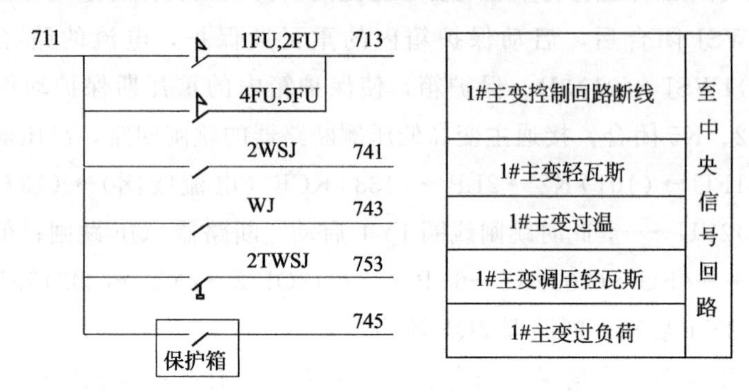

(a) 中央信号回路图

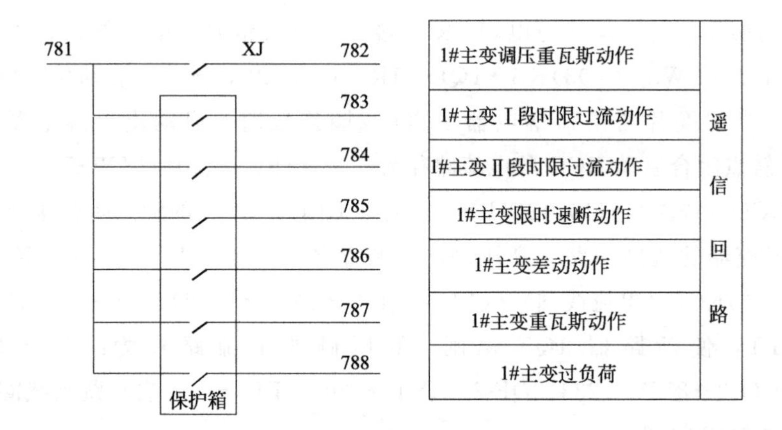

(b)遥信回路图

图 9-3 主变信号回路图

① 中央信号回路 中央信号回路主要利用光字牌发出预告信号。711-713 间的 1FU、2FU 或 4FU、5FU 触点闭合，发出主变高压侧或低压侧控制回路断线信号；当变压器内发生故障，但由于气体含量较少只使 711-741 间的气体继电器触点 2WSJ 闭合，发出 1＃主变轻瓦斯信号；711-743 间的 WJ 触点闭合，发出 1＃主变过温；711-753 间的 2TWSJ 触点闭合，发出 1＃主变调压轻瓦斯信号；当变压器出现过负荷情况时，电流互感器 2TA 二次侧有过电流流入保护箱内过负荷保护的测量元件，过负荷保护动作，其接在 711-745 间保护箱内的相关触点闭合，发出 1＃主变过负荷信号。

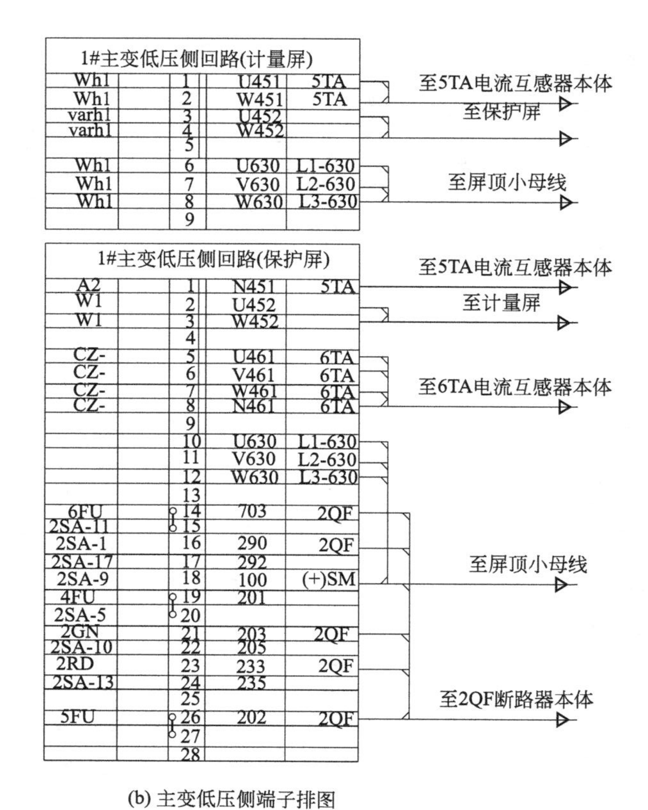

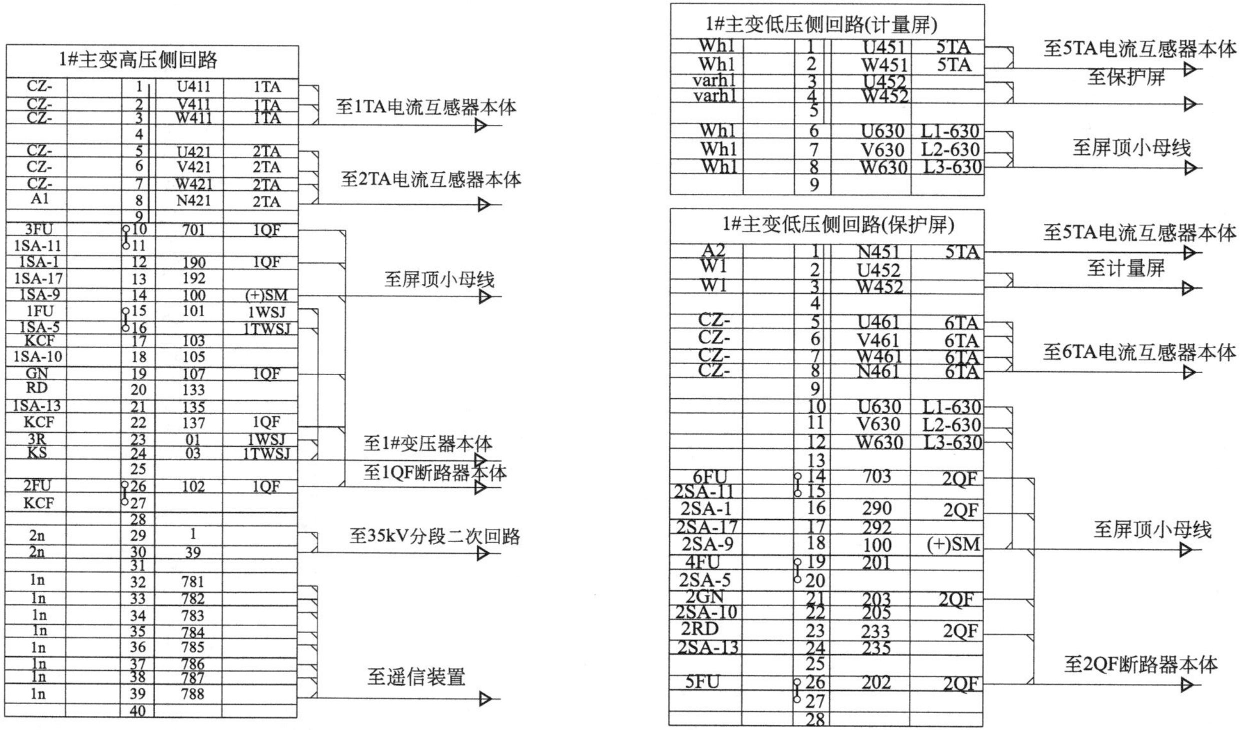

(a) 主变高压侧端子排图

(b) 主变低压侧端子排图

图 9-4　主变端子排图

② 遥信回路　遥信回路发出的信号主要是保护动作跳闸后对应的动作信号，如781-782间信号继电器XJ触点闭合，发出1＃主变调压重瓦斯动作信号；781-(783～788)间相应保护的触点闭合，则分别发出1＃主变Ⅰ段时限过流动作、1＃主变Ⅱ段时限过流动作、1＃主变限时速断动作、1＃主变差动动作、1＃主变重瓦斯动作及1＃主变过负荷。

(2) 端子排

如图9-4所示为主变端子排图，这里以1＃主变高压侧端子排为例来进行分析。

图9-4(a)所示为主变高压侧端子排图，端子排共有40个端子，编号1～40，1～9为电流端子。10-11、15-16及26-27为连接端子，其他为普通端子。端子排共分5列，由左向右第一列为屏内各元件的接线端子，例如端子排11对应的屏内元件端子1SA-11即为控制开关1SA的触点11；第三列为端子编号；第四列为各回路编号，分别与原理图中的编号对应；第五列为分别来自不同屏外设备的接线端子。

图9-4(b)所示为主变低压侧端子排图，低压侧端子排增加了电压端子，1＃主变低压侧端子排分为两部分：一部分在计量屏内；另一部分在保护屏内，计量屏内与端子排连接的元件是有功电度表与无功电度表。保护屏的端子排的分析可参考高压侧端子排。

(3) 设备表

设备表的功能是要标明各回路所用到的元件代号、名称、型号规格及数量。其中代号为该元件的文字符号，通常在回路中标注在图形符号旁。设备表见附录5和附录6。

9.2 线路的二次回路识图

线路二次回路图的分析主要针对35kV分路，35kV分路见主接线图中35kV母线连接的编号为31的线路。由于10kV线路的二次回路图与35kV线路的二次回路图分析方法相近，所以此处不再赘述。

9.2.1 交流回路

如图9-5所示为35kV分路交流回路图，内容包括一次系统图，见图9-5(a)；交流电流回路图，见图9-5(b)；交流电压回路图，见图9-5(c)。

看一次系统图可知，保护箱内速断和过流保护的测量元件经电流互感器

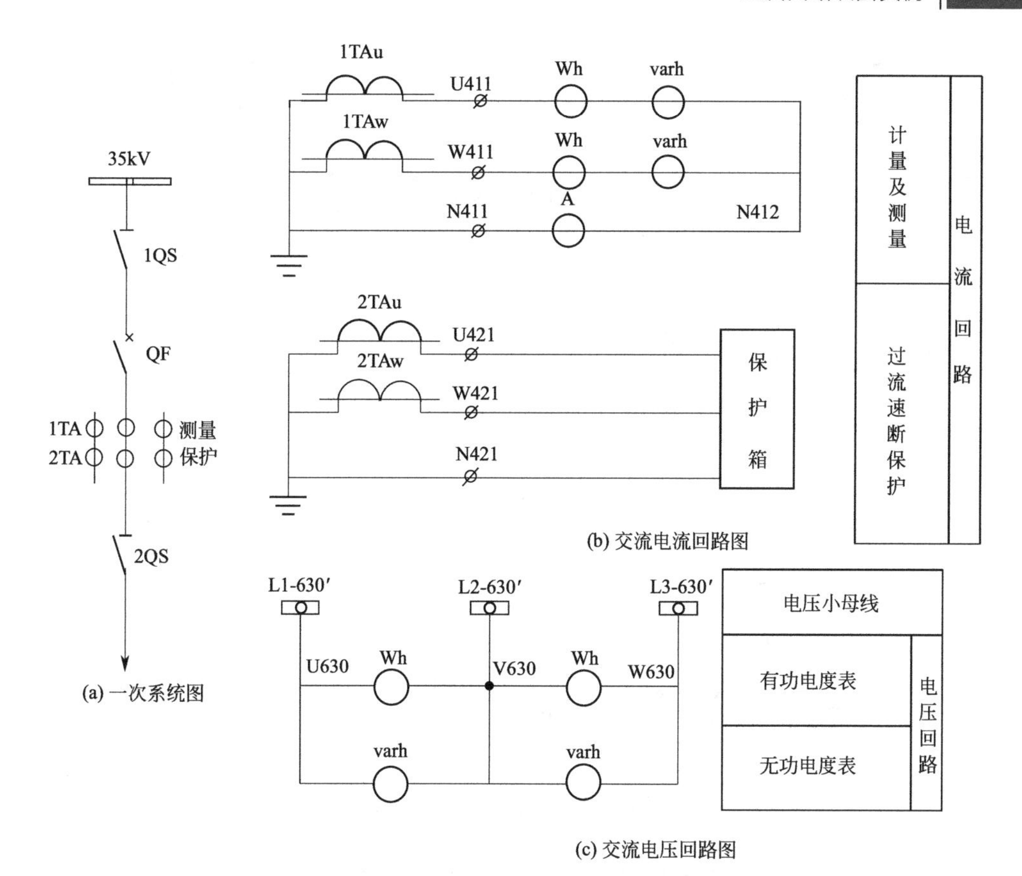

图 9-5　35kV 分路交流回路图

2TA 的二次侧取得电流，保护的接线形式为两相星形接线；有功电能表和无功电能表采用三相三线制接线方式，电能表的电流线圈为两相星形接线；电流表接在中性点与地之间。

9.2.2　保护控制及信号回路

(1) 保护控制回路

图 9-6 为 35kV 分路保护控制回路图。图中各元件与主变保护控制回路图基本相同，不再介绍。保护控制回路可以按照手动合闸和手动跳闸及保护动作跳闸这三方面进行分析。

① 手动合闸　如图 9-6 所示为 35kV 分路保护控制回路图。如果要手动操作使断路器合闸，则需把控制开关 SA 打到合闸位置，此时触点 5 和 8 接通，电流的路径为+→1FU→(1)$SA_{5\text{-}8}$→(3)KCF-2→(7)QF-1→YC→(2)2FU→－；合闸回路接通，合闸线圈 YC 启动，断路器 QF 合闸。

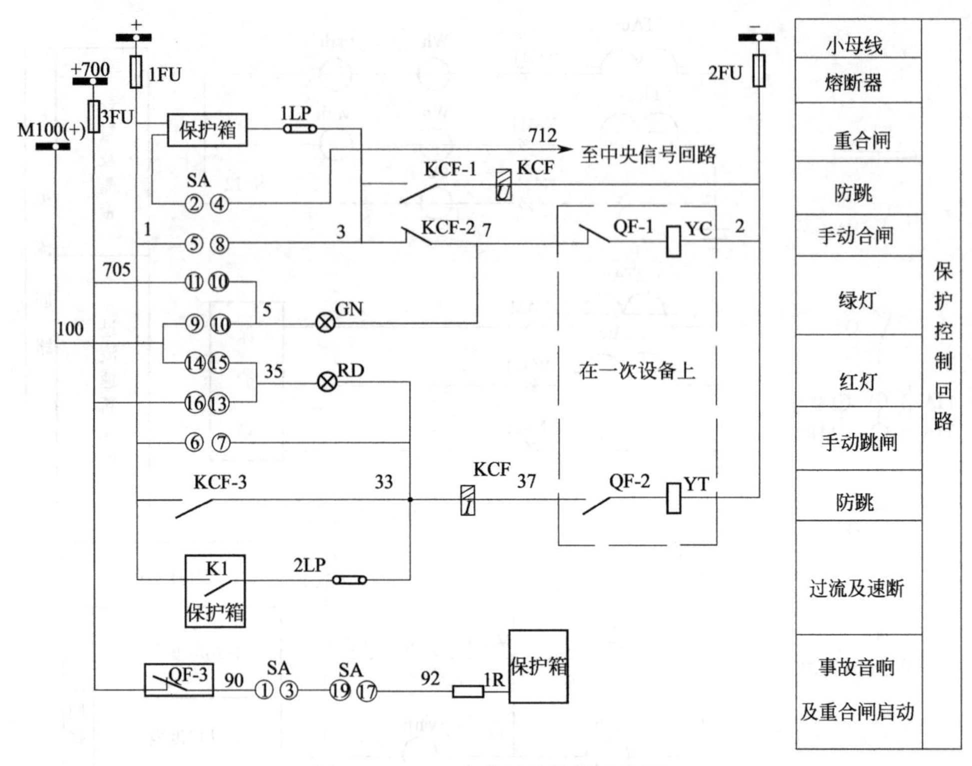

图 9-6　35kV 分路保护控制回路图

断路器合闸后，SA 在合闸后位置，其触点 5-8 断开，触点 16-13 接通，断路器辅助常闭触点 QF-1 断开，合闸回路断开，YC 失电；同时 QF-2 闭合，此时电流的路径为＋700→3FU→(705)$SA_{16\text{-}13}$→(35)RD→(33)KCF（电流线圈）→(37)QF-2→YT→(2)2FU→－；红灯 RD 亮。尽管此时 YT 线圈有电流流过，但由于回路中有红灯，所以回路电流减小从而不足以启动跳闸线圈 YT。

② 手动跳闸　如果要手动操作使断路器 QF 跳闸，则需把控制开关 SA 打到跳闸位置，此时触点 6 和 7 接通，电流的路径为＋→1FU→(1)$SA_{6\text{-}7}$→(33)KCF（电流线圈）→(37)QF-2→YT→(2)2FU→－；跳闸回路接通，跳闸线圈启动，断路器跳闸。

断路器跳闸后，SA 在跳闸后位置，其触点 6-7 断开，触点 11-10 接通，断路器辅助常开触点 QF-2 断开，跳闸回路断开，YT 失电；同时 QF-1 闭合，此时电流的路径为＋700→3FU→(705)$SA_{11\text{-}10}$→(5)GN→(7)QF-1→YC→(2)2FU→－；绿灯 GN 亮。尽管此时 YC 线圈有电流流过，但由于回路中有绿灯，所以回路电流减小从而不足以启动合闸线圈 YC。

③ 保护动作跳闸

如果线路在运行过程中出现短路故障，则线路中会有短路电流流过，此电流经过电流互感器 2TA 变换后流入保护箱内速断或过流保护的测量元件中，速断或过流保护动作，其共同的动作出口触点 K1 闭合，接通线路断路器的跳闸回路，电流路径为：＋→1FU→（1）K1→2LP→（33）KCF（电流线圈）→（37）QF-2→YT→(2)2FU→－，此时跳闸线圈 YT 启动，断路器 QF 跳闸。

保护动作使断路器跳闸后，断路器的辅助常开触点 QF-2 断开，辅助常闭触点 QF-1 和 QF-3 闭合，由于此时控制开关 SA 仍处于合闸后位置，所以其触点 9-10、16-13、1-3、19-17 闭合，16-13 与跳闸回路相连，跳闸回路由于 QF-2 的断开而断开，因此，9-10 所在回路与 1-3 和 19-17 串联所在回路分别有电流流过，9-10 所在回路电流的路径为：M100（＋）→（100）$SA_{9\text{-}10}$→（5）GN→（7）QF-1→YC→(2)2FU→－；线路断路器对应的绿灯闪光；1-3 和 19-17 串联所在回路电流的路径为：＋700→3FU→(705)QF-3→(90)$SA_{1\text{-}3}$→$SA_{19\text{-}17}$→(92)1R→保护箱，启动事故音响回路，发出音响，提示有断路器因事故跳闸，同时启动重合闸，完成线路的重合闸。

（2）信号回路

如图 9-7 所示为 35kV 线路信号回路，回路有中央信号回路和遥信回路两部分。当控制回路的熔断器熔断时，其接在 711-713 之间的触点闭合，发出控制回路断线信号；35kV 分路过流动作、速断动作及重合闸动作后，其分别接在 781-782、781-783 及 781-784 之间的保护箱内触点闭合，发出遥信信号。

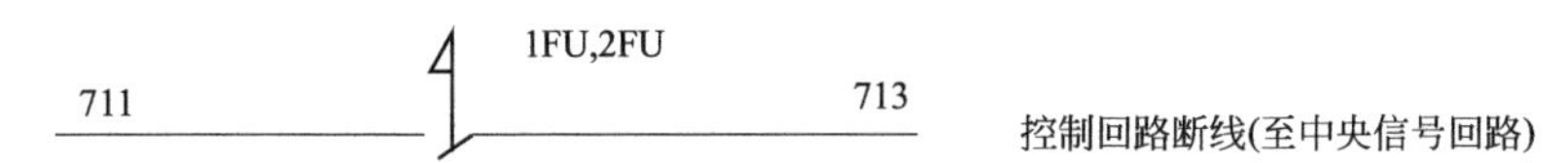

(a) 中央信号回路图

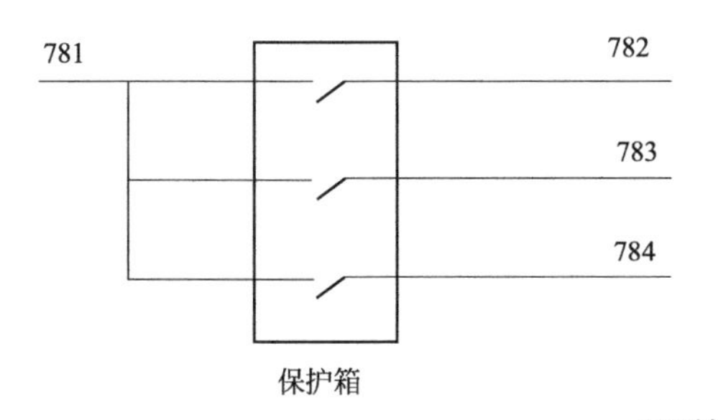

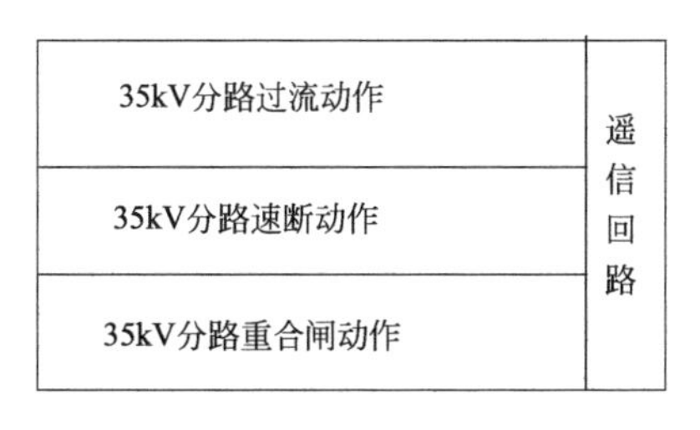

(b) 遥信回路图

图 9-7　35kV 线路信号回路图

35kV 分路的端子排图及设备表的分析方法参考主变保护，此处不再赘述。

35kV 变电站主变及 35kV 线路二次回路原理图见附录 5～附录 7。

附录

附录1 电气常用新旧图形符号对照表

序号	名称	图形符号	
		新	旧
1	同步发电机、直流发电机	GS G	F F
2	交流电动机、直流电动机	M M	D D
3	变压器		
4	电压互感器	形式1 形式2	
5	电流互感器 有两个铁芯和两个二次绕组	形式1 形式2	
	电流互感器 有一个铁芯和两个二次绕组	形式1 形式2	

续表

序号	名称	图形符号	
		新	旧
6	电铃	或	
7	电警笛、报警器		
8	蜂鸣器	或	
9	电喇叭		
10	灯和信号灯、闪光型信号灯		或
11	机电型位置指示器		
12	断路器		断路器 自动开关
13	隔离开关		
14	负载开关		
15	三极开关 单线表示		
	三极开关 多线表示		

续表

序号	名称	图形符号	
		新	旧
16	击穿保险		
17	熔断器		
18	接触器(具有灭弧触点)常开(动合)触点		
	常闭(动断)触点		
19	操作开关 例如:带自复机构及定位的 LW2-Z-1a,4,6a,40,20,20/F8 型转换开关部分触点图形符号。 …表示手柄操作位置; "·"表示手柄转向此位置时触点闭合	跳后,跳,预跳 预合,合,合后 TD T PT PC C CD 8 5 10 11 10 9 12 9 15 14 13 14 13 16 7 6	8 5 10 11 12 9 15 14 13 16 7 6
20	按钮(不保持) 动合 动断		
21	手动开关		

续表

序号	名称	图形符号	
		新	旧
22	电磁锁		
23	位置开关、限位开关 常开(动合)触点 常闭(动断)触点		或 或
24	非电量触点 常开(动合)触点 常闭(动断)触点		
25	热继电器常闭(动断)触点		
26	电阻	1W　0.5W 0.125W　0.25W	
27	可变电阻 滑线电阻 滑线电位器		
28	电容　一般形式 　　　电解电容	+	−+
29	电感、线圈、扼流圈、绕组 带铁芯的电感器		

续表

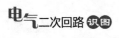

序号	名称	图形符号	
		新	旧
30	反向阻断三相晶体闸流管 一般形式 阳极受控 阴极受控		
31	三极管 PNP 型 NPN 型		
32	二极管一般符号 发光二极管 单向击穿二极管 双向击穿二极管 双向二极管 交流开关二极管		
33	蓄电池 形式 1 形式 2 带抽头		on
34	桥式整流		
35	整流器		
36	逆变器		
37	整流器 / 逆变器		

续表

序号	名称	图形符号	
		新	旧
38	连接片　闭合 断开	形式1 形式2	
39	切换片		
40	端子　一般端子 可拆卸的端子		或
41	继电器、接触器线圈		
42	交流继电器线圈	~	S
43	双绕组继电器线圈 集中表示 分开表示		
44	极化继电器线圈		J
45	热继电器驱动器件		
46	继电器、开关 常开(动合)触点	形式1 形式2	继电器　开关

续表

序号	名称	图形符号	
		新	旧
47	常闭(动断)触点		或 或
48	先断后合的转换触点		或
49	先合后断的转换触点	或	
50	单极转换开关 中间断开的双向触点		
51	继电器、接触器 被吸合时暂时闭合的常开触点 被释放时暂时闭合的常开触点 被吸合或被释放时暂时闭合的常开触点		继电器 接触器
52	继电器、接触器 延时闭合的常开触点	形式 1 形式 2	继电器 接触器
	延时断开的常开触点	形式 1 形式 2	

续表

序号	名称	图形符号	
		新	旧
52	延时闭合的常闭触点	形式1 形式2	继电器 接触器
	延时断开的常闭触点	形式1 形式2	
	吸合时延时闭合和释放时延时断开的常开触点		
53	仪表的电流线圈		
54	仪表的电压线圈		
55	电压表	V	V
56	电流表	A	A
57	有功功率表	W	W
58	无功功率表	var	var
59	频率表	Hz	Hz
60	同步表		

续表

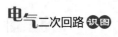

序号	名称	图形符号	
		新	旧
61	记录式有功功率表	W	W
62	记录式无功功率表	var	var
63	记录式电流、电压表	A V	A V
64	有功电能表 一般符号 测量从母线流出的电能 测量流向母线的电能 测量单向传输电能	Wh Wh Wh Wh	Wh Wh Wh Wh
65	无功电能表	varh	varh
66	信号继电器 机械保持的常开(动合)触点 机械保持的常闭(动断)触点		
67	“或”单元	≥1	+

附录2 电气常用新旧文字符号对照表

序号	名称	新符号	旧符号	序号	名称	新符号	旧符号
1	保护装置	AP		54	电动机	M	
2	电源自动投入装置	AAT	BZT	55	同步电动机	MS	
3	重合闸装置	APR	ZCH	56	电流表	PA	
4	远动装置	ATA		57	电压表	PV	
5	中央信号装置	ACS		58	计数器	PC	
6	自动准同步装置	ASA	ZZQ	59	电能表	PJ	
7	手动准同步装置	ASM		60	有功功率表	PPA	
8	自同步装置	AS		61	无功功率表	PPR	
9	测量变送器、传感器	B		62	断路器	QF	DL
10	电容器	C		63	隔离开关	QS	G
11	避雷器	F		64	接地隔离开关	QSE	
12	放电间隙	F		65	刀开关	QK	DK
13	熔断器	FU	RD	66	自动开关	QA	ZK
14	交流发电机	GA		67	灭磁开关	Q	MK
15	直流发电机	GD		68	电阻器、变阻器	R	R
16	同步发电机、发生器	GS		69	电位器	RP	
17	蓄电池	GB		70	压敏电阻	RV	
18	警铃	HAB		71	分流器	RS	
19	蜂鸣器、电喇叭	HAU		72	控制开关	SA	KK
20	信号灯、光指示器	HL		73	按钮开关	SB	AN
21	跳闸信号灯	HLT		74	测量转换开关	SM	CK
22	合闸信号灯	HLC		75	终端(限位)开关	S	XWK
23	光字牌	H		76	手动准同步开关	SSM1	1STK
24	电流继电器	KA	J	77	解除手动准同步开关	SSM	STK
25	过电流继电器	KAO	LJ	78	自动准同步开关	SSA1	DTK
26	零序电流继电器	KAZ	LDJ	79	自同步开关	SSA2	ZTK
27	电压继电器	KV	YJ	80	分裂变压器	TU	B
28	过电压继电器	KVO		81	电力变压器	TM	B
29	欠电压继电器	KVU		82	转角变压器	TR	ZB
30	零序电压继电器	KVZ	LYJ	83	电流互感器	TA	TA
31	同步监察继电器	KY	TJJ	84	电压互感器	TV	TV
32	极化继电器	KP	JJ	85	发光二极管	VL	
33	干簧继电器	KRD		86	稳压管	VS	
34	闪光继电器	KH		87	可控硅元件	VSO	
35	时间继电器	KT	SJ	88	三极管	VT	
36	信号继电器	KS	XJ	89	连接片、切换片	XB	LP
37	中间继电器	KC	ZJ	90	端子排	XT	
38	防跳继电器	KCF	TBJ	91	合闸线圈	YC	HQ
39	出口继电器	KCO	BCJ	92	跳闸线圈	YT	TQ
40	跳闸位置继电器	KCT	TWJ	93	电磁锁	YA	DS
41	合闸位置继电器	KCC	HWJ	94	交流系统电源第一相	L1	A
42	事故信号继电器	KCA	SXJ	95	交流系统电源第二相	L2	B
43	预告信号继电器	KCR	YXJ	96	交流系统电源第三相	L3	C
44	绝缘监察继电器	KVI		97	交流系统设备端第一相	U	A
45	电源监视继电器	KVS	JJ	98	交流系统设备端第二相	V	B
46	压力监视继电器	KVP		99	交流系统设备端第三相	W	C
47	保持继电器	KL		100	中性线	N	N
48	接触器	KM	C	101	保护线	PE	
49	闭锁继电器	KCB	BSJ	102	接地线	E	
50	电抗器	L		103	保护和中性共用线	PEN	
51	电感器	L		104	直流系统正电源	+	
52	线圈	L			直流系统负电源	−	
53	永磁铁	L			中间线	M	

附录3 小母线新旧文字符号及其回路标号

序号	小母线名称	原编号		新编号	
		文字符号	回路符号	文字符号	回路符号
1	控制回路电源	+KM、-KM	1、2、101、102;201、202、301、302;401、402	+、-	
2	信号回路电源	+XM、-XM	701、700	+700 -700	7001、7002
3	事故音响信号(不发遥信时)	SYM	708	M708	708
4	事故音响信号(用于直流屏)	1SYM	728	M728	728
5	事故音响信号(用于配电装置)	2SYMⅠ 2SYMⅡ 2SYMⅢ	727Ⅰ 727Ⅱ 727Ⅲ	M7271 M7272 M7273	7271 7272 7273
6	事故音响信号(发遥信时)	3SYM	808	M808	808
7	预告音响信号(瞬时)	1YBM、2YBM	709、710	M709、M710	709、710
8	预告音响信号(延时)	3YBM、4YBM	711、712	M711、M712	711、712
9	预告音响信号(用于配电装置)	YBMⅠ YBMⅡ YBMⅢ	729Ⅰ 729Ⅱ 729Ⅲ	M7291 M7292 M7293	7291 7292 7293
10	控制回路断线预告信号	KDMⅠ KDMⅡ KDMⅢ、KDM	713Ⅰ 713Ⅱ 713Ⅲ	M7131、M7132、M7133、M713	
11	灯光信号	(-)DM	726	M726(-)	726
12	配电装置信号	XPM	701	M701	701
13	闪光信号	(+)SM	100	M100(+)	100
14	合闸电源	+HM、-HM		+、-	
15	“掉牌未复归光字牌”	FM、PM	703、716	M703、M716	703、716
16	自动调速脉冲	1TZM、2TZM	717、718	M717、M718	717、718
17	自动调压脉冲	1TYM、2TYM	Y717、Y718	M7171、M7172	7171、7172
18	同步合闸	1THM、2THM、3THM	721、722、723	M721、M722、M723	721、722、723

续表

序号	小母线名称	原编号		新编号	
		文字符号	回路符号	文字符号	回路符号
19	隔离开关操作闭锁	GBM	880	M880	880
20	母线设备辅助信号	+MFM、-MFM	701、702	+702、-702	7021、7022
21	同步电压(运行系统)小母线	TQM'_a、TQM'_c	A620、C620	L1′-620、L3′-620	U620、W620
22	同步电压(待并系统)小母线	TQM_a、TQM_c	A610、C610	L1-610、L3-610	U610、W610
23	第一组(或奇数)母线段电压小母线	1YMa、1YM b(YMb)、1YMc、1YML、1ScYM、YMN	A630、B630 (B600)、C630、L630、Sc630、N600	L1-630、L2-630(600)、L3-630、L-630、L3-630 (试)N-600	U630、V630(V600)、W630、L630、(试)W630、N600(630)
24	第二组(或偶数)母线段电压小母线	2YMa、2YM b(YMb)、2YMc、2YML、2ScYM、YMN	A640、B640(B600)、C640、L640、Sc640、N600	L1-640、L2-640(600)、L3-640、L-640、L3-640(试)N-600	U640、V640(V600)、W640、L640、(试)W640、N600(640)
25	转角小母线	ZMa、ZMb、ZMc	A790、B790、C790	L1-790、L2-790、L3-790	U790、V790、W790
26	电源小母线	DYMa、DYMN		L1、N	

附录4 主接线图

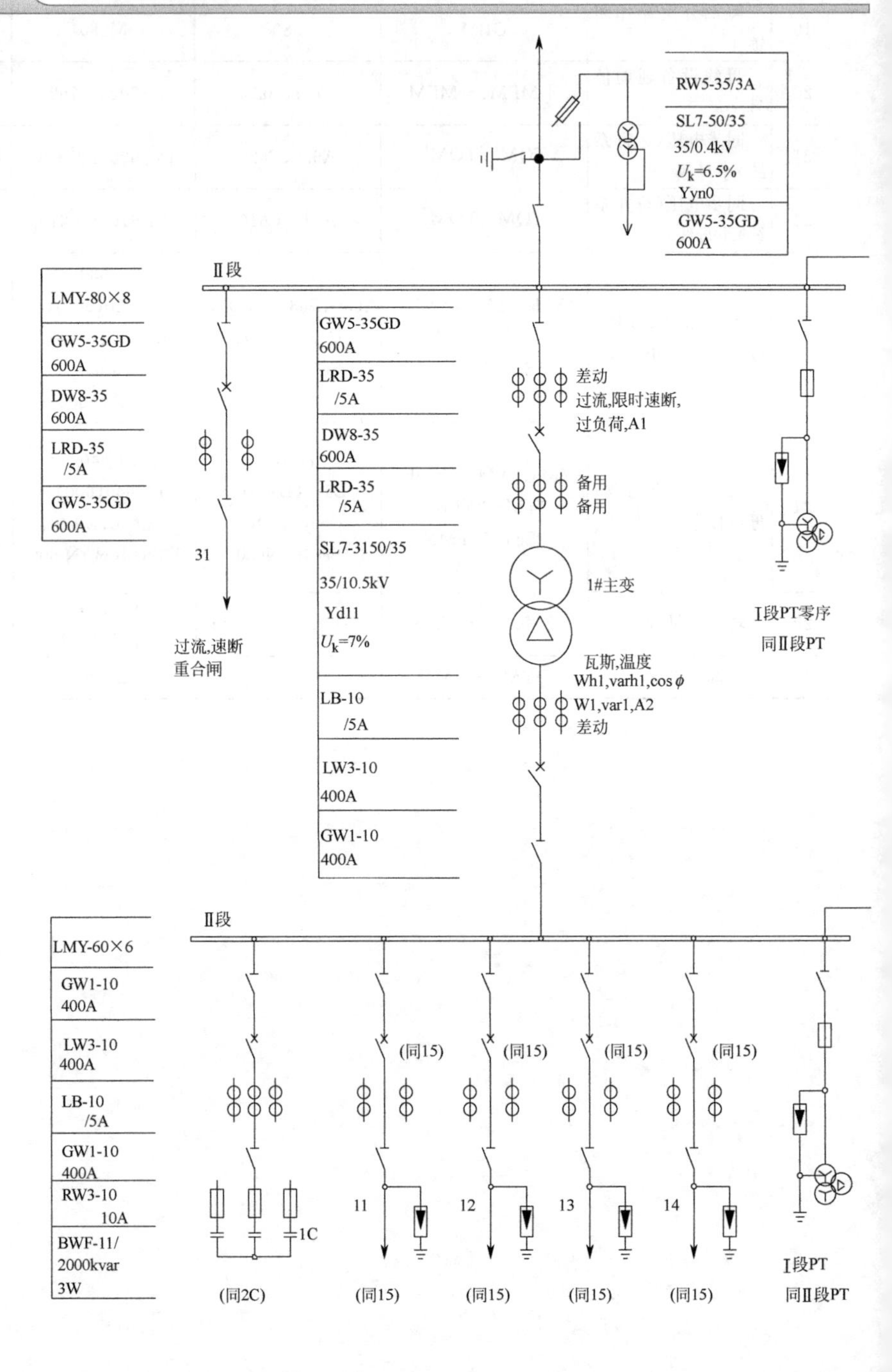

RW5-35/3A
SL7-50/35
35/0.4kV
U_k=6.5%
Yyn0
GW5-35GD
600A
Ⅱ段
LMY-80×8
GW5-35GD
600A
DW8-35
600A
LRD-35
/5A
GW5-35GD
600A
31
过流,速断
重合闸
GW5-35GD
600A
LRD-35
/5A
DW8-35
600A
LRD-35
/5A
SL7-3150/35
35/10.5kV
Yd11
U_k=7%
LB-10
/5A
LW3-10
400A
GW1-10
400A
差动
过流,限时速断,
过负荷,A1
备用
备用
1#主变
瓦斯,温度
Wh1,varh1,cos ϕ
W1,var1,A2
差动
Ⅰ段PT零序
同Ⅱ段PT
Ⅱ段
LMY-60×6
GW1-10
400A
LW3-10
400A
LB-10
/5A
GW1-10
400A
RW3-10
10A
BWF-11/
2000kvar
3W
(同15)
(同15)
(同15)
(同15)
1C
11
12
13
14
(同2C)
(同15)
(同15)
(同15)
(同15)
Ⅰ段PT
同Ⅱ段PT

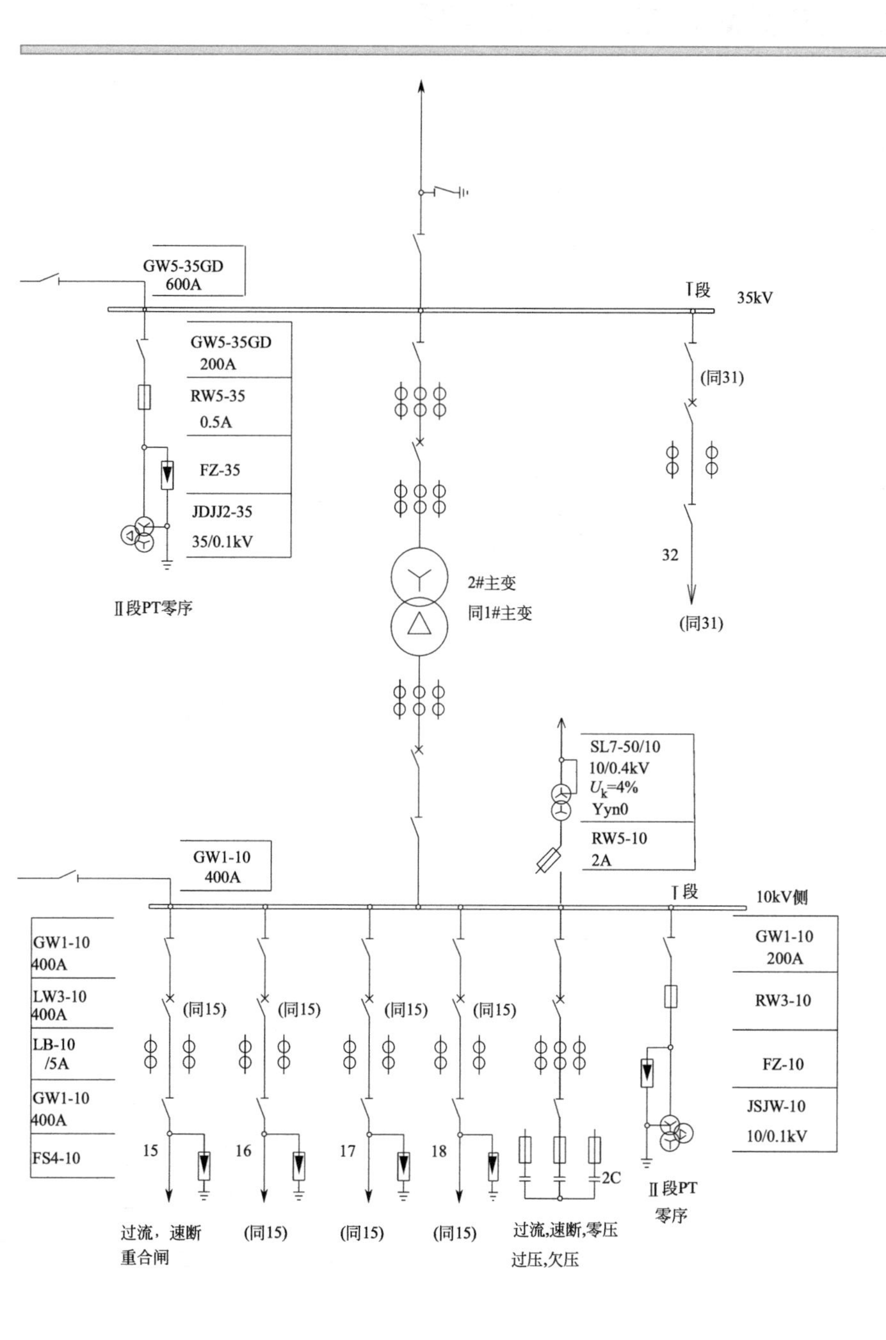

GW5-35GD
600A
Ⅰ段
35kV
GW5-35GD
200A
RW5-35
0.5A
FZ-35
JDJJ2-35
35/0.1kV
Ⅱ段PT零序
(同31)
32
(同31)
2#主变
同1#主变
SL7-50/10
10/0.4kV
U_k=4%
Yyn0
RW5-10
2A
GW1-10
400A
Ⅰ段
10kV侧
GW1-10
400A
LW3-10
400A
LB-10
/5A
GW1-10
400A
FS4-10
(同15)
(同15)
(同15)
(同15)
15
16
17
18
2C
GW1-10
200A
RW3-10
FZ-10
JSJW-10
10/0.1kV
Ⅱ段PT
零序
过流，速断
重合闸
(同15)
(同15)
(同15)
过流,速断,零压
过压,欠压

附录5 主变高压侧二次回路图

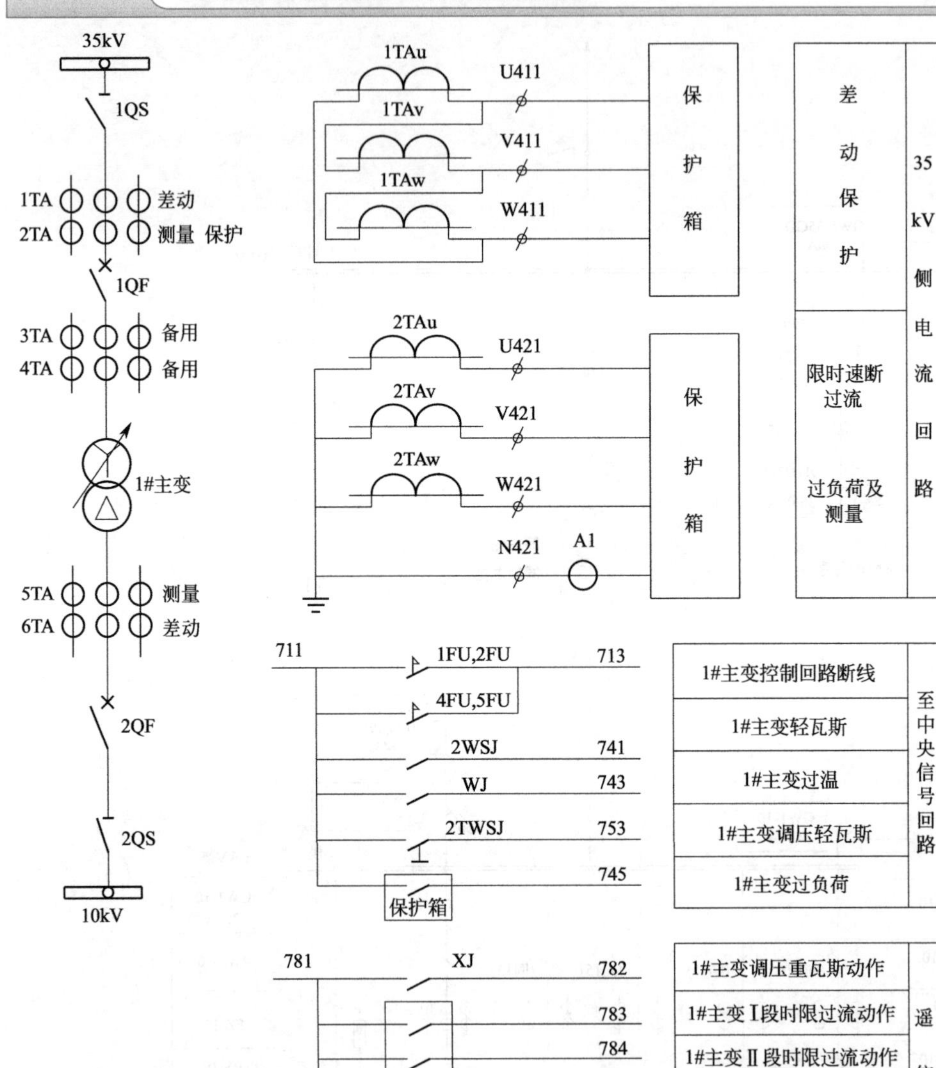

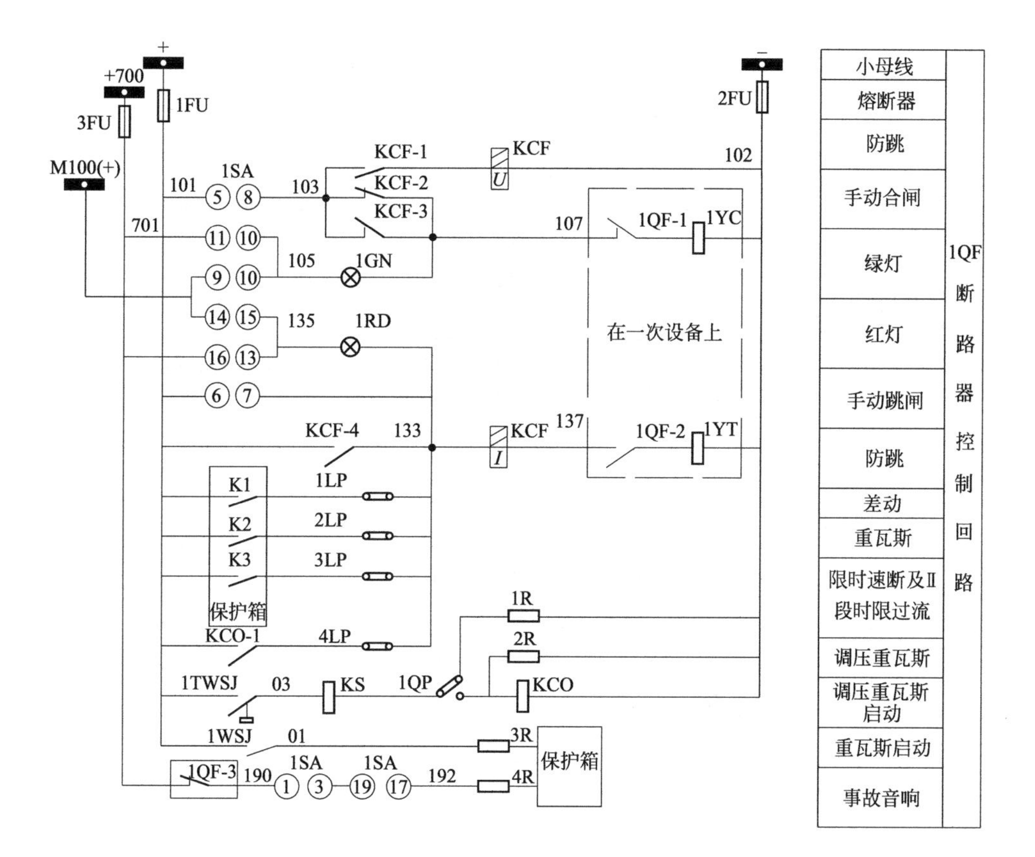
+
+700
3FU
1FU
M100(+)
2FU
−
KCF-1
KCF-2
KCF-3
KCF
U
102
101
1SA
103
701
107
1QF-1
1YC
105
1GN
135
1RD
在一次设备上
KCF-4
133
KCF
I
137
1QF-2
1YT
K1
1LP
K2
2LP
K3
3LP
保护箱
KCO-1
4LP
1R
2R
1TWSJ
03
KS
1QP
KCO
1WSJ
01
3R
保护箱
1QF-3
190
1SA
1SA
192
4R
小母线
熔断器
防跳
手动合闸
绿灯
红灯
手动跳闸
防跳
差动
重瓦斯
限时速断及Ⅱ段时限过流
调压重瓦斯
调压重瓦斯启动
重瓦斯启动
事故音响
1QF断路器控制回路

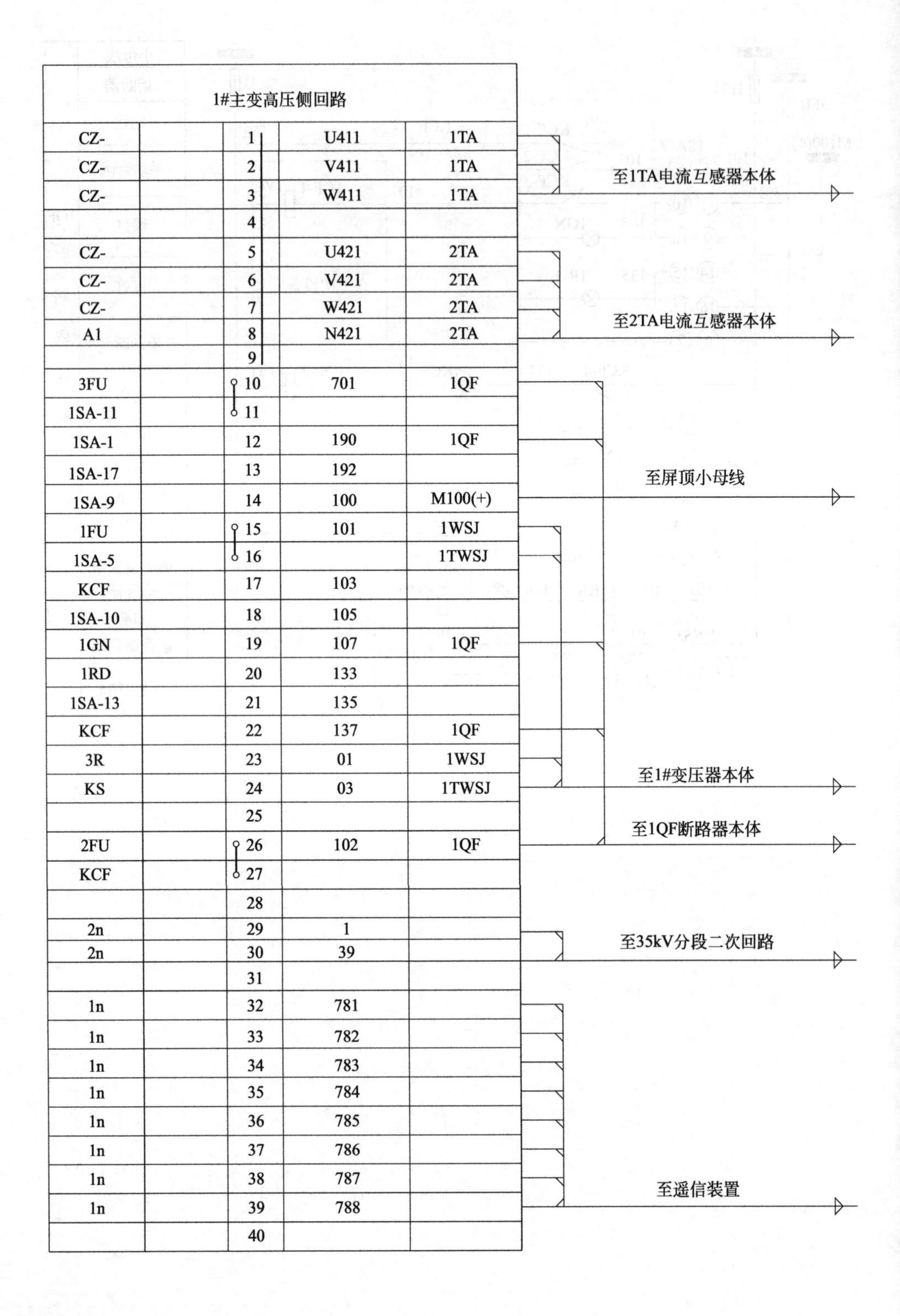
1#主变高压侧回路
CZ- 1 U411 1TA
CZ- 2 V411 1TA
CZ- 3 W411 1TA
4
CZ- 5 U421 2TA
CZ- 6 V421 2TA
CZ- 7 W421 2TA
A1 8 N421 2TA
9
3FU 10 701 1QF
1SA-11 11
1SA-1 12 190 1QF
1SA-17 13 192
1SA-9 14 100 M100(+)
1FU 15 101 1WSJ
1SA-5 16 1TWSJ
KCF 17 103
1SA-10 18 105
1GN 19 107 1QF
1RD 20 133
1SA-13 21 135
KCF 22 137 1QF
3R 23 01 1WSJ
KS 24 03 1TWSJ
25
2FU 26 102 1QF
KCF 27
28
2n 29 1
2n 30 39
31
1n 32 781
1n 33 782
1n 34 783
1n 35 784
1n 36 785
1n 37 786
1n 38 787
1n 39 788
40
至1TA电流互感器本体
至2TA电流互感器本体
至屏顶小母线
至1#变压器本体
至1QF断路器本体
至35kV分段二次回路
至遥信装置

设备表

序号	代 号	名 称	型号与规格	数量	备 注
1	A1	电流表	6L2-A，/5A	1	
2	1R	电阻	RXYC-25W-2.2kΩ	1	
3	2R	电阻	RXYC-25W-3kΩ	1	
4	3R,4R	电阻	RXYC-25W-10kΩ	2	
5	1-4LP,1QP	连接片	DZH2	5	
6	1SA	控制开关	LW21-1a，4，6a，40，20/F8	1	
7	1RD	红灯	AD11-25/21-1G，DC220V	1	红色
8	1GN	绿灯	AD11-25/21-1G，DC220V	1	绿色
9	1FU,2FU	熔断器	C45N，1P，4A	2	
10	3FU	熔断器	9F1-16/4A	1	
11	KCF	防跳继电器	DZB-284，DC220，1A	1	
12	KCO	中间继电器	DZK-916/8，DC220V	1	
13	KS	信号继电器	DX-31B，0.08A	1	
14		保护箱		1	
15					
16					

附录6 主变低压侧二次回路图

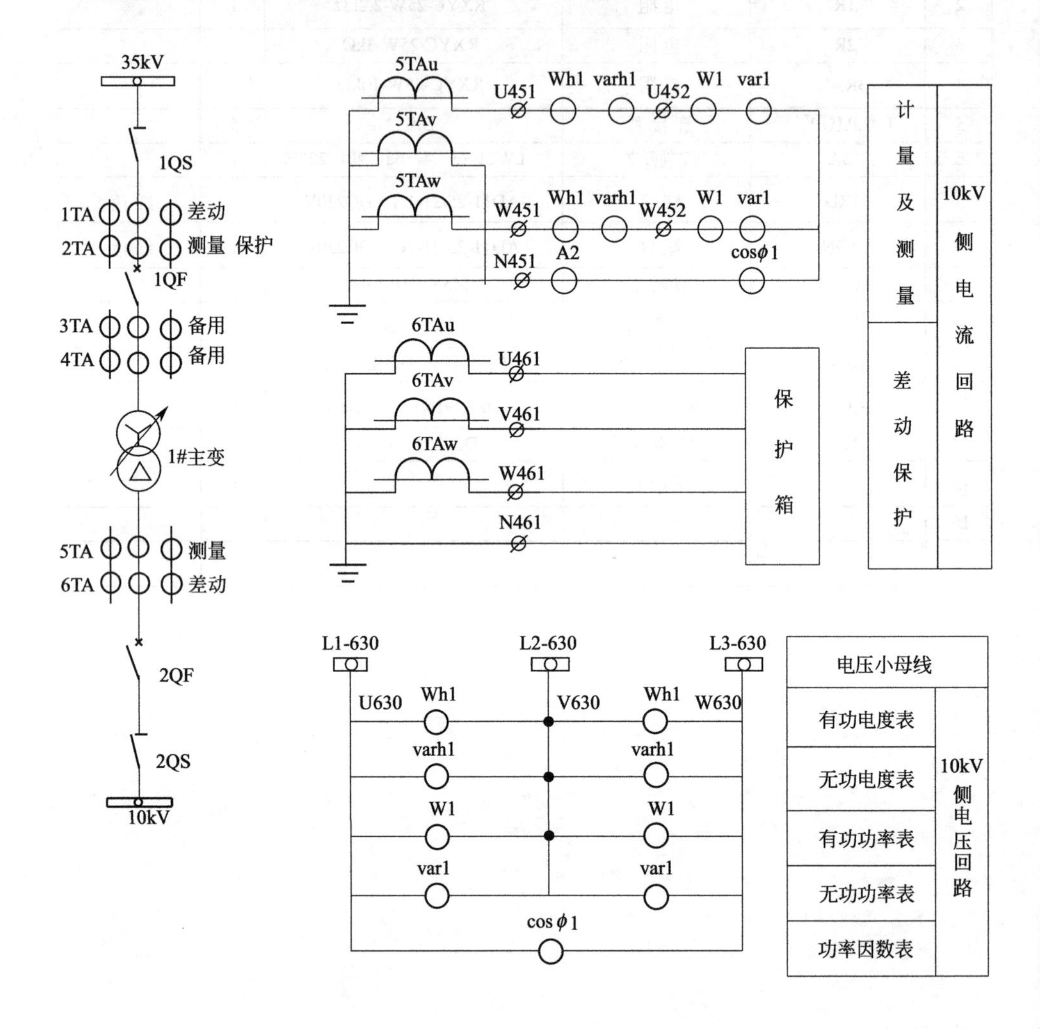

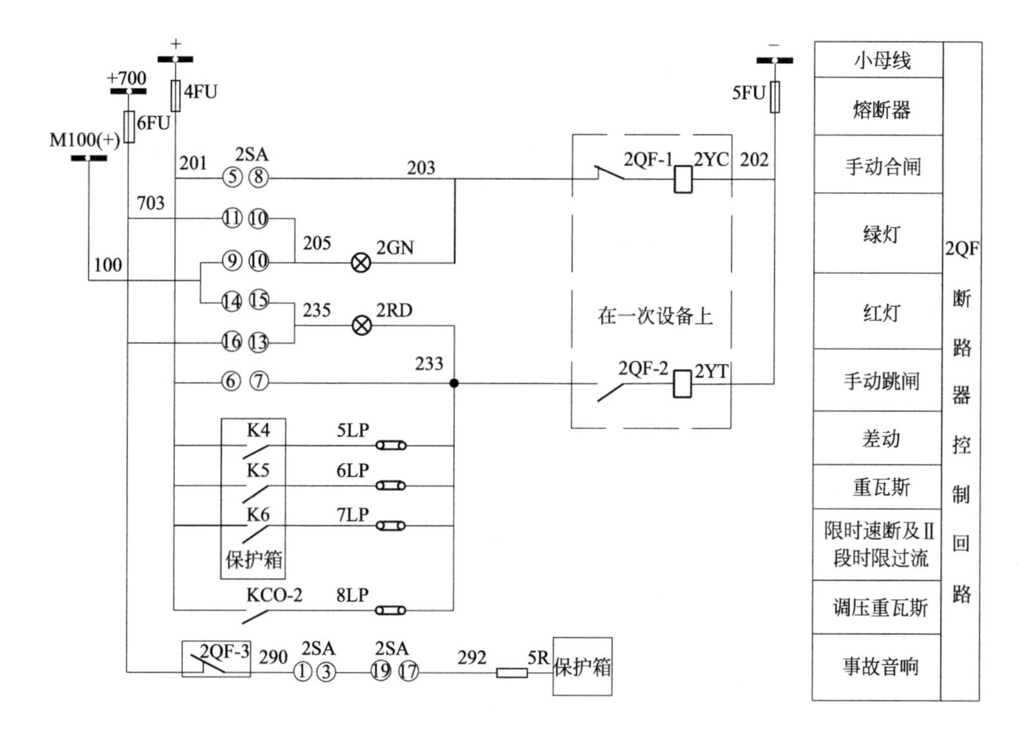
+
+700
M100(+)
4FU
6FU
5FU
−
201
2SA
203
2QF-1
2YC
202
703
205
2GN
100
235
2RD
233
2QF-2
2YT
在一次设备上
K4
5LP
K5
6LP
K6
7LP
保护箱
KCO-2
8LP
2QF-3
290
2SA
2SA
292
5R
保护箱
小母线
熔断器
手动合闸
绿灯
红灯
手动跳闸
差动
重瓦斯
限时速断及Ⅱ段时限过流
调压重瓦斯
事故音响
2QF断路器控制回路

1#主变低压侧回路(计量屏)					
Wh1		1	U451	5TA	至5TA电流互感器本体
Wh1		2	W451	5TA	
varh1		3	U452		至保护屏
varh1		4	W452		
		5			
Wh1		6	U630	L1-630	至屏顶小母线
Wh1		7	V630	L2-630	
Wh1		8	W630	L3-630	
		9			

1#主变低压侧回路(保护屏)					
A2		1	N451	5TA	至5TA电流互感器本体
W1		2	U452		至计量屏
W1		3	W452		
		4			
CZ-		5	U461	6TA	至6TA电流互感器本体
CZ-		6	V461	6TA	
CZ-		7	W461	6TA	
CZ-		8	N461	6TA	
		9			
W1		10	U630	L1-630	至屏顶小母线
W1		11	V630	L2-630	
W1		12	W630	L3-630	
		13			
6FU		14	703	2QF	至2QF断路器本体
2SA-11		15			
2SA-1		16	290	2QF	
2SA-17		17	292		
2SA-9		18	100	M100(+)	至屏顶小母线
4FU		19	201		
2SA-5		20			
2GN		21	203	2QF	至2QF断路器本体
2SA-10		22	205		
2RD		23	233	2QF	
2SA-13		24	235		
		25			
5FU		26	202	2QF	
		27			
		28			

设 备 表

序号	代　号	名　称	型号与规格	数量	备　注
1	A2	电流表	6L2-A，/5A	1	
2	cosϕ1	功率因数表	6L2-cosϕ1，100V，5A	1	
3	W1	有功功率表	6L2-W，10/0.1kV /5A	1	
4	var1	无功功率表	6L2-var，10/0.1kV /5A	2	
5	5LP～8LP	连接片	DZH2	4	
6	2SA	控制开关	LW21-1a，4，6a，40，20/F8	1	
7	2RD	红灯	AD11-25/21-1G，DC220V	1	红色
8	2GN	绿灯	AD11-25/21-1G，DC220V	1	绿色
9	4FU,5FU	熔断器	C45N，1P，4A	2	
10	6FU	熔断器	9F1-16/4A	1	
11	5R	电　阻	RXYC-25W-10kΩ	1	
12		保护箱		1	
13					
14	Wh1	有功电度表	DS864-2，100V，3(6)A	1	
15	varh1	无功电度表	DX864-2，100V，3(6)A	1	
16					

附录7 35kV分路二次回路图

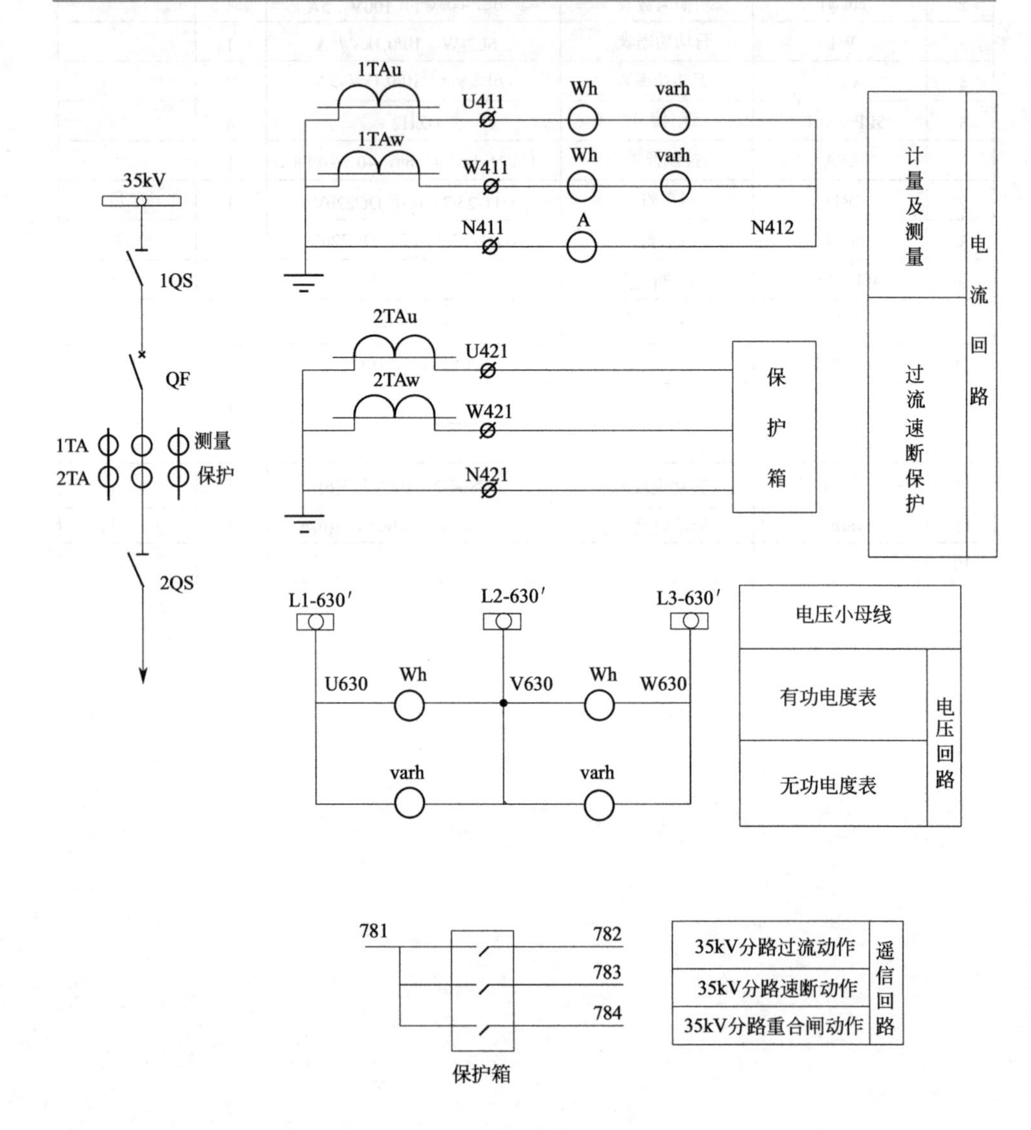

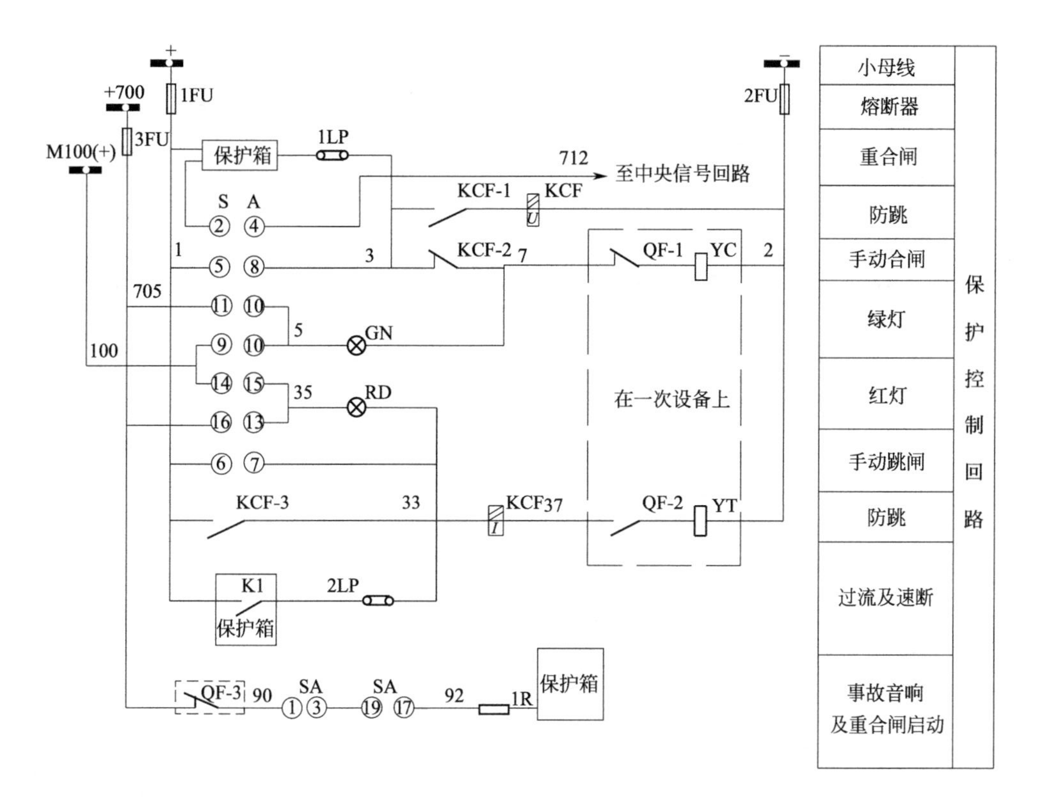

控制回路断线(至中央信号回路)

35kV分路回路(计量屏)				
Wh		1	U411	1TA
Wh		2	W411	1TA
varh		3	N412	
		4		
Wh		5	U630	L1-630′
Wh		6	V630	L2-630′
Wh		7	W630	L3-630′
		8		

至1TA电流互感器本体

至保护屏

至屏顶小母线

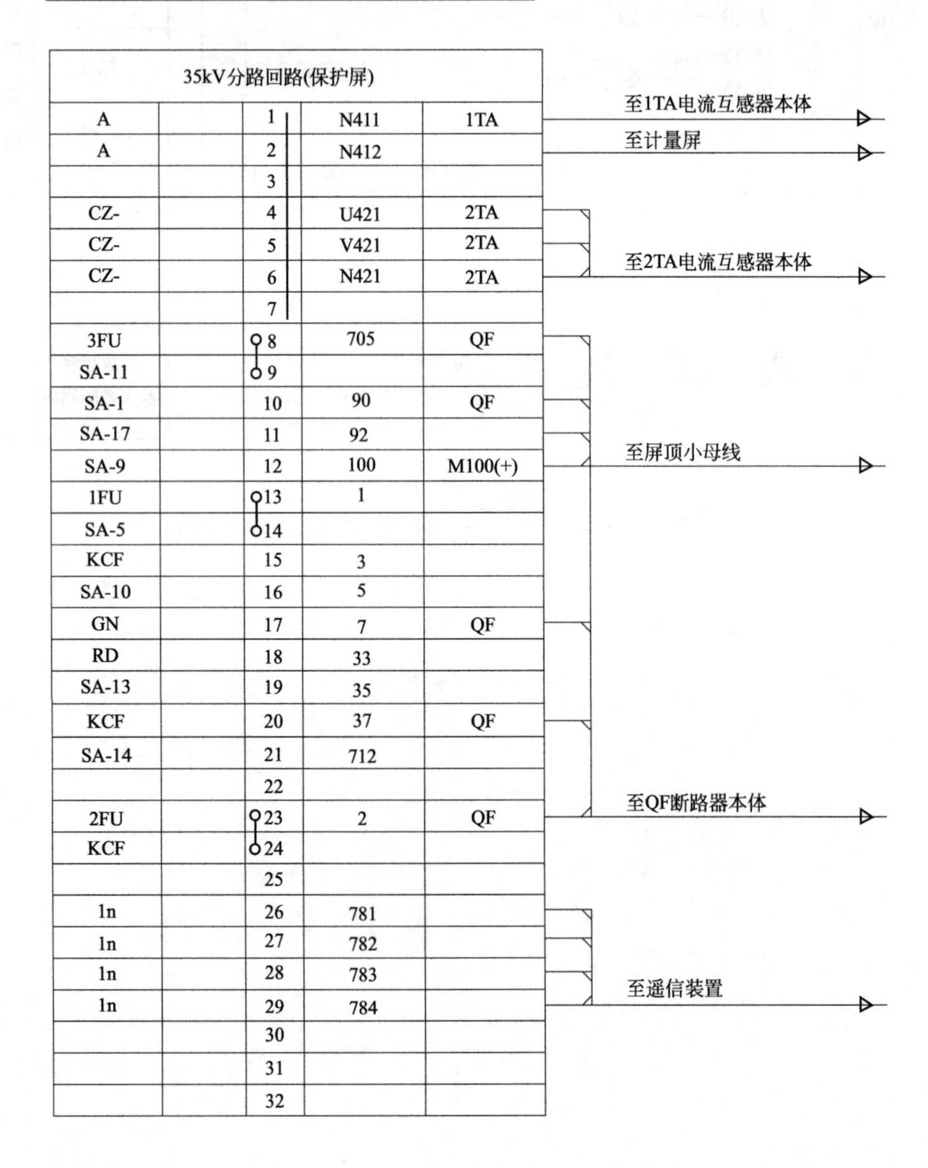

35kV分路回路(保护屏)				
A		1	N411	1TA
A		2	N412	
		3		
CZ-		4	U421	2TA
CZ-		5	V421	2TA
CZ-		6	N421	2TA
		7		
3FU		8	705	QF
SA-11		9		
SA-1		10	90	QF
SA-17		11	92	
SA-9		12	100	M100(+)
1FU		13	1	
SA-5		14		
KCF		15	3	
SA-10		16	5	
GN		17	7	QF
RD		18	33	
SA-13		19	35	
KCF		20	37	QF
SA-14		21	712	
		22		
2FU		23	2	QF
KCF		24		
		25		
1n		26	781	
1n		27	782	
1n		28	783	
1n		29	784	
		30		
		31		
		32		

设 备 表

序号	代　号	名　称	型号与规格	数量	备　注
1	A	电流表	6L2-A，/5A	1	
2	1LP,2LP	连接片	DZH2	2	
3	SA	控制开关	LW2-Z-1a，4，6a，40，20/F8	1	
4	RD	红灯	AD11-25/21-1G，DC220V	1	红色
5	GN	绿灯	AD11-25/21-1G，DC220V	1	绿色
6	1FU,2FU	熔断器	C45N，1P，4A	2	
7	3FU	熔断器	9F1-16/4A	1	
8		保护箱		1	
9	KCF	防跳继电器	DZB-284，DC220，1A	1	
10					
11					
12	Wh	有功电度表	DS864-2，100V，3(6)A	1	
13	varh	无功电度表	DS865-2，100V，3(6)A	1	
14					
15					

参考文献

[1] 何永华．发电厂及变电站的二次回路. 北京：中国电力出版社，2010.

[2] 苏玉林，刘志民，熊森. 怎样看电气二次回路图. 北京：中国电力出版社，2001.

[3] 许顺隆，陈虹宇. 轻松学电气识图. 北京：中国电力出版社，2008.

[4] 程逢科，李公静. 电气二次回路应用入门. 北京：中国电力出版社，2011.

[5] 文峰. 电气二次接线识图. 北京：中国电力出版社，2005.

[6] 林正馨. 电力系统继电保护. 北京：中国电力出版社，1999.

[7] 王辑祥，梁志坚. 电气接线原理及运行. 北京：中国电力出版社，2005.

[8] 张希泰，陈康龙. 二次回路识图及故障查找与处理. 北京：中国水利水电出版社，2005.

[9] 吕庆荣，于晓明，王润卿. 电气识图. 北京：化学工业出版社，2005.

[10] 王越明，王朋. 发电厂及变电站的二次回路及故障分析. 北京：化学工业出版社，2011.

[11] 贺家李，宋从矩．电力系统继电保护原理（增订版）．北京：中国电力出版社，2004.

[12] 熊信银，朱永利．发电厂电气部分（第三版）．北京：中国电力出版社，2004.